Unity 3D
特效设计必修课

UEGOOD　赵京宇　编著

清华大学出版社

北京

内 容 简 介

本书共4章，循序渐进地介绍了Unity 3D游戏特效的制作方法。第1章由零开始引导读者学会基本的操作，包括引擎的安装与使用、特效制作与项目要求、粒子系统、动画系统等，使读者对游戏特效有一个更全面的认识；第2章重点介绍了各类材质在特效中的运用，加强读者对各类效果的理解；第3章介绍了游戏中可能会接触到的一些脚本及插件，如刀光插件、破碎插件、辉光插件等；第4章通过多个实战案例帮助读者了解Unity 3D游戏特效的应用。

本书提供了多媒体教学视频及学习素材，帮助缺乏基础的新人快速入门，素材内容包括所有案例的工程文件。

本书适合广大游戏美术人员、游戏特效爱好者、各类培训机构，以及设计专业的学生等阅读，也可以作为高等院校游戏设计相关专业的教辅图书及相关教师的参考图书。

图书在版编目（CIP）数据

Unity 3D特效设计必修课 / UEGOOD，赵京宇编著. —北京：清华大学出版社，2019（2024.8 重印）

ISBN 978-7-302-52903-3

Ⅰ.①U… Ⅱ.①U… ②赵… Ⅲ.①游戏程序－程序设计 Ⅳ.①TP311.5

中国版本图书馆CIP数据核字（2019）第083526号

责任编辑：张 敏 薛 阳
封面设计：杨玉兰
责任校对：胡伟民
责任印制：丛怀宇

出版发行：清华大学出版社
    网 址：https://www.tup.com.cn，https://www.wqxuetang.com
    地 址：北京清华大学学研大厦A座   邮 编：100084
    社 总 机：010-83470000   邮 购：010-62786544
    投稿与读者服务：010-62776969，c-service@tup.tsinghua.edu.cn
    质量反馈：010-62772015，zhiliang@tup.tsinghua.edu.cn
印 装 者：小森印刷（北京）有限公司
经 销：全国新华书店
开 本：170mm×240mm 印 张：19.25 字 数：472千字
版 次：2019年9月第1版 印 次：2024年8月第5次印刷
定 价：99.00元

产品编号：083713-01

编委会

前言
PREFACE

近些年来，随着手机游戏（以下简称"手游"）市场的白热化，国内也兴起了 Unity 3D 引擎的学习热潮。相比其他游戏引擎（如虚幻引擎、Ogre 引擎、Cryengine 引擎等），Unity 3D 易用、高效、学习成本低、教程多，都已经成为它的最大亮点。经过多年的更新优化，在全球开发者的共同努力之下，Unity 3D 现已成为各大游戏厂商（尤其是移动平台）游戏制作的不二之选。 由 Unity 3D 制作的项目数不胜数，同时关于它的各类插件及资料更是花样繁多、不计其数。

作为一个 3D 游戏引擎，它提供了整合的编辑器、跨平台发布、地形编辑、着色器、脚本、网络、物理以及版本控制等特性。用它可以开发桌面版、Web 版、手机版，甚至可以开发次时代级别的游戏。Unity 3D 真的称得上是一个理想的三维游戏综合开发平台。

而游戏特效作为美术制作的重要组成部分，更是有着巨大的市场需求和发展空间。本书旨在帮助那些想要从事游戏特效行业的朋友成为一名优秀的特效设计师。作者融合多年工作实践经验，由浅入深地讲解了 Unity 3D 各模块功能的应用，并结合综合实例，使读者在了解命令功能的同时进行实战训练。

上海 UEGOOD 是百度大 UE 讲堂在上海地区的授权培训中心，也是上海优蝶教育科技有限公司重金打造的教育品牌。在国内具有相当大的知名度和口碑，被二百多个互联网企业和数万名 UI 设计师高度认可。

UEGOOD 致力于互联网 UI 设计、VR/AR 设计、动漫艺术设计相关的技术服务与教育咨询，目前打造线上教学、线下教学完美结合，开设有线下课程"UI 设计必修班""UI 设计高级精品班""VR 项目实训就业班"，线上课程开设有"UI 设计基础班""UI 插画三合一班""UI 交互动效 VR 三合一班""平面设计必修班""HTML5 前端设计工程师班""游戏原画美术必修班""漫画集训班""VR 虚拟现实技术学前班"等一系列课程。

我们本着"授人以鱼，不如授之以渔"的教育核心，不仅愿做一个传道授业解惑的老师，更愿做你人生事业资源的组织者、促进者、导师，点燃你心中那一把梦想之火！

UEGOOD：帮助每一个人拥有梦想！

/ 附 赠 资 源 说 明 /

本书提供了多媒体教学视频，视频包括书中大部分内容的具体讲解，以及案例的制作过程。学习素材内容包括常用工具文档、案例工程文件及特效贴图。请扫描下方二维码进行浏览、下载。

目录
CONTENTS

第

1

章

基础知识

　　Unity 3D 是一款跨平台的游戏引擎，它的出现对国内游戏产业具有多重意义。首先，它打破了大厂的垄断，降低了游戏制作的门槛，让更多游戏开发爱好者更加容易地开发游戏。其次，它的操作与交互设计友好，学习资料多，插件琳琅满目，大幅度降低了开发难度，使游戏开发人员有更多的时间和精力放在美术和策划上面。近年来，随着互联网经济的快速发展、网络普及程度的深入、手游行业井喷式的发展，大批人才涌入移动端游戏开发的浪潮中，迅速地改变着人们的生活、学习和娱乐方式。并且也有更多的开发商、发行商、渠道商蜂拥而至，越来越多的人看好手游市场。随着手游行业的兴起，Unity 3D 将会成为接下来很多年内，众多团队的首选游戏引擎。

1.1 Unity 3D 引擎知识

本节将讲解Unity 3D引擎的基础知识。

1.1.1 Unity 3D 简介和安装

1. Unity 3D 简介

Unity 3D 是由丹麦 Unity Technologies 公司开发的一个让玩家轻松创建诸如三维视频游戏、建筑可视化、实时三维动画等类型互动内容的多平台的综合型游戏开发工具，是一个全面整合的专业游戏引擎。Unity 3D 拥有授权成本低、易于使用而且兼容大部分游戏平台、开发者社区内容丰富、学习门槛低等特点，是近些年来开发商使用率非常高的游戏制作引擎。

2. Unity 3D 的安装

Step 01 Unity 3D 的官方网站是 unity.cn，在网页浏览器中打开主页，单击"在线购买"按钮，如图 1-1 所示。

图 1-1

Step 02 当前有三个版本可供选择，分别是 Plus 加强版、Pro 专业版以及 Personal 个人版。个人版可以免费试用不收费，而加强版和专业版则需要付费授权才能使用。根据官方政策，个人版是可以免费学习使用的。在 Personal 个人版位置下方单击"试用个人版"按钮，

如图 1-2 所示。

图 1-2

注意

个人版虽然相对于专业版少了一些功能，但是这些功能在制作特效时基本都不会用到。如果读者是学习使用，那么建议先从个人版开始。

Step 03 勾选并确认相关条款协议，然后单击"下载 Unity Hub"，把安装文件下载到本地，如图 1-3 所示。

图 1-3

Step 04 双击已经下载好的安装文件 UnityHubSetup.exe，在弹出框中单击"我同意"，如图 1-4 所示。

图 1-4

Step 05 选择一个本地路径并单击"安装",如图 1-5 所示。

图 1-5

Step 06 等待一段时间后单击"完成",如图 1-6 所示,进入 Unity Hub(Unity 管理中心)。在最新版本中,Unity 的安装、学习、社区、项目目录都被集成在了 Unity Hub 中进行统一管理。

图 1-6

⏰ **注意**

除此之外,您还可以在官网直接下载所需使用的 Unity 安装包版本。在撰写本书时,Unity 的官方最新版本为 Unity 5.3.0,因此书中的各类效 果将以 Unity 5.3.0 为例进行讲解。后续如果 Unity 官方对版本进行了升级,您也可以在 Unity 官网下载最新的 Unity 版本并结合本书学习。由于 Unity 支持向下兼容,在最新版本中依然可以打开之前版本的案例效果,它们的操作方式基本相同。

安装 Unity 历史版本的方法如下。

Step 01 在浏览器中输入网址 unity.cn 进入 Unity 官网,并下拉至最下方,单击"下载"模块下方的"所有版本",如图 1-7 所示。

图 1-7

Step 02 在新的界面中,可以浏览到 Unity 的各种历史版本。当前以 Windows 系统的安装版本为例,找到 Unity 5.3.0,单击 Unity Editor 64-bit 进行下载,如图 1-8 所示。

图 1-8

注意

目前主流个人计算机的操作系统基本都已支持 64 位软件，建议您下载 64 位安装包。如果您的电脑是 32 位操作系统，那么也可以选择 32 位 Unity Editor 32-bit 下载安装。

Step 03 把安装文件下载到本地，之后双击安装文件 UnitySetup64-5.3.0f4.exe，在弹出框中单击 Next（下一步）按钮，如图 1-9 所示。

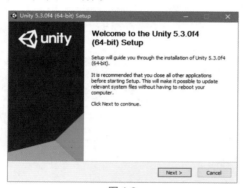

图 1-9

Step 04 在许可证协议界面单击 I Agree（我同意）之后，进入组件选择界面，其中 Unity 是引擎本体，而 MonoDevelop 是官方提供的代码编辑器，一般建议勾选，然后单击 Next（下一步），如图 1-10 所示。

图 1-10

Step 05 选择一个本地的安装路径，并单击 Install 安装，等待一段时间后，单击 Finish 即可完成安装，如图 1-11 所示。

图 1-11

Step 06 安装完成之后，在桌面之中会多出一个 Unity 3D 图标（默认安装完成后会自动打开 Unity 3D，如果没有自动打开，双击图标也可以打开）。首次安装可能会弹出一个激活窗口，如果您之前没有注册过账号，那么可以在浏览器中输入官方网址 https://store.unity.com/cn，单击网页右上角的头像图标，再单击"创建 Unity ID"，然后根据提示注册一个 Unity 账号即可，如图 1-12 所示。

图 1-12

Step 07 由于作者之前注册过账号，那么在这里选择直接登录，如图 1-13 所示。

图 1-13

Step 08 登录之后，选择 Re Activate（重新激活），然后选择 PERSONAL EDITION（个人版）并单击 Next（下一步），如图 1-14 所示。

图 1-14

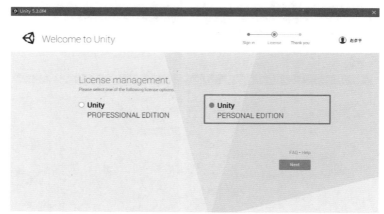

图 1-14（续）

Step 09 在弹出框中，单击 I agree（我同意），如图 1-15 所示。

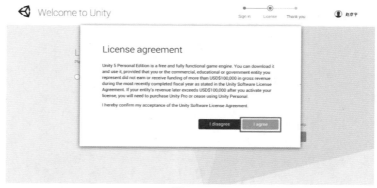

图 1-15

Step 10 最后单击 Start Using Unity 即可，如图 1-16 所示。

图 1-16

🔔 **提示**

为避免烦琐，在以后的教学中会将 Unity 3D 统一简称为 Unity。

⏰ **注意**

除 Unity 官方网站有下载安装包外，国内许多网站及论坛也有安装包下载。目前 Unity 官方网站的下载速度已经比较稳定了，为避免下载到错误文件或者病毒文件，强烈建议您通过 Unity 官网下载安装包文件。

1.1.2　创建一个新的工程

Unity 的工程是由多个场景来共同组成的，在游戏中可以通过选择不同的场景来切换不同关卡。一般在创建工程之后会根据项目需求在工程之中增加新的文件夹存放不同的资源文件。例如，脚本文件、美术资源文件、场景文件等都会事先分类再进行存放，以方便后期的管理和查询修改。

默认情况下，如果创建一个新的游戏工程，那么默认会自动创建一个空工程（不存在其他资源）。当安装好 Unity 之后，可以依照以下的操作步骤来创建一个新的工程。

Step 01 首先双击 Unity 图标（如果之前没有创建过相关工程的话，默认打开后会出现以下对话框），接着单击 New Project（新工程）（如果对话框中没有 New Project 选项，可单击右上角的 NEW，同样也可以创建一个新工程），如图 1-17 所示。

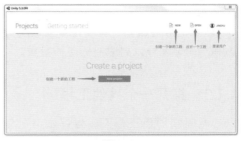

图 1-17

⏰ **注意**

如果之前创建过或者打开过其他工程，那么在窗口左侧就会显示相应的工程名称列表，鼠标左键单击工程名称就可以打开之前的工程了。

Step 02 在对话框 Project name（工程名称）文本框中输入新建工程名称，然后单击 Location（位置）后的"…"符号，选择一个创建工程的文件夹路径，将工程类型设置为 3D，如图 1-18 所示。

图 1-18

Step 03 当全部设置完成之后，单击 Create Project（创建工程）即可完成创建（之后会自动打开 Unity 操作界面）。

⏰ 注意

Unity 中的工程名称以及工程创建路径必须是英文，否则可能会造成 Unity 无法识别、报错，甚至崩溃。

2D 和 3D 项目中的摄像机类型略有不同，当设置为 2D 项目时，默认摄像机类型为正交摄像机；当设置为 3D 项目时，默认摄像机类型为透视摄像机。

🔔提示

Unity 个人免费版和专业版的操作界面颜色不同，"个人版"操作视窗颜色为灰白色，而"专业版"的操作视窗颜色为黑色（两者参数完全相同不会影响学习）。在之后的教学中会使用专业版进行讲解，读者也可以到官网购买专业版。

1.1.3 打开一个其他工程

有时候项目工程不一定是由自己创建的，也有可能是其他人创建或者共享的工程文件夹。

那么，如果之前创建过工程或者希望打开一个其他的工程，应该如何操作呢？

一般打开游戏工程有以下三种方式。

第一种方式：

Step 01 首先双击 Unity 图标（出现以下界面），单击 OPEN（打开）按钮，如图 1-19 所示。

图 1-19

Step 02 单击 OPEN（打开）按钮之后会出现一个弹出框，接着在弹出框中找到项目工程文件夹的存放路径并选择该文件夹，单击右下方的"选择文件夹"按钮即可打开，如图 1-20 所示。

图 1-20

例如，当前工程文件夹路径位于 D:/Jingyu/text_pro，则需要在弹出框中找到该文件夹，然后再单击窗口右下方的"选择文件夹"按钮即可打开。

⏰ 注意

如果在工程选择对话框中不能单击下方的"选择文件夹"按钮，那说明所选择的文件夹可能不是工程的根目录，或者当前工程使用的是不被识别的 Unity 版本制作的。

第二种方式：

当工程已经是打开状态时，要如何打开另一个工程呢？

Step 01 首先在 Unity 导航菜单中选择 File → Open Project（打开工程）菜单项，如图 1-21 所示。

图 1-21

Step 02 然后在以下对话框中单击 Open Project（打开工程），如图 1-22 所示。

图 1-22

接下来采用与之前相同的步骤就可以打开工程了。

⏰ **注意**

如果之前打开过工程，Unity 会自动记录工程名称及路径（显示在 Project 列表左侧，方便快速查找）。例如之前打开过工程 text_pro，则在列表左侧其名称上单击就可以快速打开。

第三种方式：

Step 01 在"我的电脑"游戏工程路径中找到场景文件（场景文件以".unity"为后缀）双击即可。

Step 02 图 1-23 中的 DemoScene.unity 就是一个场景文件，一般情况下游戏工程中会包含多个游戏场景文件，打开任意一个场景文件都可以打开游戏工程及其对应的场景。

图 1-23

🔔 **提示**

通过该方法打开项目工程并不便捷（项目中未必都会有场景文件），并且每次打开项目都加载一个场景会比较浪费时间，在实际项目制作中建议使用前两种方法。

1.1.4　Unity 3D 菜单栏介绍

双击 Unity 图标，打开工程就能看见 Unity 的主编辑视窗了，可以清晰地看到 Unity 编辑器的结构组成。

Unity 3D 包含 7 大菜单栏，每个菜单栏都分别概括一部分内容，整合起来就构成了 Unity 的全部，如图 1-24 所示。

File　Edit　Assets　GameObject　Component　Window　Help

图 1-24

01 File（文件）菜单：打开 / 保存场景，以及创建工程。

02 Edit（编辑）菜单：普通的复制 / 粘贴、选择查找及其相应的设置。

03 Assets（资源）菜单：资源的创建、导入、导出，以及同步相关的所有功能。

04 GameObject（游戏对象）菜单：

创建、显示游戏对象，以及为其建立父子关系。

05 Component（组件）菜单：为游戏对象创建新的组件或属性。

06 Window（窗口）菜单：显示特定的窗口视图，例如，Asset Store（资源商店）、Animation（动画编辑窗口）等。

07 Help（帮助）菜单：包含手册、社区论坛以及激活许可证等。

接下来分别对每种菜单进行详细的讲解。

01 File（文件）菜单，如图 1-25 所示。

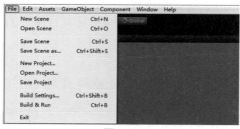

图 1-25

通过单击菜单 File（文件）可以看到具体的下拉菜单栏设置选项，这些选项的使用说明及用途如表 1-1 所示。

表 1-1

选 项	说 明
New Scene	新建一个场景
Open Scene	打开一个场景
Save Scene	保存当前的场景
Save Scene as	当前场景另存为
New Project	新建一个工程
Open Project	打开一个工程

续表

选 项	说 明
Save Project	保存当前的项目
Build Settings	项目的编译设置
Build & Run	编译并运行项目
Exit	退出 Unity 3D

⏰ 注意

观察发现许多命令之后都有一些符号，这些符号是与命令相对应的快捷键，在之后的教学中会单独讲解 Unity 的常用快捷键。

02 Edit（编辑）菜单，如图 1-26 所示。

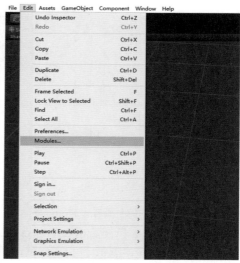

图 1-26

单击 Edit（编辑）可以看到"编辑"菜单下的相应下拉选择项。这些操作命令，例如"撤销""复制""粘贴"等，在之后的工作之中使用频率非常高，相关选择项的具体说明如表 1-2 所示。

表 1-2

选　　项	说　　明
Undo	撤销上一步操作
Redo	重复上一步操作
Cut	剪切
Copy	复制
Paste	粘贴
Duplicate	复制并粘贴
Delete	删除
Frame Selected	当前镜头移动到所选的物体前（作用于"Scene 操作视图"）
Lock View to Selected	将选中物体视角锁定
Find	在资源区可以按资源的名称来查找
Select All	选中所有资源
Preferences	对 Unity 3D 的一些基本设置
Modules	组件 / 模块
Play	运行游戏
Pause	暂停游戏
Step	按帧播放游戏
Sign in	登入账户
Sign out	注销账户
Selection	选择项设置
Project Settings	项目设置，包括输入设置、标签设置、音频设置、品质设置等
Network Emulation	网络仿真，可以选择相应的网络类型进行仿真
Graphics Emulation	图形仿真，主要是配合一些图形加速器的处理
Snap Settings	临时环境，可理解为快照设置

03 Assets（资源）菜单，如图 1-27 所示。

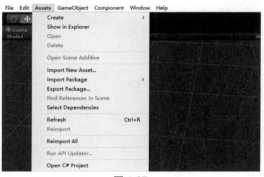

图 1-27

Assets（资源）菜单的相关说明如表 1-3 所示。

表 1-3

选　　项	说　　明
Create	创建功能（用来创建各种脚本、动画、材质、字体等）
Show in Explorer	打开资源所在的目录位置
Open	打开选中文件
Delete	删除选中的文件
Open Scene Additive	选择多个场景文件执行该命令，可以在视图同时显示这些场景
Import New Asset	导入新的资源
Import Package	导入资源包
Export Package	导出资源包
Find References in Scene	在场景中查找引用（需要先选中场景文件）
Select Dependencies	选择依赖项
Refresh	刷新资源
Reimport	重新导入资源
Reimport All	全部重新导入
Run API Updater	运行 API 的更新
Open C# Project	打开 C# 项目

04　GameObject（游戏对象）菜单，如图 1-28 所示。

图 1-28

GameObject（游戏对象）菜单的相关说明如表 1-4 所示。

表 1-4

选　　项	说　　明
Create Empty	创建一个空的游戏对象
Create Empty Child	创建一个空的子物体
3D Object	创建 3D 物体
2D Object	创建 2D 物体

续表

选　　项	说　　明
Light	创建灯光
Audio	创建音效
UI	创建 UI
Particle System	创建粒子系统
Camera	创建摄像机
Center On Children	把父节点的位置移动到子节点的中心位置
Make Parent	选中多个物体后，单击这个功能可以把选中的物体组成父子关系
Clear Parent	取消父子关系
Apply Change To Prefab	应用变更为预置
Break Prefab Instance	打破预设体的关联
Set as First sibling	设为第一个同级
Set as Last sibling	设为最后一个同级
Move To View	把选中的物体移动到当前编辑视角的正中心
Align With View	把选中的物体移动到摄像机的中心位置
Align View to Selected	把编辑视角移动到选中物体的中心位置
Toggle Active State	切换激活状态

05　Component（组件）菜单，如图 1-29 所示。

图 1-29

Component（组件）菜单的相关说明如表 1-5 所示。

表 1-5

选　　项	说　　明
Add	添加一个组件
Mesh	添加网格属性
Effects	添加特效组件（添加新旧版粒子系统等）
Physics	物理系统（添加刚体、碰撞体等）
Physics 2D	2D 物理系统
Navigation	导航组件

续表

选　项	说　明
Audio	音频（可以创建声音源和接收器）
Rendering	添加渲染组件
Layout	修改属性布局等
Miscellaneous	杂项
Event	创建事件
Network	网络设置
UI	UI 设置

06 　Window（窗口）菜单，如图 1-30 所示。

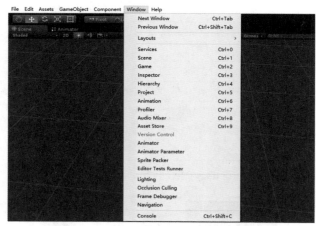

图 1-30

Window（窗口）菜单的相关设置说明如表 1-6 所示。

表 1-6

选　项	说　明
Next Window	下一个窗口
Previous Window	前一个窗口
Layouts	布局 / 排布
Services	服务器
Scene	场景窗口
Game	游戏窗口
Inspector	检测窗口（主要用来显示对象的属性，也可称为属性面板）
Hierarchy	层次窗口
Project	工程窗口
Animation	动画编辑窗口（用于创建动画关键帧的面板）
Profiler	探查窗口

续表

选　　项	说　　明
Audio Mixer	混音器
Asset Store	资源商店
Version Control	版本控制
Animatior	动画控制器
Animatior Parameter	动画参数
Sprite Packer	制作图集
Editor Tests Runner	编辑器测试运行
Lighting	光照设定（修改天空盒、烘焙光照贴图等）
Occlusion Culling	遮挡剔除
Frame Debugger	帧调试
Navigation	导航
Console	控制台（显示报错信息等）

可以通过 Window 菜单打开 Unity 自带的所有窗口功能，其中包括动画编辑窗口、灯光烘焙窗口、布局窗口等。 还可以在 Layouts（布局）菜单中保存一个自定义的窗口布局或者是把界面窗口恢复到默认状态。

Unity 默认有 5 种界面布局方式，可以根据自身操作习惯进行切换。

这几种布局界面如图 1-31 所示。

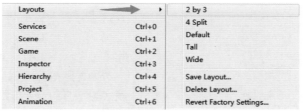

图 1-31

相关设置说明如表 1-7 所示。

表 1-7

选　　项	说　　明
2 by 3	左侧 2 个视图，右侧 3 个视图
4 Split	左侧 4 个视图
Default	默认的窗口排列
Tall	左侧一个窗口
Wide	一个宽视图
Save Layout	保存自定义布局
Delete Layout	删除一个布局
Revert Factory Settings	恢复初始设置

07 Help（帮助）菜单，如图 1-32 所示。

图 1-32

Help（帮助）菜单的相关说明如表 1-8 所示。

表 1-8

选　项	说　　明
About Unity	关于 Unity
Manage Licence	激活选项
Unity Manual	Unity 手册
Scripting Reference	脚本手册
Unity Services	Unity 服务器
Unity Forum	Unity 论坛
Unity Answers	Unity 官方问答
Unity Feedback	Unity 信息反馈
Check for Updates	检查更新
Download Beta	下载测试版
Release Notes	发行说明
Report a Bug	问题反馈

⏰ 注意

帮助窗口中可以找到操作手册、社区论坛以及激活许可证的链接，也可以单击 Check for Updates（检查更新）获取最新的 Unity 版本。

1.1.5　Unity 工具栏介绍

Unity 5.3.0 工具栏中包括 7 项基本控制，每项控制编辑器的不同部分，如图 1-33 所示。

图 1-33

01 变换工具：用于在场景视图中操作，如图 1-34 所示。

02 轴心 / 坐标：第一个按钮是切换轴心点，第二个按钮是切换全局坐标和局部坐标，如图 1-35 所示。

图 1-34　　　　　图 1-35

⏰ 注意

这两个工具在进行旋转及缩放操作时非常有用。

03 播放 / 暂停 / 逐帧：利用这三个按钮对游戏运行状态进行控制，如图 1-36 所示。

04 连接云端服务器：需要先登录 Unity 账号，如图 1-37 所示。

05 管理账户 / 注销当前账户，如图 1-38 所示。

06 层下拉菜单：控制哪层对象在场景视图显示，如图 1-39 所示。

07 布局下拉菜单：控制所有视图布局（默认有几种布局方式选择，也可以保存一个自定义布局为预设），如图 1-40 所示。

图 1-36　图 1-37　图 1-38　图 1-39　图 1-40

1.1.6　5 大常用视图说明

打开 Unity 编辑器主界面，可以清晰地看到 Unity 中的 5 大视图。其中包括 Scene（场景视图）、Game（游戏视图）、Hierarchy（层级视图）、Project（工程视图）、Inspector（检测视图），这些视图之间有着非常紧密的联系，帮助我们更清晰地看到整个游戏工程的层次、架构与概念，如图 1-41 所示。

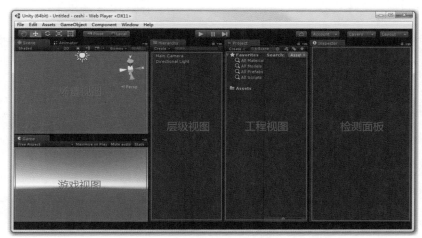

图 1-41

1.1.6.1　Scene（场景视图）

Scene（场景视图）用于编辑整个游戏世界，通常也把它称为"编辑视图"/"操作视图"。几乎所有的特效都是在场景视图中编辑制作的。在层级视图和工程视图中定义的对象及资源都可以呈现在该视图中。

🔔提示

（1）在 Scene（场景视图）中选择物体后按下快捷键 F，可以快速拉近视角，方便查找 / 修改物体。如果在拖动物件时，要让镜头跟随物件移动，选中物体后按快捷键 Shift+F 即可。

（2）在场景视图中按住鼠标右键 + W/S/A/D/Q/E（前 / 后 / 左 / 右 / 上 / 下）键切换到飞行视角观察。

通过单击 Scene（场景视图）中第一个选项 Shaded（遮罩）来切换 Unity 的绘图模式，单击后会有相应的下拉框，下拉框中为场景视图绘图渲染的各个模式选择项。下面介绍主要的一些参数，

如图 1-42 所示。

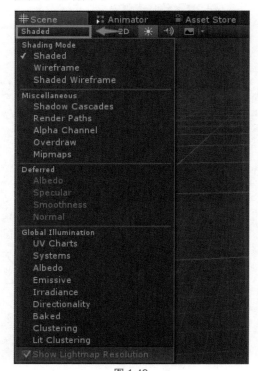

图 1-42

各参数说明，如表 1-9 所示。

表 1-9

参　数	说　明
Shading Mode	渲染着色模式
Shaded	显示可见纹理表面
Wireframe	用线框绘制网格
Shaded Wireframe	显示纹理并有线框覆盖
Miscellaneous	杂项
Shadow Cascades	阴影模式
Render Paths	渲染路径，显示每个对象使用颜色代码的渲染路径（绿色表示延时光照，黄色表示正向渲染，红色表示顶点光照）
Alpha Channel	渲染 Alpha（阿尔法）通道
Overdraw	使物体颜色显示为透明，并且物体之间重叠的部分颜色会累加，重叠越多颜色越鲜艳。使用这种模式可以方便地找出一个物体绘制到另外一个上面
Mipmaps	使用颜色代码显示理想的纹理尺寸
2D ☀ ◀ ▣	摄像机类型 / 场景照明系统 / 音频开关 / 渲染选项
2D 2D/3D	切换编辑视图摄像机类型，默认为 3D 透视摄像机（2D 摄像机为正交摄像机，无透视）
☀	定义是否使用默认的光照方案
▣	控制天空盒、全局雾和 GUI 元素是否在场景中渲染
◀	切换场景中音频源的开关
Gizmos ▾ Q-All ✔3D Icons ✔Show Grid	可视化调试工具
3D Icons	在场景视图中显示游戏体图标（例如粒子系统图标），可以通过滑动后面的滑动条设置图标的大小
Show Grid	显示单元网格线（勾选后可以在操作视图中看到类似 3ds Max 网格线的单元线框）

1.1.6.2　Game（游戏视图）

Game（游戏视图）是游戏发布后最终展示在屏幕中的效果，也就是游戏运行结果的展示。屏幕展示内容完全取决于 Hierarchy（层级视图）中摄像机照射的部分，可以通过在 Scene（场景视图）中移动摄像机的位置与旋转角度，修改摄像机照射范围来调整 Game（游戏视图）中显示的内容，如图 1-43 所示。

Free Aspect（默认选项）对应的下拉框主要设置游戏视图的窗口宽高比例。

⏰ **注意**

默认 Free Aspect（默认选项）为比例不受约束，其余宽高比为 5：4、4：3、3：2、16：10、16：9，也可以直接设置宽高分辨率为 Web（960×600）。除此之外，还可以单击"+（加号）"自定义一个显示比例。

Maximize on Play（运行游戏时自动最大化窗口）用来设置在运行游戏时自动最大化窗口。

Mute audio（静音开关）用来设置静音开关。

Stats（统计）选中后会显示渲染状态统计窗口，如图 1-44 所示。

图 1-43　　　　　　　　　　　　　　　　　　　　图 1-44

以下为渲染统计窗口中的部分常用属性，如表 1-10 所示。

表 1-10

属　　性	说　　明
Audio	音频
Graphics	图形学
FPS	全称是 Frames Per Second（每一秒游戏执行的帧数）。这个数值越小，说明游戏越卡
Batches/Draw Call	每一帧调用的绘制数量（尽量减少）
Tris	当前绘制的三角面数
Verts	当前绘制的顶点数
Screen	屏幕的大小，连同其抗锯齿级别和内存的使用率
Gizos	开启后会在 Game（游戏视图）中显示粒子系统、灯光系统、音源等图标，一般不需要勾选

1.1.6.3　Hierarchy（层级视图）

该视图包含当前场景中的所有游戏对象（可以把它理解为场景文件列表），其中有一些是资源文件的实例化对象（如 3D 模型和其他"Prefab 预设体"的实例）。可以在层级视图中选择对象或者生成对象，当在场景中增加或者删除对象时，层级视图中相应的对象则会出现或消失。

创建一个新的游戏工程后，默认场景 Hierarchy（层级视图）中预置带有一个主摄像机和一个平行光。在层级视图的左上角有个 Create（创建）菜单，通过单击其中的选项可以创建新的游戏对象（例如灯光、粒子、摄像机等）。

注意

Unity 使用父对象的概念，要想让一个对象成为另一个对象的"子对象"，只需在层级视图中把它拖曳到另一个对象上即可。子对象将继承其父对象的移动和旋转属性，利用这个特性可以实现物体跟随、粒子拖尾等效果，如图 1-45 所示。

图 1-45

提示

（1）按住 Alt 键的同时单击父对象前的三角展开符号，可以快速将所有文件子目录同时展开或收起。

（2）在层级视图中选中游戏对象，按快捷键 Shift + Alt + A 可以快速设置对象激活状态。

1.1.6.4　Project（工程视图）

主要用于存放游戏中的所有资源文件，常用的资源包含游戏脚本、预设体、材质、动画、自定义字体、纹理、物理材质和 GUI 皮肤等。工程视图分为左右两个模块，左边是 Assets（资源），显示项目中各个文件夹的目录，右边栏则负责显示目录中的具体文件（需要先选择目录，才能在右边栏看到对应目录中的文件）。可以在右侧视图中选择任意资源然后鼠标右击 Show in Explorer（显示在资源管理器），就可以在资源管理器中找到这些文件本身存放的路径位置。Mac 系统中是 Reveal in Finder（显示在显示仪）。

通过左上角的 Favorites（收藏夹）可以单独显示某一种文件。其中，All Materials（全部资料）显示资源中的全部材质球文件，All Models（全部模型）显示资源中的全部模型文件，All Prefabs（全部预设体）显示资源中的全部预设体文件，All Scripts（全部脚本）显示资源中的全部脚本文件。

注意

（1）一定不要直接在工程所在系统文件夹中移动 / 修改项目资源（系统文件夹指电脑系统自带的文件夹盘符），因为这将破坏资源文件相关的一些关联数据，应该始终在 Unity 工程中来组织、修改、移动自己的资源文件。

（2）添加新的资源到项目中时，可以直接拖动该资源到 Unity 的工程视图中。或者也可以单击菜单 Assets（资源）→ Import New Asset（导入新资源）来导入新资源。

（3）有些游戏资源必须从 Unity 内部建立，如 Shader（着色器）、Prefab（预设体）、Material（材质球）等。可以通过单击 Project（工程视图）左上角的 Create（创建）创建，或者也可以在工程目录空白位置通过鼠标右击 Create（创建）选择相应项创建。

（4）选择文件后按 F2 键（Mac 系统中为 Enter 键）可以重新命名任何资源或文件夹，或者在资源名称上单击两次（两次单击间隔较长，不是双击）来重命名。

1.1.6.5 Inspector（检测视图）

用于显示当前选定游戏对象所有附加组件、脚本及其属性的相关详细信息。无论是在 Hierarchy（层级视图）中选择一个游戏对象，还是在 Project（工程视图）中选择一个资源，或是在引擎任意位置选择一个控件时，Inspector（检测视图）都会被打开，展示选中对象的所有描述信息。

在 Hierarchy（层级视图）中选择摄像机后，会在场景视图右下角出现 Camera Preview（游戏预览视图），根据它可以更方便地预览场景模型在摄像机中的位置。

在检测视图右上方有两个控制按钮，分别是"锁定当前显示项"与"窗口设置"，如图 1-46 所示。

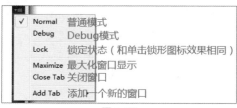

图 1-46

通过"锁定当前显示项"可以锁定当前对象的检测视图（即使选择其他对象，也依然会显示原对象的检测视图参数），可以通过增加一个新的 Inspector（检测视图）来同时对比前后两个选择对象的属性信息差别。

检测视图上"窗口设置"按钮如图 1-47 所示。

✓ Normal	普通模式
Debug	Debug模式
Lock	锁定状态（和单击锁形图标效果相同）
Maximize	最大化窗口显示
Close Tab	关闭窗口
Add Tab	添加一个新的窗口

图 1-47

⏰ **注意**

（1）在面板右上角"窗口设置"下拉菜单中切换不同的编辑模式，在 Debug（调试模式）中可以查看组件的私有变量（通常它们不会显示）。

（2）以上所有视图都可以随意地进行拖动、修改比例等操作。如果需要将修改后的视图布局进行保存，则可以单击菜单栏 Window → Layouts → Save Layout（窗口→布局→保存布局）保存当前自定义布局。

（3）单击菜单栏 Window → Layouts → 2 by 3（窗口→布局→ 2 by 3 布局）可以恢复到默认窗口布局。

1.1.7 视图操作方法

以下操作方法适用于 Scene（场景视图）。

01 旋转视图。

按住 Alt 键＋鼠标左键，然后拖动鼠标可以旋转视图。

02 缩放视图。

滚动鼠标中键可以缩放整体视图。

03 平移视图。

按住鼠标中键并拖动可以平移操作视图。

04 近距离查看游戏对象。

在 Scene（场景视图）或者 Hierarchy（层级视图）中选择对象后，按 F 快捷键来近距离查看该游戏对象。（建议切换为英文输入法状态，中文输入法状态下该快捷键无效。）

05 对象不在 Game（游戏视图）中显示？

在 Hierarchy（层级视图）中双击选择需要显示的游戏对象，再单击 Main Camera（主摄像头）选中，最后按快捷键 Ctrl+Shift+F 即可将该物体在 Game

（游戏视图）中显示了。（如快捷键失效，同样也可以使用菜单命令 GameObject → Align With View（游戏对象→视图对齐）。

06 变换工具栏快捷键。

Q（拖动工具），W（移动工具），E（旋转工具），R（缩放工具）。

07 飞行模式。

按住鼠标右键 +W/S/A/D 键分别可以控制前 / 后 / 左 / 右移动镜头，或者按 Q/E 键可以上 / 下移动镜头。

⏰ 注意

通过这种方法可以切换为"飞行视角"方便观察。

08 按住 Ctrl 键移动物体会以一定的增量来移动物体。

可以通过单击菜单栏中的 Edit（编辑）→ Snap Setting（栅格和捕捉设置）修改相应的增量数值大小，如图 1-48 所示。

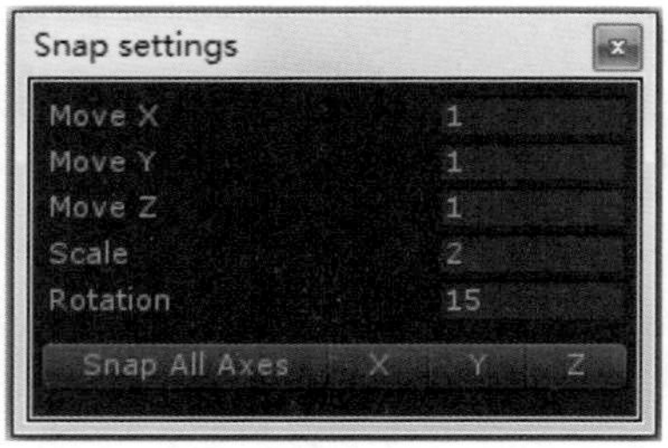

图 1-48

09 使物体在另一个物体表面上移动，快捷键为 Ctrl+Shift。

10 顶点吸附。

选中物体，然后按住 V 键，可以将该物体吸附到另一个物体的顶点上，通过拖动该物体来选择不同的吸附顶点，关闭顶点吸附的快捷键为 Shift+V。

1.1.8　常用的快捷键

需要注意 Unity 的快捷键在 Windows 系统和 Mac 系统下略有不同。

Unity 在 Windows 系统环境下的相关快捷键如图 1-49 所示。

Windows系统下Unity 3D功能快捷键			
组合快捷键			功能
Tools 操作工具　功能快捷键			
	W		Move 移动
	E		Rotate 旋转
	R		Scale 缩放
	Q		Pan 平移
	Z		Pivot ModeToggle 轴点模式切换
	X		Pivot Rotation Toggle 轴点旋转切换
File文件　功能快捷键			
Ctrl	N		New Scene 新建场景
Ctrl	O		Open Scene 打开场景
Ctrl	S		Save Scene 保存
Ctrl	Shift	S	Save Scene as 保存场景为
Ctrl	Shift	B	Build Settings 编译设置
Ctrl	B		Build and run 编译并运行
Edit编辑　功能快捷键			
Ctrl	Z		Undo 撤销
Ctrl	Y		Redo 重做
Ctrl	X		Cut 剪贝
Ctrl	C		Copy 拷贝
Ctrl	V		Paste 粘贴
Ctrl	D		Duplicate 复制
Shift	Del		Delete 删除
	F		Frame selected 选择的帧
Ctrl	F		Find 查找
Ctrl	A		Select All 全选
Ctrl	P		Play 播放
Ctrl	Shift	P	Pause 暂停
Ctrl	Alt	P	Stop 停止
Assets资源　功能快捷键			
	R		Refresh 刷新
Game Object 游戏对象　功能快捷键			
Ctrl	Shift	N	New Empty 新建空游戏对象
Ctrl	Alt	F	Move to view 移动到操作视图正中位置
Ctrl	Shift	F	Align with view 视图对齐

图 1-49

⏰ 注意

（1）在 Mac 系统中一般只要把 Ctrl 键改为 CMD 键就可以正常使用了。

（2）以上快捷键需要在英文输入法状态下才能生效，如果快捷键失效，可能是输入法的原因，也有可能是 Unity 与其他软件快捷键冲突。

1.1.9　设定天空盒

首次打开 Unity 5.3.0 时，会发现默认 Scene（场景视图）和 Game（游戏视图）

中带有一个蓝天的背景效果。如果仔细观察，甚至还可以在天边找到一个白色的太阳，我们管这个巨大的世界场景叫作 Skybox（天空盒）。

那么应该如何去除天空盒？如何创建天空盒呢？

1.1.9.1　去除天空盒

在制作特效时，常常需要用到纯色背景来进行效果展示（并不希望有天空盒效果），那么要怎样才能去除天空盒呢？

Step 01 首先需要单击菜单栏 Window → Lighting（照明），在 Lighting 窗口中可以看到 Skybox（天空盒）选项。接着单击后面的圆形符号，在 Select Material（选择材质）窗口中选择 None（全不）即可，操作完成后天空盒效果就不见了，如图 1-50 所示。

天空盒去除后，发现摄像机默认背景色为蓝色，那么要如何修改摄像机的背景色呢？

Step 02 首先在 Hierarchy（层级视图）中单击摄像机，然后在 Inspector

（检测视图）中查看摄像机的属性，如图 1-51 所示。

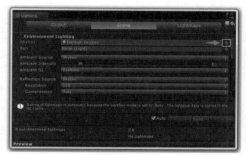

图 1-50

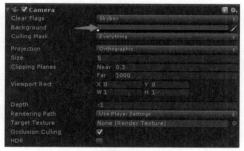

图 1-51

Step 03 接着单击摄像机属性中的 Background（背景色），就可以将默认的摄像机蓝色背景改为任意颜色了。

摄像机的相关属性如表 1-11 所示。

表 1-11

属　　性	说　　明
Clear Flags（清除标记）	确定摄像机的哪些部分将会被清除
Background（背景）	修改摄像机背景色
Culling Mask（消隐遮罩）	修改摄像机显示内容类型，其他内容将会被过滤不显示。Everything（显示全部），Nothing（全部不显示），UI（只显示 UI 内容等）
Projection（投影）	修改摄像机透视类型
Perspective（透视）	正常 3D 透视
Orthographic（正交）	摄像机会均匀地渲染物体，物体之间没有透视感
Size（大小）	摄像机视口的大小
Clipping Planes（裁剪面）	摄像机的渲染距离设定（从渲染的最近点到最远点）

续表

属　性	说　明
Near（最近）	摄像机显示的最近距离设定
Far（最远）	摄像机显示的最远距离设定
ViewPort Rect（屏幕坐标）	设置屏幕坐标
X/Y/ W/H	水平位置 / 垂直位置 / 摄像机输出的屏幕宽度 / 摄像机输出的屏幕高度
Depth（深度）	渲染顺序。如果场景内有多个摄像机，深度值越高越优先渲染。例如，场景中有两个摄像机，Camera01 的 Depth（深度）值为 0，另一个 Camera02 的 Depth（深度）值为 1，则最终 Game 视图将显示 Camera02 中的内容
Rendering Path（渲染路径）	定义绘制方式
Target Texture（目标纹理）	设置定义目标纹理
Occlusion Culling（遮挡剔除）	设置遮挡剔除
HDR	开启高动态范围

⏰ 注意

（1）旧版本 Unity（如 Unity 4.6.0 之前）中初始场景中默认并没有天空盒。

（2）除此之外，还可以通过单击场景视图上方，如图 1-52 中红框位置，屏蔽掉天空盒的显示。

图 1-52

1.1.9.2　创建天空盒

Step 01 首先在工程视图任意路径空白位置鼠标右击 Create → Material（创建→材质）创建一个材质球，如图 1-53 所示。

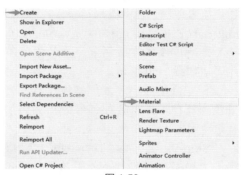

图 1-53

Step 02 创建完成后，选中材质球并在 Inspector（检测视图）中查看其属性，将材质球中的 Shader（着色器）类型修改为 Skybox/6 Sided（天空盒 /6 号），如图 1-54 所示。

图 1-54

Step 03 然后按照顺序给材质球附加上六张无缝拼接的全景纹理，如图 1-55 所示。

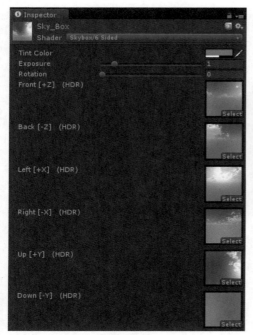

图 1-55

Step 04 之后的操作与前面类似，单击菜单栏 Window → Lighting（照明），在 Lighting（照明）窗口中可以看到 Skybox（天空盒）选项，如图 1-56 所示。单击 Skybox（天空盒）后面的圆点符号，在 Select Material（选材）窗口中选择之前所创建的天空盒材质球即可。

图 1-56

天空盒原理如下。

Unity 中的天空盒使用了一种特殊算法，它可以笼罩在整个游戏场景外，并根据材质球中指定的纹理模拟出远景、天空、太阳等效果，使游戏场景更加真实。

可以将天空盒理解为一个无限大的正方体，该正方体覆盖整个游戏世界。由于正方体有六个面，所以需要赋予它六张无缝贴图。

演示效果如图 1-57 所示。

图 1-57

将天空盒拆解开，可以看出它由六个面共同组成，如图 1-58 所示。

图 1-58

⏰ 注意

（1）除此之外，在一些游戏引擎中还存在"天空球 / 环境球"等，它们原理相同，只是把图像的载体变为球形。

（2）有关 Shader（着色器）的知识，会在本书第 2 章"Shader（着色器）材质"中进行详细讲解。

（3）附赠资源中提供了 Skybox（天空盒）资源包。

（4）旧版本 Unity 中默认内置了一些天空盒资源，例如在 Unity 4.6.0 中，可以通过菜单 Assets → Import Package → Skyboxes（资源→自定义包→天空盒）调入内置的天空盒效果。

Unity 视图颜色设置方法：通过菜单命令 Edit → Preferences（编辑→首选项）自定义 Unity 场景视图背景颜色、轴向颜色、网格颜色等。

如图 1-59 所示，为 Unity Preferences 界面。

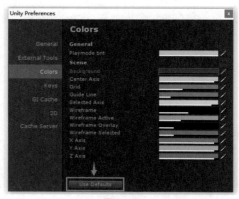

图 1-59

可以在 Colors（颜色）选项中自定义各项颜色值，也可以通过单击界面下方的 Use Defaults（恢复预设值）（红框位置）按钮使各项颜色恢复到默认初始状态，由于该功能并不常用，所以就不做详细讲解了。

⏰ 注意

需要事先取消 Skybox（天空盒），才能够修改 Background（场景背景色）。

1.1.10 Unity 3D 5.3.0 新功能介绍

01 新工具：MonoDevelop 升级，多场景编辑，2D 工具与自动化单元测试。

02 图形优化：新 OpenGL 内核，对 OS X 中 Metal（金属性）的试验性支持，粒子系统升级。

03 更好的 WebGL 与 iOS 9 平台支持。

04 集成应用内购支持。

05 VR 方面增强以及新的 VR 学习示例（虚拟现实是未来游戏以及应用的一个重要发展方向，Unity 已经逐渐重视 VR 方面的开发）。

06 Unity 5.3.0 带来了许多可以提高渲染质量与渲染效率的新功能。

首先，全新的 OpenGL 4.x 内核将替换过去的 OpenGL 2.1 内核。这将使用户在 Windows、OS X 以及 Linux 上都能受益于最新的 OpenGL 特性，同时也能根据用户 OpenGL 驱动的支持能力切换至老版本的 OpenGL。需要注意的是，在 Unity 5.3.0 中，Unity 会默认使用新 OpenGL 内核，但用户可以手工切换至传统的 OpenGL 2.1 以兼容以前的行为。产品组打算在 Unity 5.4 中移除传统的 OpenGL 内核。

Unity 编辑器发布到 OS X 的应用提供了 Apple Metal 技术的试验性支持，以便在 OS X 游戏中获得更快的图形处理速度。可以在 Unity 编辑器的 Player Settings（玩家设置）窗口中的 Graphics API 选择下拉框中启用 Metal（金属性）。

Screen Space Raytraced Reflections（屏幕空间光线追踪反射，SSRR）增强了 Unity 的图形渲染的真实度。SSRR 允许物体比反射探头更精确地对周遭环境进行动态反射，因此，场景中的移动物体在表面上会得到精确反射。最近发布的 Bedroom demo（卧室演示），展现了使用 SSRR 可以达到更加真实的视觉感受。

Unity 的粒子系统进行了大量的改

动。现在所有的粒子系统属性都可以通过脚本进行配置了，这将赋予用户前所未有的掌控权以及全新的创造性可能。另外，还增加了部分新的控制项如下。

（1）3D Rotation（三维旋转）：全方位控制粒子在三个坐标轴上的方向与旋转。

（2）System Scaling（系统缩放）：再也不用担心粒子特效缩放的问题了。

（3）Mesh Shape Source（网格形状来源）：新的粒子发射器形状 Skinned Mesh Renderer（蒙皮的网格渲染器）支持在蒙皮网格上发射粒子。

（4）新 2D、3D 物体粒子碰撞控制选项。

（5）粒子系统发射模型体完美支持 Texture Sheet Animation（纹理动画模块）参数，这意味着即使不用任何脚本也可以通过粒子系统实现模型播放序列图效果。

⏰ 注意

Unity 5.3.0 中出现的粒子系统新功能将会在 1.3 节"粒子系统"中学习，其他有关程序、渲染的新功能则不需要掌握。

● 1.2 制作及要求

"国有国法，家有家规""无规矩不成方圆"，相信这些俗语读者都耳熟能详。它时时刻刻告诫我们，无论是立身处世还是治国安邦，没有一个规章制度都是不行的。就像列车之所以能够奔驰万里，

离不开两条规定的铁轨；风筝之所以可以在空中翩翩起舞，也离不开它身上束缚的线。日月江河生生不息，同样是遵循着时间的轨迹。那么在特效制作中需要遵循哪些规律和要求呢？在本节之中将会学习特效制作的基本知识以及相关制作要求。

1.2.1 创建对象

首先单击菜单栏 GameObject（游戏对象），在下拉列表中可以看到 Unity 内部创建的一些游戏对象，其中包括 Create Empty（创建空对象）、3D Object（3D 对象）、Light（灯光）、Camera（摄像机）、Particle System（粒子系统）等。除此之外，还可以导入外部对象到 Unity 中。在特效制作中最常用的就是"空对象"和"粒子系统"，如图 1-60 所示。

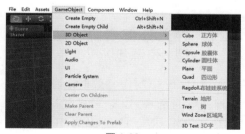

图 1-60

单击相应命令后，场景之中就会产生一个新的游戏对象，物体的名称会显示在 Hierarchy（层级视图）中。

例如，单击菜单 GameObject → 3D Object → Cube（游戏对象 → 3D 对象 → 正方体）创建一个 Cube（正方体），如图 1-61 所示。

观察发现当前场景中新增了一个正方体，同时在层级视图中可以看到其物体名称 Cube。

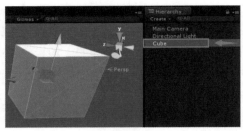

图 1-61

⏰ 注意

（1）在 Hierarchy（层级视图）中选中物体名称时，场景视图中相应的物体也会被选中。当在操作视图中不方便选择游戏对象时，可以直接在 Hierarchy（层级视图）中选择或者查询对象。

（2）项目中使用的所有资源（包括图片、文件夹、模型名称、材质等）都不能够使用中文或者是特殊符号，仅可以使用英文字母、数字或者下画线。

1.2.2 导入外部资源（贴图/模型/资源包）

在 Unity 中制作特效时，会使用到各种各样的资源文件，其中包括模型、贴图或资源包等，那么 Unity 3D 是如何导入这些外部资源的呢？

其实方法十分简单，如果是模型或者贴图等资源的话，可以直接在"Windows 资源浏览器"中选中文件拖曳到 Assets（资源）中即可。例如，当前在文件夹中选中一张贴图文件拖曳到 Assets（资源）中，如图 1-62 所示。

⏰ 注意

（1）文件路径中不能含有中文字符，否则文件可能无法导入。

（2）在 Unity 5.0 之前的版本中，

Unity 内置了一套标准资源（包含角色控制器、天空盒、粒子特效、镜头特效等），虽然这些内置资源已经在新版本中取消了，不过用户依然可以在 Unity 官网中重新下载。

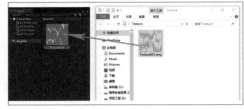

图 1-62

除此之外，还可以通过菜单命令进行资源导入。

首先在 Unity 工程视图中选择一个资源目录，然后依次单击菜单 Assets → Import New Asset（资源→导入新资源）在弹出对话框中选中文件后单击 Import（导入）即可，如图 1-63 所示。

图 1-63

⏰ 注意

（1）如果没有事先选择路径位置，执行该操作后资源默认将会载入到 Unity Assets（资源根目录）中。

（2）在 Unity 资源视图中更改文件路径，默认会自动保持文件之间的关联关系（例如，更改特效资源的存放路径并不会影响资源与 Prefab 之间的关联关系）。

Unity 资源包的导入如下。

最简单的方法就是在打开 Unity 后，直接双击 .unitypackage 文件（如果 Unity 关联关系正常，就可以自动载入了）。即使没有载入也没关系，同样也可以使用菜单命令进行载入操作。

首先单击菜单 Assets → Import Package → Custom Package（资源→导入资源包→自定义资源包），然后在弹出框中选择需要导入的 .unitypackage 文件，再单击 Import（导入）确认导入即可，如图 1-64 所示。

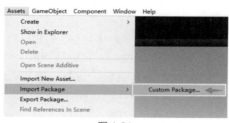

图 1-64

⏰ **注意**

资源浏览器中的 .unitypackage 文件导入 Unity 前，其存放路径须为英文路径，否则导入后可能会导致无法正常使用。

1.2.3　特效贴图的格式及尺寸要求

一般在项目制作中，特效贴图需要使用哪种格式呢？

Unity 3D 默认支持多种图片格式（如 PSD、TIFF、JPG、TGA、PNG 等），由于 Unity 3D 在对项目进行资源打包发布之前会统一对这些资源进行压缩处理，而这些格式之中有些压缩格式往往不能保证图像质量，甚至可能会丢失贴图/报错。所以一般只会用到两种图片格式，分别为 PNG、TGA。

⏰ **注意**

（1）一般项目中 PNG、TGA 这两种格式都可以同时使用。如果使用 PNG 图片，则建议先在 Photoshop 中将图片模式修改为"PNG 8 位通道"（可以在保持图片质量的前提下节省很多内存）。

（2）如果是 iOS 项目，特效制作时并不需要特意将图片转成 iOS 硬件支持的格式，因为 Unity 在发布时会自动转换。

图片的尺寸要求，如图 1-65 所示。

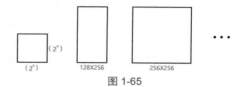

图 1-65

01　图片的边长需要是 2 的 n 次方（像素单位），例如，$64×128$，$128×128$，$128×256$，$256 ×512$，$512×512$ 等，建议在制作时就使用这种规定的边长，虽然在打包发布时 Unity 会自动将不符合尺寸的图片调整为 2 的 n 次方，但是由于会使用到缩放算法，图片细节可能会有一定程度的损失。

02　图片的尺寸越大，数据量也就越大。所以要尽量控制尺寸，在不影响效果的前提下，尺寸越小越好。

iOS 设备支持的贴图最大尺寸为 $1024×1024$，一般手游的单张特效贴图尺寸最好控制在 $512×512$ 以内。

1.2.4　贴图类型之间的切换

Unity 游戏引擎中的贴图分为多种类型（包括法线贴图类型、UI 类型等），那么在 Unity 中要如何切换贴图的类型呢？各类型间又有哪些区别呢？

首先导入任意一张图片到 Unity 中，选中图片后在 Inspector（检测视图）中查看其属性，如图 1-66 所示。

图 1-66

01 Texture Type（图像类型）：一般导入图像后默认类型为 Texture（贴图）。

02 Alpha from Grayscale（依据灰度产生 Alpha）：如果启用，将依照图像的现有明暗值来产生 Alpha 透明度通道。

03 Wrap Mode（循环模式）：Repeat（重复模式）中纹理将平铺本身；Clamp（钳制模式）中纹理将不会重复排列。

04 Fliter Mode（过滤模式）：Point（点模式）纹理在近距离变成块状；Bilinear（双线性）纹理在近距离变模糊；Trillinear（三线性）纹理在不同的 Mipmap 层次之间变模糊。

05 Aniso Level（各向异性级别）。

06 Max Size（图像最大尺寸）。

07 Format 纹理格式：Compressed 压缩格式；16 位低质量真彩色；Truecolor 32 位真彩色，也是最高的显示质量。

08 Revert（恢复设置）。

09 Apply（应用）。

⏰ 注意

本节中以默认类型 Texture（贴图）为例进行讲解，其他图像类型设置大同小异。

通过单击 Texture Type（图像类型）来切换不同的贴图类型，如图 1-67 所示。

图 1-67

图像的几种类型分别如下。

01 Texture（基本纹理）：设置基本纹理（默认类型）。

02 Normal map（法线贴图）：切换为法线贴图后，图像将自动转换。

03 Editor GUI and Legacy GUI（编辑器 GUI 和传统 GUI）：GUI 设置项。

04 Sprite（2D and UI）：精灵粒子（2D/UI 类型）。将图像设置为该类型后，可以直接将图像拖曳到场景中作为背景参考，而不需要将图像赋予任何模型体。

⏰ 注意

在 UI 特效制作中为了便于调节特效的层级显示，避免直接使用模型体，建议将部分贴图类型设置为 Sprite（2D and UI），并结合粒子系统完成最终效果。

05 Cursor（光标）：光标类型。

06 Cubemap（环境反射）：用来设置环境反射。

07 Cookie：纹理导入器的 Cookie 设置。

08 Lightmap（灯光贴图）：用来设置灯光贴图。

09 Advanced（高级纹理）：用来设置高级纹理。

切换贴图类型：以贴图 Noise001 为例，复制一个相同的贴图 Noise002。然后将左侧贴图类型修改为 Texture（贴图），右侧贴图类型修改为 Normal map（法线贴图），单击 Apply（应用）确认修改。

对比效果如图 1-68 所示。

图 1-68

⏰ **注意**

（1）图片类型修改完成后，还需要单击右下方的 Apply（应用）才能生效。

（2）可以根据不同的纹理类别来设置不同的图片类型。例如，一张普通纹理图片可以将它设置为默认类别 Texture，如果导入的是一张法线贴图，则可以把类型设置为 Normal map。甚至可以将同一张纹理复制几次（快捷键 Ctrl+D），将它们设置为几种不同的图片类型。

1.2.5　在 Unity 中显示贴图纹理通道

Step 01 在 Unity 项目资源列表中，有时无法显示贴图的通道信息，导致纹理不能被正确显示，如图 1-69 的这些图片所示。

Step 02 接下来任意选择一张图片，

然后在 Inspector（检测视图）中查看其信息，如图 1-70 所示。

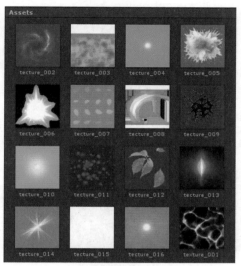

图 1-69

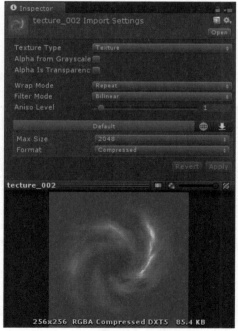

图 1-70

Step 03 当贴图本身含有 Alpha 通道时，在 Inspector（检测视图）中将会有 Alpha Is Transparency（根据 Alpha 通道产生透明效果）选项，如图 1-71 所示。

图 1-71

Step 04 如果贴图没有 Alpha 通道，则属性中没有该选项，如图 1-72 所示。

图 1-72

Step 05 勾选 Alpha Is Transparency（根据 Alpha 通道产生透明效果）后，再单击右下角的 Apply（应用）按钮即可。

现在就可以在 Unity 资源目录中查看到带有 Alpha 透明通道的贴图效果了，修改前后对比如图 1-73 所示。

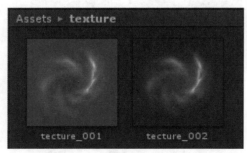

图 1-73

同样也可以进行批量修改。首先加选多张图片，然后勾选 Alpha Is Transparency（根据 Alpha 通道产生透明效果），最后单击 Apply（应用）按

钮即可，操作如图 1-74 所示。

图 1-74

结果显示如图 1-75 所示。

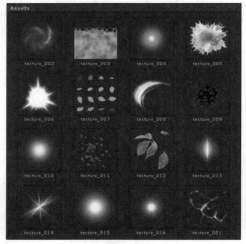

图 1-75

图片多选小技巧：

Step 01 当需要批量选择的图片不在同一文件夹中时，可以通过单击工程视图上方的 Search by Type（根据类型查找），操作如图 1-76 所示。

Step 02 勾选 Texture（纹理）后就可以显示当前项目中的全部贴图文件了（其他类型同理）。

图 1-76

图像透明通道的制作方法如下（使用 Photoshop）：

Step 01 以无 Alpha 通道的贴图 Daoguang 为例，在 Unity 中预览资源显示如图 1-77 所示。

图 1-77

Step 02 首先将贴图文件导入到 Photoshop 中，在右侧"图层"面板中选择"通道"，如图 1-78 所示。

图 1-78

Step 03 然后选择一个"黑白分明"的通道图层，单击右键，然后复制，操作如图 1-79 所示。

图 1-79

Step 04 将复制出的图层命名为 Alpha，单击"确定"按钮保存，如图 1-80 所示。

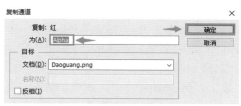

图 1-80

⏰ 注意

图像中的 Alpha 通道只记录灰度信息（灰度图）。黑色表示透明，白色表示不透明，灰色则表示半透明。

Step 05 最后单击菜单"文件"→"存储为"，选择 Targa 格式（勾选"Alpha 通道"）将图像导出即可，操作如图 1-81 所示。

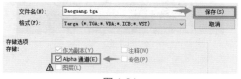

图 1-81

Step 06 在 Unity 中导入修改后的 Daoguang 文件，勾选 Alpha Is Transparency（根据 Alpha 通道产生透明效果）后显示如图 1-82 所示。

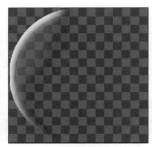

图 1-82

到这一步，图像的透明通道就已经制作完成了。

🔔 提示

Unity 中常用的 Shader（着色器）有 Add（亮度叠加）和 Alpha Blend（阿尔法混合）两种模式。

以 Daoguang 为例，在使用 Add（亮度叠加）模式时，贴图是否含有 Alpha 通道对显示结果并没有影响，而在 Alpha Blend（阿尔法混合）模式下有明显差异。

其对比如图 1-83 所示。

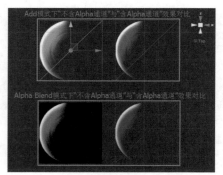

图 1-83

⏰ 注意

由于在 Add（亮度叠加）模式下，贴图中的黑色部分被显示为透明色，所以显示结果相同。

1.2.6　Unity 3D 支持的外部模型格式

大家知道游戏模型是游戏制作之中的重要环节，它将游戏原画直接表现为三维立体模型展现在玩家眼前。模型同时又是动画及特效的载体，少了模型很多动画和特效都无法实现。所以模型作为游戏制作的中间环节起着必不可少的作用。

Unity 支持大部分高端 3D 建模 / 动画软件，如 3ds Max、Maya、LightWave 等，美术人员可以按照需求选择所要用的 3D 模型 / 动画软件，最后将制作好的模型及动画导出到 Unity 即可。本节将针对这部分内容进行介绍，下面首先学习下 Unity 支持的模型格式都有哪些。

Unity 支持多种外部格式的导入，详情如图 1-84 所示。

Unity3d支持的外部格式				
格式	网格	材质	动画	骨骼
Autodesk 系列.fbx格式	√	√	√	√
3d Studio Max的.max格式	√	√	√	√
Cheetah 3D的.jas格式	√	√	√	√
Cinema 4D的.c4d l 2格式	√	√	√	√
Blender的.blend格式	√	√	√	√
Carrara	√	√	√	√
COLLADA	√	√	√	√
LightWave	√	√	√	√
Maya的.mb和.ma格式	√	√	√	√
XSI 5的.x格式	√	√	√	√
SketchUp Pro	√	√		
Wings 3D	√	√		
3d Studio的.3ds格式	√			
Wavefront的.obj格式	√			
Drawing InterchangeFiles的.dxf格式	√			

图 1-84

在实际项目之中，模型和动作基本都是在 3ds Max 或者 Maya 等专业三维软件中制作完成的。

以在 3ds Max 中制作为例，一般需要将系统单位设置为米（Meters），导出格式设置为 ".fbx"。

如果是单个物件导出，则需要在导出前将它的 X、Y、Z 三个轴向的坐标归零，以便于在 Unity 中查找。

除此之外，还需注意导出文件不能

使用中文命名（使用中文字符导入 Unity 时可能报错），文件命名必须使用英文、数字或者下画线。

⏰ 注意

（1）可以看出并不是每种格式都可以支持多种属性，例如，Obj 格式仅能支持"网格"属性，这就意味着即使在 3ds Max 中制作了动画也不会记录在保存文件中。

（2）虽然 Unity 支持多种外部格式的导入，但是有些格式导入后可能会出现不兼容甚至报错的现象。Unity 官方推荐使用的格式是".fbx"。fbx 格式不但同时支持网格、材质、动画、骨骼，更比其他格式稳定可靠。

1.2.7　Unity 3D 与 3ds Max 之间的单位比例 / 轴向关系

通过之前的学习了解到很多游戏中的模型和动画都是在 3ds Max 中制作完成的（因为 Unity 并不适合制作复杂的动画，也没有内置多边形高级编辑工具），例如，制作特效中的基本模型原件、调节 UV、制作骨骼动画等都需要在 3ds Max 中完成。所以说作为一名合格的特效师，除了使用 Unity 外，学会使用 3ds Max 以及了解 3ds Max 的基本功能也都是必不可少的。那么在本节之中将讲解 Unity 与 3ds Max 的单位比例 / 轴向关系，在之后的教学中会继续讲解有关 3ds Max 的其他相关知识。

1.2.7.1　Unity 3D 与 3ds Max 之间的单位比例关系

为了证明 Unity 3D 跟 3ds Max 之间的单位关系，下面进行一个实例测试。

首先在 3ds Max 中制作一个边长为 1m 的模型体，然后导入到 Unity 中，与 Unity 中默认边长为 1m 的 Cube（预设正方体）做对比。

具体操作如下：

Step 01 在 3ds Max 中单击菜单"自定义"→"单位设置"。将"显示单位比例"与"系统单位比例"设置为"米"，如图 1-85 所示。

图 1-85

Step 02 设置完成后，单击 3ds Max 右侧"标准基本体"菜单，选择"长方体"，然后在窗口之中拖放创建一个长方体，并将长方体的边长设置为 1m，如图 1-86 所示。

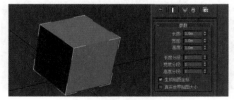

图 1-86

Step 03 接着选择该正方体，单击

菜单"导出"→"导出选定对象"选择
路径，将导出文件格式设置为".fbx"（导
出选项中的单位设置为米），如图 1-87
所示。

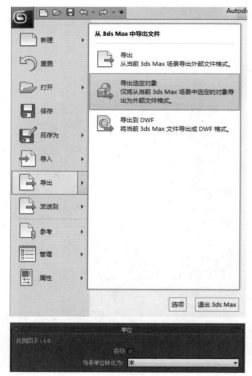

图 1-87

Step 04 然后将 fbx 文件导入到
Unity 中，与 Unity 中边长为 1m 的预
设正方体 Cube（正方体）做对比，如
图 1-88 所示。

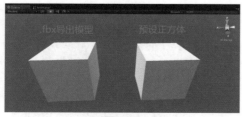

图 1-88

发现它们大小基本相同，如图 1-89
所示，是 Unity 中两对象具体参数对比。

图 1-89

观察发现，它们的区别在于导入的
模型体 X 轴有个 >90°的旋转值，这个
问题的解决方法稍后会进行讲解。

Step 05 接下来在 Unity 的 Assets（资
源）中选择导入的 fbx 模型文件，在检测
视图中查看它的属性，如图 1-90所示。

图 1-90

Step 06 发现图 1-90 中，它的默认
Scale Factor（缩放因子）为 1。

通过以上测试得出以下结论：

当 Unity 3D 的版本是 Unity 5.3.0 时，
导入 fbx 外部模型时其默认 Scale Factor
（缩放比例）为 1。

所以在 3ds Max 中制作模型时，只
需要将 3ds Max 系统单位和导出单位统
一设置为"米"就可以在 Unity 3D 中等
比显示了。

⏰ **注意**

（1）如果导入模型后，模型大小显

示不正确，先确认使用的 Unity 版本，旧版本的 Unity 默认缩放因子数值（0.01）与新版不相同。

（2）如果想让 3ds Max 导出的正方体跟 Unity 预设体 Cube（正方体）完全相同，还需要在 3ds Max 中将正方体的轴心坐标修改为物体中心，因为 3ds Max 中创建的正方体默认轴心在地面。

（3）旧版 Unity 导入 fbx 模型时，Unity 的 Scale Factor（缩放因子）默认数值是 0.01，这时如果需要让 3ds Max 中的 1m 跟 Unity 中的 1m 相同，就需要手动修改它的 Scale Factor（缩放因子）设置为 1。

（4）建议在将 3ds Max 中制作的模型导入到 Unity 前，事先在 3ds Max 中单击菜单"编辑"→"变换工具框"→"重置"（对其大小进行重置），可以降低模型导出后缩放出错的概率。

1.2.7.2　Unity 3D 与 3ds Max 的轴向关系

通过之前的测试可以发现，当导入 fbx 外部模型文件到 Unity 中时，实例体的 X 轴方向会有 >90°的旋转值，那么这是由于什么原因造成的呢？又要如何解决呢？

因为 3ds Max 使用的是右手坐标系，而 Unity 使用的是左手坐标系，所以在 3ds Max 中导出 fbx 文件到 Unity 时，需要改一下 3D 模型的轴向才可以正确显示。简单地说就是把物体的轴心沿 X 轴方向旋转 90°就可以了，具体修改轴向的操作方法如下。

Step 01 首先在 3ds Max 中选择需要导出的模型体（如果有多个模型需要导出，可以按快捷键 H 打开"场景物体列表"来进行多选）。

Step 02 然后在 3ds Max 面板中单击"轴"→"调整轴"→"仅影响轴"将模型影响轴 X 方向旋转 90°，如图 1-91 所示。

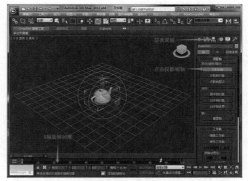

图 1-91

Step 03 再次把它导入到 Unity 中，就会发现这次它的轴向显示正确了。数值如图 1-92 所示。

图 1-92

通过以上的测试可以得出以下结论：

3ds Max 导出 fbx 文件到 Unity 工程时，模型体的 X 轴方向默认会有 >90°的偏转值。解决方法是在模型体导入 Unity 前，在 3ds Max 中将模型体的影响轴 X 方向旋转 90°，然后再导入 Unity 就可以正确显示了。

⏰ 注意

在 3ds Max 中进行轴向旋转数值修改时，需要修改的是"影响轴"，而不是直接旋转模型体本身。

1.2.8　3ds Max 导出模型 / 动画到 Unity 中的注意事项

本节讲解 3ds Max 导出模型 / 动画到 Unity 中的导出选项设定和注意事项。

1.2.8.1　导出选项设定

以下为 3ds Max 导出窗口中的一些导出选项设定，如图 1-93 所示。

图 1-93

01 动画：是否导出关键帧动画。

02 烘焙动画：开启后会将每一帧都自动记录上关键帧（需要配合"全部重采样"命令使用）。

03 变形：是否记录骨骼蒙皮。

04 摄像机：是否导出摄像机。

05 灯光：是否导出灯光。

06 嵌入的媒体：开启后会自动关联与模型相关的材质球及贴图，导入Unity 时也会自动将材质球及贴图导入。

07 单位：单位设置。

08 轴转化：设定向上轴。

⏰ 注意

如果将 fbx 文件导入到 Unity 后，模型在 Unity 中的"大小 / 旋转 / 缩放"显示不正确。那么建议导出模型前在 3ds Max 中单击菜单"编辑"→"变换工具框"→"重置"，对模型进行大小重置操作。

1.2.8.2　导出注意事项

01 如果是单个物体导出，需要在导出前将模型坐标归零（方便在 Unity 中查找和管理）。

02 是否有动画（如果需要导出动画，则勾选"动画"选项）。

03 是否有骨骼蒙皮动画（如果有骨骼动画需要导出，则在 3ds Max 导出界面中勾选"动画""变形""蒙皮"选项）。

04 是否有烘焙动画的需求（该选项需要结合"全部重采样"命令，开启"烘焙动画"后导出文件的每一帧都会自动记录关键帧）。

05 是否需要导出关联文件（在 3ds Max 导出界面中一般不需要勾选"嵌入的媒体"，因为勾选该选项后，会自动将与模型关联的材质球 / 贴图导入到 Unity 中，产生额外的文件夹。由于在 Unity 工程中有指定的特效资源存放路径，所以不建议勾选）。

06 摄像机、灯光等不需要勾选。

07 导出单位米，比例因子 1.0。

08 导出轴向 Y。

1.2.9　创建一个材质球 / 同时使用多个材质球

本节讲解如何创建一个材质球或同时使用多个材质球。

1.2.9.1 创建一个材质球

第一种方法：

Step 01 首先在项目工程 Assets（资源）中选择一个路径或者创建一个文件夹来存放材质球文件，如图 1-94 所示。

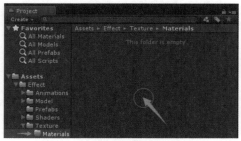

图 1-94

Step 02 然后在空白位置单击鼠标右键选择 Create → Material（创建→材质球）命令，空白处右击操作如图 1-95 所示。

图 1-95

Step 03 操作完成后就可以看到新建材质球 New Material（新的材质球）了，可以在选中材质球后，按快捷键 F2 进行重命名。

第二种方法：

单击 Project（工程视图）左上角的 Create（创建）按钮创建材质球。操作如图 1-96 所示。

⏰ **注意**

（1）通过这两种方式创建的材质球完全相同，默认新创建的材质球名称为"New Material"。创建多个材质球后系统会根据创建顺序依次命名。例如，New Material、New Material 1、New Material 2、New Material 3 等。

（2）如果想查看某一物体的材质球信息，可以在层级视图中选中该物体，然后在 Inspector（检测视图）最后一栏看到材质球组件的详细信息。

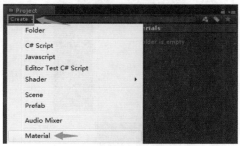

图 1-96

默认新建材质球信息如图 1-97 所示。

图 1-97

⏰ **注意**

Unity 5.3.0 与旧版 Unity 相比，创建的默认材质球会有所差别。新版本（Unity 5.3.0 之后）创建的默认材质球 Shader（着色器）类型为 Standard（标准着色器），而旧版本（Unity 5.3.0 之前）创建的默认 Shader（着色器）类型为 Diffuse（漫射）。有关 Shader（着色器）的相关知识会在以后的 Shader（着色器）材质篇详细讲解。

可以通过单击材质球 Shader（着色器）后的选项来任意切换 Shader 类型。例如，当前把材质球 Shader 类型更改为 Legacy Shader/Diffuse（漫反射着色器），然后赋予材质一张纹理贴图（操作方法是直接在工程视图中选取一张贴图，拖放到材质球空白位置），如图 1-98 所示。

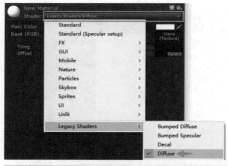

图 1-98

⏰ **注意**

Unity 5.3.0 之后的版本中新增了 Standard（标准材质），而部分旧版本材质 Shader（着色器）则移动到了 Legacy Shader 下。特效常用的 Particles（粒子系统）系列材质位置并没有改变。

1.2.9.2 同时使用多个材质球

在一些效果中，往往单一材质已经不能满足需求，那么 Unity 中一个模型体可以同时使用多个材质球吗？应该如何操作呢？

其实方法很简单，只要将模型体 Mesh Renderer（渲染组件）中的 Materials → Size（材质球→数量）设置为多个就可以了。

操作如下：

Step 01 选择模型体，在 Inspector（检测视图）中参看其组件信息。

Step 02 将 Mesh Renderer（渲染组件）中的 Size（材质球数量）设置为 2（数量可以任意设定）。

Step 03 选择两个材质球分别拖放到 Element 0、Element 1 位置即可。

如图 1-99 所示。

图 1-99

Step 04 观察发现，当前模型体已经同时包含两个材质球了。

1.2.10 Unity 中特殊纹理贴图的使用

在实际项目制作中，除了每个材质球使用"单独纹理"这种常规情况外，还会有其他几种特殊情况。

以下为三种特殊贴图类型示例。

第一种：序列纹理，如图 1-100 所示。

图 1-100

纹理特点：纹理按照规律先后排列，使用时需要按照顺序依次播放。

以粒子系统为例，希望每个粒子依照纹理排序依次播放，操作如下。

Step 01 首先创建一个粒子系统，将 Start Speed（初始速度）设置为 0，取消发射器形状，设置合适的 Start Lifetime（粒子初始寿命），设置粒子发射速率 Rate 为 0，开启 Bursts（爆发），第 0 秒发射一个粒子，设置如图 1-101 所示。

图 1-101

Step 02 然后开启 Texture Sheet Animation（纹理动画模块）功能，根据贴图排布来设置 Tiles（平铺分布）数值即可。

以下为示例贴图，如图 1-102 所示。

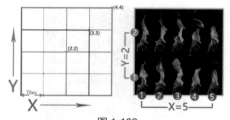

图 1-102

Step 03 观察发现 X 轴方向纹理排布数量为 5，Y 轴方向纹理排布数量为 2，将数值输入 Tiles（平铺分布）中，如图 1-103 所示。

图 1-103

设置完成后，单击粒子系统进行播放就可以查看效果了。

⏰ **注意**

（1）读者可以在 1.3 节中学习有关粒子系统的基础知识，包括 Tiles（平铺分布）排列数值的设置方法等。

（2）如果读者想进一步对序列图的播放速率进行控制，可以在其属性 Frame over Time（时间帧）中通过修改动画曲线调节。

（3）在之后的脚本篇中会学习使用脚本播放序列图的方法。

第二种：规则纹理（随机调用某个纹理），如图 1-104 所示。

图 1-104

纹理特点：纹理按照规律排列，使用时需要随机调用集合中的某个纹理（不需要按顺序播放）。

以骨骼飞出的粒子效果为例（希望每个粒子随机播放四个骨骼纹理之一）：

Step 01 首先创建一个粒子系统，赋予其相应贴图（操作不再重复）。

Step 02 然后开启 Texture Sheet Animation（纹理动画模块）功能，根据贴图排布来设置 Tiles（平铺分布）数值，贴图及选项设置如图 1-105 所示。

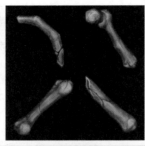

图 1-105

播放发现与上一案例（序列播放）效果相同，那么要如何让它停止序列播放并让每个粒子随机选取四个纹理之一呢？

Step 03 将 Texture Sheet Animation（纹理动画模块）选项中的 Frame over Time（时间帧）设置为 Random Between Two Constants（两个数值之间取随机值），如图 1-106 所示。

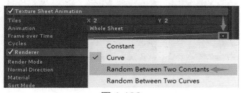

图 1-106

Step 04 然后设置数值为"0"～"4"，如图 1-107 所示。

图 1-107

Step 05 再次播放，发现粒子已经随机发射集合之中的纹理了，并且不再序列播放。

第三种：不规则纹理，如图 1-108所示。

图 1-108

纹理特点：纹理排布及数量不规则，使用时调用指定纹理。

在制作特效时，为了减少贴图以及材质球数量，有时会将多张不同尺寸的贴图纹理合并到同一图像之中。

以图 1-109 为例。

图 1-109

当前图像由五张纹理共同组合而成，像素尺寸大小为 512×512，各纹理分布尺寸如图 1-110 所示。

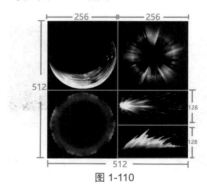

图 1-110

🔔**提示**

拼合贴图的制作方法：由于游戏特效中的每张贴图边长都是"2 的 n 次方"

（很规则），所以只需要在 Photoshop 中新建画布（边长也需要是"2 的 n 次方"），再使用"切片选择工具"进行拼合即可。

Step 01 首先创建一个材质球并赋予贴图纹理，如图 1-111 所示。

图 1-111

Step 02 可以看到当前材质球的 Tiling（排布数量）默认为 X=1、Y=1。接着创建一个 Plane（平面），然后将材质球赋予平面对象，如图 1-112 所示。

图 1-112

Step 03 现在可以通过修改材质球中的 Tiling（排布数量）和 Offset（偏移值）来适配当前纹理，例如，将材质球的 Tiling（排布数量）设置为 X=0.5、Y=0.5，如图 1-113 所示。

图 1-113

Step 04 观察发现修改后的纹理显示如图 1-114 所示。

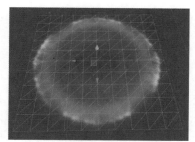

图 1-114

那么这些数值在设置时有哪些规律呢？

通过调节 Tiling（排布数量）和 Offset（偏移值），可以切换到任意纹理位置。

如图 1-115 所示，为 Tiling（排布数量）/Offset（偏移值）排布数值计算公式。

公式
Tiling: X=(纹理横向尺寸÷贴图横向尺寸)
　　　　Y=(纹理纵向尺寸÷贴图纵向尺寸)
Offset: X=(纹理横向尺寸÷贴图横向尺寸) × (横向排序 -1) （由左向右排序）
　　　　Y=(纹理纵向尺寸÷贴图纵向尺寸) × (纵向排序 -1) （由下向上排序）

图 1-115

例如，当前希望调用纹理集合中的右下角纹理，如图 1-116 所示，黄框位置像素尺寸为 256×128。

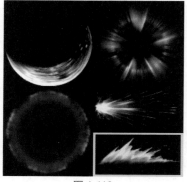

图 1-116

接下来将纹理信息带入公式，如下所示。

Tiling（排布数量）：X=（256/512），Y=（128/512）。

Offset（偏移值）：X=（256/512）×（2-1），Y=（128/512）×（1-1）。

⏰ **注意**

该纹理横向排序（由左至右）为2、纵向排序（由下向上）为1。

设置材质球相应数值界面及最后结果显示如图1-117所示。

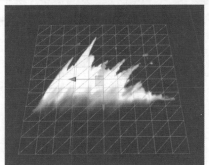

图 1-117

⏰ **注意**

（1）该方法不但适用于模型体，同样也适用于粒子系统。

（2）除了使用该方法外，利用粒子系统内置功能Texture Sheet Animation（纹理动画模块）也能达到相同目的。

纹理排布高级运用小技巧：

通过对以上案例的学习，相信读者已经初步掌握了不规则纹理的使用方法。那么现在就开始尝试使用一些复杂的纹理吧。

以下图为例（像素尺寸512×512），

当前希望使用图像中黄框内的纹理图案，如图1-118所示。

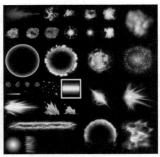

图 1-118

首先对图像进行等比分割（目的是为了观察纹理尺寸，可以通过使用Photoshop中的"切片选择工具"进行快速划分），如图1-119所示。

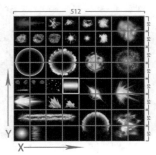

图 1-119

划分后观察黄框内纹理比例，得到其像素尺寸为64×64。按照图1-120的公式得到Tiling（排布数量）与Offset（偏移值）数值。

公式
Tiling；X=(纹理横向尺寸÷贴图横向尺寸)
Y=(纹理纵向尺寸÷贴图纵向尺寸)
Offset；X=(纹理横向尺寸÷贴图横向尺寸) x (横向排序-1) （由左向右排序）
Y=(纹理纵向尺寸÷贴图纵向尺寸) x (纵向排序-1) （由下向上排序）

图 1-120

Tiling（排布数量）：X=（64/512），Y=（64/512）。

Offset（偏移值）：X=（64/512）×（4-1），Y=（64/512）×（4-1）。

在材质球中输入相应数值后，结果显示如图 1-121 所示。

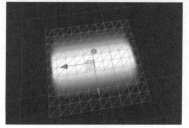

图 1-121

现在就已经得到黄框内的纹理图案了。

1.2.11 将特效保存为 Prefab（预设体）

Prefab 中文翻译为预设体，可以把它理解为是一个或者多个游戏对象及其组件的集合，目的是使对象及资源能够被重复调用。相同的对象可以通过一个预设体来创建，此过程可理解为实例化。

当 Prefab（预设体）存储在项目工程时，Prefab（预设体）作为一个资源可应用在一个项目中的不同场景中，当拖动预设体到场景中就会创建一个实例体。该实例与其原始预设体是有关联的，对预设体进行更改，实例体会同步修改，它可以提升资源的利用率和开发效率。

一般制作完成的特效都需要将其保存为 Prefab（预设体），这也是之前需要在工程中单独建一个 Prefab（预设体）文件夹的原因。

例如，当前在 Hierarchy（层级视图）

中制作一个特效（该特效由粒子系统和模型体共同组成），然后选择特效根级别，将其拖放到 Project（工程视图）的 Assets（资源）对应的 Prefabs（预设体）文件夹目录中，操作如图 1-122 所示。

图 1-122

观察发现 Prefabs（预设体）文件夹中多出了一个与原特效名称相同的"蓝色盒子"缩略图文件，那么这个文件就是该特效生成的 Prefab（预设体），同时在 Hierarchy（层级视图）中原特效名称颜色由白变为蓝色。

特效生成 Prefab（预设体）后，Hierarchy（层级视图）中的特效就可以随时删除了。如果之后想要重新查看或者修改，可以随时实例化一个新的特效。操作方法很简单，直接将 Prefab（预设体）拖曳到层级视图中即可。

⏰ 注意

（1）可以将预设体拖曳到层级视图之中进行修改，修改完成之后再次拖回到之前的 Prefab（预设体）文件上覆盖即可保存修改。

（2）将修改后的预设体拖曳到原预设体之上，是覆盖掉原来的预设体。将修改后的预设体拖曳到原路径之中则是重新创建一个新的预设体。新创建的预设体会按照生成顺序自动重命名。

选择 Prefab（预设体），然后按快捷键 Ctrl+D 快速复制，复制出来的对象也将会按照复制的先后顺序自动重命名。如图 1-123 所示，是将该 Prefab（预设体）复制了六次的结果。

图 1-123

可以分别实例化并修改这些 Prefab（预设体），它们之间不受影响。

1.2.12 Prefab 保存注意事项

特效 Prefab（预设体）中包含哪些内容？保存时又有哪些注意事项呢？

特效 Prefab（预设体）中包含特效使用到的所有元素（如模型元件、粒子系统、动画系统等），游戏中角色释放某一技能时，程序会创建并激活对应的特效 Prefab（预设体）文件。

Prefab（预设体）保存注意事项如下。

01 预设体名称设定。

Prefab（预设体）名称由英文字母、数字或者下画线组成，特效 Prefab（预设体）一般会加上前缀"Effect_"（例如 Effect_Zhanshi_skill01_hit 等）。

02 保存名称不能重复。

游戏中程序会根据路径与名称来调用特效文件，所以为了避免冲突，每个特效 Prefab 都需要使用单独的命名。

03 将特效预设体的坐标归零。

为了方便查找、后期管理、程序调用，一般会将特效预设体的坐标归零。

04 特效分类保存。

一个完整的技能中包含"施法特效""受击特效"等，其中每一项都是一个单独的个体，它们的释放方式及释放位置都是不相同的，所以不能放置在同一 Prefab（预设体）中。

⏰ 注意

在本书"综合实例"中还会进一步讲解特效制作中的其他相关要求。

1.2.13 运行状态中修改并保存 Prefab 的办法

在游戏运行状态中修改特效时，会发现一个奇怪的现象，只要取消运行，则在运行状态中所做的修改操作就全部失效并自动还原成修改前的数值。那么要如何操作才能将运行状态中做的修改保存呢？

其实方法很简单，只需要在取消运行状态前，将特效拖曳到工程任意路径位置，生成一个新的 Prefab（预设体）存储即可（即使多次将特效拖曳到同一路径中，特效之间也不会发生覆盖而会按照生成顺序自动重命名）。

之后取消运行，将保存的预设体文件拖曳到 Hierarchy（层级视图）中重新实例化，即可查看修改后的效果。

⏰ 注意

除此之外，在运行状态中将修改后的特效拖曳到原 Prefab（预设体）上覆盖，也可以将修改保存。

1.2.14 预设体名称颜色的奥秘

读者可能已经注意到了层级视图中的文件名称颜色有时不一样，那么这些不同的颜色都代表着什么呢？

1. 当层级视图中文件名称为白色时

当文件名称颜色为白色时，表示它与任何预设体都没有关联关系。这些对象大多是由菜单命令直接创建的（例如，基本几何体、粒子系统等）。

2. 当层级视图中文件名称为蓝色时

将层级视图中的特效保存为 Prefab（预设体）后，发现原特效名称由白色变为蓝色，这表示它与某个 Prefab（预设体）有关联关系。

如果希望取消文件与预设体间的关联关系，可以在层级视图中选中对象，然后在 Unity 导航菜单栏中选择 GameObject → Break Prefab Instance（打破预设实例）即可打断关联，名称颜色也会由蓝色变回白色。

那么打断关联之后要如何恢复呢？

可以在导航菜单栏中选择 GameObject → Apply Changes To Prefab（游戏对象→应用变化到预设体），观察发现这时层级视图中的文件名称又变回了蓝色。

除此之外，也有其他快捷的操作方式。先在层级视图中选中对象，然后在右侧 Inspector（检测视图）中单击 Apply（应用）按钮也可以恢复关联。

如图 1-124 所示，每个 Prefab（预设体）对象都有如下三个常用按钮。

图 1-124

（1）Select：单击后会立即定位到 Project（工程视图）中的原始 Prefab（预设体）对象。

（2）Revert：如果不小心破坏或修改了 Hierarchy（层级视图）中的 Prefab（预设体）对象，单击它可以还原到 Prefab（预设体）初始状态。

（3）Apply：将当前编辑的修改应用到所有与之关联的 Prefab（预设体）对象上。单击这个按钮就可以把所有关联对象以及原始 Prefab（预设体）都保存为现在编辑的对象，与 Unity 导航菜单栏中命令 GameObject → Apply Changes To Prefab（游戏对象→应用变化到预设体）的效果相同。

所以当操作了 Break Prefab Instance（打破预设实例）命令后如果想要恢复关联，直接单击 Prefab 属性栏上方的 Apply（应用）按钮即可。

3. 当层级视图中文件名称为红色时

当 Hierarchy（层级视图）中的文件名称显示为红色时，则说明与之相关联的 Prefab（预设体）已经丢失或者关联关系已经不存在。如果想将文件名称恢复为蓝色，只需将该文件再次保存为 Prefab（预设体）即可。

1.2.15　保存 / 另存当前的场景

1. 保存当前场景

通过使用快捷键 Ctrl+S 在弹出框中选择路径设定一个场景名称来保存当前操作中的场景，或者也可以单击菜单栏 File → Save Scene（文件→保存场景）来保存场景。操作如图 1-125 所示。

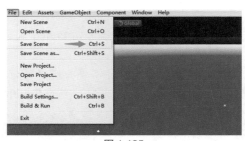

图 1-125

2. 另存一个场景

如果不希望将修改内容应用到当前场景中，也可以另存为一个新的场景。

通过快捷键 Ctrl+Shift+S 在弹出框中选择路径输入一个新的场景名称来另存场景，或者也可以单击菜单栏 File → Save Scene as（文件→另存为）进行另存，操作如图 1-126 所示。

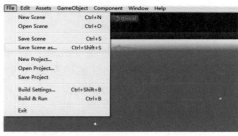

图 1-126

⏰ **注意**

场景文件在资源浏览器中的后缀为".unity"。

1.2.16 同时打开多个场景文件并保存修改

借助 Unity 5.3.0 之后新加入的多场景编辑工具，可以同时打开多个场景并自由修改各场景内部的对象或对比位置。

以场景 Scene_001、Scene_002 为例，

同时选择两个场景文件，右键单击选择 Open Scene Additive（打开场景文件），如图 1-127 所示。

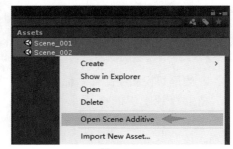

图 1-127

现在就可以同时在 Scene（场景）视图中显示两个场景了。还可以在层级视图中查看两个场景的内部对象，如图 1-128 所示。

图 1-128

如果需要保存某一场景，可以单击层级视图场景名称右侧的 Save Scene（保存场景）即可保存，操作如图 1-129 所示。

图 1-129

如果需要恢复到单场景编辑模式，可以单击层级视图场景名称右侧

的 Remove Scene（删除场景），操作如图 1-130 所示。

图 1-130

🔔 小技巧

如果多个场景文件不在同一资源路径下要如何多选呢？

例如，当前 Scene01 与 Scene02 分别位于两个不同的路径下，如图 1-131 所示。

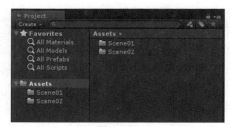

图 1-131

接着单击资源视图右上角的 Search by Type（通过资源类别查找），如图 1-132 所示。

图 1-132

在下拉列表中选择 Scene（场景），如图 1-133 所示。

图 1-133

现在资源列表中就会显示项目工程中的所有场景文件了，可以配合 Ctrl 键进行加选操作。

⏰ 注意

除此之外，还可以通过该方法查看其他类别的文件。例如，选择 Material（材质）查看项目中的所有材质球文件，选择 Model（模型）查看项目中的所有模型文件，选择 Shader（着色器）查看项目中的所有着色器文件，选择 Texture（贴图）查看项目中的所有图片文件等。

1.2.17　特效资源在工程之中的路径分类

一般在项目制作时，特效资源都有指定的存放路径，不同的资源类型也需要根据分类进行存放（并不是硬性要求，资源分类存放有助于后期查找和修改）。如果项目没有明确要求的话，可以参考本节中的资源分类方法，如图 1-134 所示。

首先需要在项目的美术资源路径之中创建一个文件夹，起名为 Effect，例如，当前项目的美术资源路径为 Assets

→ CustomAssets → Arts（资源→自定义资源→美术资源）。

图 1-134

⏰ **注意**

一般特效资源文件夹都会放置在项目美术资源路径下，如果不清楚项目中美术资源的存放路径，一定要及时询问。

然后依次创建 Animations（动画）、Model（模型）、Scripts（脚本）、Shader（着色器）、Texture（纹理贴图）几个文件夹。

在之后的制作中将文件按照分类放置到不同的文件夹内就可以了，通过资源分类可以有效地管理特效资源，方便后期查找与修改。

⏰ **注意**

一般还会在 Texture（贴图）文件夹之中创建一个 Materials（材质）子文件夹，将贴图拖曳到模型体之上创建材质时，会在该文件夹内自动生成材质球。

特效的 Prefab（预设体）存放路径跟其他资源略有不同，一般在项目中会有单独的文件夹存放 Prefab（预设体）资源（方便程序进行调用）。在示例项目工程中特效 Prefab（预设体）存放路径为 Assets → AssetBundles → Effect（资源→资源打包→效果），如图 1-135 所示。

图 1-135

⏰ **注意**

资源存放路径均以实际项目要求为准，建议询问后再进行存放。

1.2.18 贴图与材质球的命名规则

Unity 本身对贴图和材质球的命名并没有什么要求，只需是英文字母、数字或者下画线都可以。在实际项目制作中，为了提高工作效率，方便后期查找修改，一般会使用规律的命名规则（非强制要求）。如果没有明确的命名要求，则可以使用以下命名规则作为参考。

1. 贴图命名规则

（1）贴图名称按照纹理类别前缀区分，例如"Point（光点）""Ice（冰）""Snow（雪）""Smoke（烟）""Water（水）"等；或者也可以根据个人习惯直接使用汉语拼音备注类型，例如"Fazhen（法阵）"，如图 1-136 所示。

（2）带 Alpha 透明通道的贴图，在命名时后缀加上"_a"区分（通过后缀就可以直观地看出图片是否包含透明通道），如图 1-137 所示。

图 1-136

图 1-137

2. 材质球命名规则

（1）材质球和贴图名称相对应（通过材质球名称就可以知道是什么类型的贴图材质）。

（2）如果 Shader（着色器）类别为 Particle/Addtive，Tint Color（默认色）为灰色，则直接使用贴图名称来命名。

（3）如果 Shader（着色器）类别为 Particle/Addtive，Tint Color（默认色）为纯白色，则在尾缀加上"_h"（"h"表示高亮）。

（4）如果 Shader（着色器）类别为 Particle/Alpha Blended 模式，则加上尾缀"_a"。

（5）如果修改了材质球 Tilling（排布数量）中的 X、Y 值，则需要在后缀标注（例如 Fire_002_2x6）。

以贴图 Point_001 为例，如图 1-138 所示，为 4 种不同情况下材质球的命名。

⏰ 注意

本节中的命名方式可以作为参考，具体制作中还要根据项目实际需求决定。

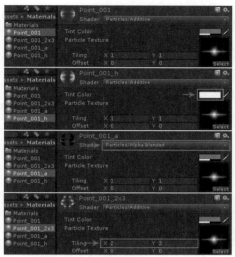

图 1-138

1.2.19　特效预设体命名规则

1. 技能特效命名规则

常见命名格式：Effect_ 角色名 _ 技能名 _ 后缀。

常用的后缀有 Hit（受击特效）、Bil（飞行道具）以及"绑定点名称"等几种。

例如，亡灵"技能 01"的特效名称为：

（1）Effect_Wangling_Jineng01（亡灵技能 01 中的施法特效）。

（2）Effect_Wangling_Jineng01_Bil（亡灵技能 01 中的飞行道具、魔法光球等）。

（3）Effect_Wangling_Jineng01_Hit（亡灵技能 01 中的受击特效）。

具体如图 1-139 所示。

图 1-139

注意

（1）以上示意图由左至右分别表示为"施法特效""飞行道具""受击特效"。

（2）有关绑定点的详细知识将在 1.6 节中学习。

2. 其他特效类型命名规则

命名格式：Effect_ 特效类型 _ 具体名称。

其中，特效类型包括 Scene（场景特效）、UI（UI 特效）、Buff（增益特效）、Debuff（减益特效）等。

在 4.2 节中有具体的特效类型介绍。

以下为示例名称：

（1）Effect_Buff_Jiaxue：增益特效中的加血效果。

（2）Effect_Scene_Penquan：场景中的喷泉特效。

（3）Effect_UI_kapai：界面抽卡特效。

注意

（1）以上命名规则仅供参考，具体需要根据项目需求决定。

（2）Unity 中所有资源命名都由英文字母、数字或者下画线组成，禁止使用中文或者特殊符号命名。

（3）特效预制体名称中切记不要包含空格。

1.2.20 导入 unitypackage 资源包

".unitypackage"文件是 Unity 资源包的标准格式，目的是为了方便将资源从一个项目导入到另一个项目中。其中包含游戏项目中的各类资源文件，很多插件及美术资源都是通过 unitypackage 文件来进行导入导出的。

1. Unity 的 Import Package（导入包）功能特性

导入时，Unity 会自动判断当前项目中是否存在名称、路径完全相同的文件。若有，则判断修改时间是否一致，若一致就忽略，否则会提示是否覆盖。注意 Unity 并不管文件的新旧，只是简单地询问用户是否使用资源包中的文件覆盖项目中的同名文件。

2. 使用菜单导入资源包

Step 01 在打开 Unity 的情况下，单击菜单 Assets → Import Package → Custom package（资源→导入资源包→自定义资源包），然后在 Import package（导入资源包）对话框中选择需要导入的资源包，单击"打开"按钮，如图 1-140 所示。

图 1-140

Step 02 进入加载界面（如果资源量较大，则会加载较长时间），如图 1-141 所示。

图 1-141

Step 03 出现 Import Unity Package（导入资源包）对话框，如图 1-142 所示。

图 1-142

Step 04 在资源导入对话框中勾选需要导入的文件，最后单击 Import（导入）按钮即可导入。

导入对话框下方四个功能键说明：

（1）All（勾选所有选择项）；

（2）None（取消勾选所有选择项）；

（3）Cancel（取消导入操作）；

（4）Import（确认导入）。

⏰ **注意**

（1）除此之外，在 Unity 打开状态下，双击 .unitypackage 文件也会自动导入资源包（前提是需要 Unity 文件关联关系正常）。

（2）由于 Unity 不识别中文路径，所以导入失败的原因一般就是中文路径或者导入资源包的版本跟 Unity 版本不符。

3. 鼠标右键导入资源包

在工程面板 Assets（资源视图）空白位置，单击鼠标右键，选择 Import Package → Custom Package（导入资源包→自定义资源包），同样也可以导入资源包，如图 1-143 所示。

⏰ **注意**

如果需要导入其他形式的资源，如模型、图片、音频、视频等可以单击菜单 Assets → Import New Asset（资源→导入新的资源）选择资源进行导入，或者也可以直接将外部资源拖到工程视图中。

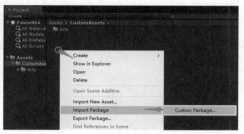

图 1-143

1.2.21　导出 unitypackage 资源包

通过 unitypackage 资源包可以将特效资源整合打包导出，以方便在其他项目中导入使用 / 编辑等（可以同时导出一个或者多个预设体及其相关联的资源）。

1. Unity 的 Export Package（导出包）功能特性

（1）导出时，Unity 会自动记录导出内容在项目中的完整路径，并在导入时重建对应的目录结构，因此可以方便地在项目间同步目录。

（2）Unity 导出窗口选项中的 Include dependencies（包含依赖关系）决定了是否导出被依赖的内容（不勾选则只会导出指定选择项，勾选则会将与选择项相关的资源也全部导出）。

2. 使用菜单导出资源包

在工程视图中选择多个 Prefab（预设体）或者其他任意资源形式，单击菜单 Assets → Export Package（资源→导出资源包），然后在 Exporting package（导出包）中查看需要导出的资源，确认无误后单击 Export（导出）按钮即可，如图 1-144 所示。

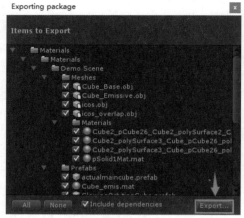

图 1-144

导出对话框下方四个选项含义如下。

（1）All（全部）：导出全部资源。

（2）None（全部不）：全部不导出。

（3）Include dependencies（包含依赖关系）：勾选后，将导出与选中资源有关联的全部资源。例如导出特效 Prefab（预设体）文件时，也会将特效中所使用到的贴图、模型、材质球等资源一起导出。

（4）Export（导出）：确认导出。

1.2.22　Unity 3D 使用技巧集合

在使用 Unity 时常常会发现一些实用的小技巧，其中部分已经在书中各章节内标注了，在本节中将做总结归纳。

🔔小技巧

如果脚本出现错误，Unity 编辑器会因为检查出错而无法进入运行模式，如图 1-145 所示。

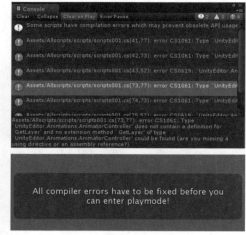

图 1-145

这时可以在 Unity 工程视图中新建一个文件夹，重命名为 WebplayerTemplates，然后将出错的脚本拖入此文件夹内，如图 1-146 所示。

图 1-146

最后再次运行游戏就不会发生报错了。

⏰注意

所有位于该文件夹下的文件都会被 Unity 标识为普通资源从而不会被当作脚本编译（与删除作用相同）。

🔔小技巧

可以尝试在 Unity 检测视图中直接输入数学表达式。Unity 支持简单的公式计算，如果需要在计算后输入数值，则可以直接在对应位置输入表达式，如图 1-147 所示。

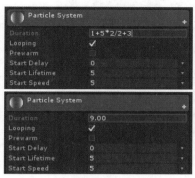

图 1-147

数值键盘中 +、-、*、/ 分别代表加、减、乘、除，如图 1-147 中的 1+5*2/2+3=9。

🔔 **小技巧**

运行状态下修改参数后，退出运行模式数值被还原了怎么办？除了之前教学中提到过的可以直接将其拖曳保存为 Prefab（预设体）外，还可以在运行状态下单击对象组件右上角齿轮图标中的 Copy Component（复制组件信息），接着在退出运行模式后，再次单击齿轮图标在弹出界面中选择 Paste Component Values（粘贴组件信息）即可，如图 1-148 所示。

图 1-148

🔔 **小技巧**

通过按 Q、W、E、R、T 键可以依次切换界面上的小工具。除此之外，按数字键 2 还可以切换场景为 2D 模式或 3D 模式，如图 1-149 所示。

图 1-149

🔔 **小技巧**

锁定 Inspector（检测视图）可同时查看两个物体的组件信息。

首先单击对象右上角的"锁头"图标，锁定对象的 Inspector（检测视图）。然后单击对象右上角图标（如图 1-150 所示的红框位置）添加新的 Inspector（检测视图），再选择其他对象即可同时查看两个对象的组件参数信息。

图 1-150

建议将新建的检测视图拖曳出，与锁定的检测视图并列，以便同时查看两个对象的参数。如图 1-151 所示，为 Particle System_001 与 Particle System_002 两个粒子系统的参数对比。

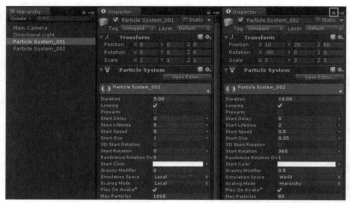

图 1-151

小技巧

在层级视图的搜索框中输入完整的"对象名称""脚本名称"或"组件名称"，即可找到所有绑定了该脚本或组件的对象。

例如，在层级视图中搜索"Collider（碰撞器）"（如图 1-152 所示），即可找到当前场景中所有含有碰撞组件的对象。

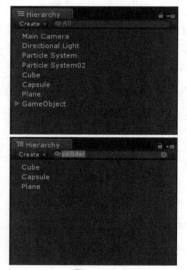

图 1-152

除了可以输入名称来进行快速搜索外，还可以直接使用类型搜索。例如，

单击 Search（搜索）图标并在下拉栏中选择 Type（类型）或者也可以直接输入"t:type""t:texture""t:material"等（操作如图 1-153 所示）。

图 1-153

小技巧

如果希望游戏运行第一帧后暂停，可以先单击"暂停"按钮，然后单击"播放"按钮，顺序如图 1-154 所示。

图 1-154

使用该方法同样也可以避免首次运行时卡顿的现象。

🔔 小技巧

在工程视图或层级视图中，按住 Alt 键同时单击父对象前的三角符号，就可以同时展开或收起该对象所有的子节点，包括嵌套子节点。首次单击全部展开，再次单击全部收起，如图 1-155 所示。

图 1-155

🔔 小技巧

如果同一文件夹下的所有图片是一个序列帧动画，可以将整个文件夹拖曳到工程目录，选中所有图片后将纹理格式改为 Sprite（精灵粒子）并单击 Apply（应用）按钮，然后将所有图片一起拖曳到层级视图或场景中，Unity 会自动询问是否创建动画并弹出对话框询问动画文件保存位置。单击"保存"后会自动在层级视图中生成包含该动画文件的游戏对象，运行即可看到序列帧动画，如图 1-156 所示。

图 1-156

🔔 小技巧

制作 UI 特效时，经常会使用粒子系统让其旋转作为背景光效。但是在一些效果中光效并不是等半径的（如扁形、椭圆形等），那么就需要使用到另一个小技巧了。示例如图 1-157 所示。

图 1-157

Step 01 首先创建一个粒子系统，发射一颗粒子，Start Speed（初始速度）设置为 0，开启 Rotation over Lifetime（粒子围绕自身中心转），设置如图 1-158 所示。

图 1-158

Step 02 然后将 Render Mode（渲染模式）设置为 Billboard（布告板）始终朝向摄像机方向，旋转方向如图 1-159 所示。

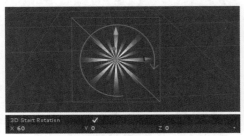

图 1-159

Step 03 接下来开启 3D Start Rotation（3D 旋转）设置，如图 1-160 所示。

图 1-160

Step 04 再次播放，观察发现已经产生倾斜的旋转效果了，任意调节摄像机视角也不会影响到其倾斜程度，通过该方法可以实现 3D 倾斜的布告板效果。

🔔**小技巧**

模型体上两种不同材质间的渐变切换。

当模型体同时包含两种材质，通过动画系统对其透明度 K 帧时会发现两种材质的透明度同步变化，无法单独调节时，那么应该怎么办呢？

Step 01 可以使用新版 Standard（标准着色器）材质来实现，首先设置模型体 Materials Size（材质尺寸）为 2，然后分别赋予两个材质球"Material_001""Material_002"，接着将材质类型设置为 Standard（标准着色器），如图 1-161 所示。

图 1-161

Step 02 将 Material_001 的 Rendering Mode（渲染模式）设置为 Opaque（不透明），如图 1-162 所示。

图 1-162

Step 03 将 Material_002 的 Rendering Mode（渲染模式）设置为 Fade（褪色），如图 1-163 所示。

图 1-163

Step 04 最后对 Material_002 中的 Albedo（反照率）透明度 K 帧即可，位置如图 1-164 所示。

图 1-164

⏰ 注意

由于在 Opaque（不透明）模式下材质不受透明度的影响，所以 K 透明度动画时仅影响 Material_002，从而实现材质间的渐变效果。

🔔 小技巧

如果觉得在场景视图中调整对象视角不太方便，可以按住鼠标右键结合键盘上的 A、S、W、D、Q、E 键切换为飞行视角，像走路一样调整到合适的角度。

角度调节完成后，选择 Main Camera（主摄像机）再单击 GameObject（游戏对象）菜单下的 Align With View（视图对齐）即可将游戏视图的视角与场景视图同步。

🔔 小技巧

检视面板中的所有 Constant（数值常量）、Color（颜色）、Curve（曲线）都是支持复制和粘贴的，只需右键单击字段 / 颜色 / 曲线即可选择 Copy（复制）操作。

如图 1-165 所示。

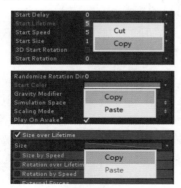

图 1-165

⏰ 注意

以上为 Constant（数值常量）、Color（颜色）、Curve（曲线）三种数值类型下的复制。

🔔 小技巧

在 Unity 中重播特效（免脚本）。

在制作特效时，往往需要重播多次，反复查看效果并进行修改。一些读者可能会利用"脚本"来达到目的，但是实际上，即使不使用任何脚本也能实现相同的重播效果（通常不提倡使用脚本）。

在项目制作中，一般有两种常见情况如下。

1. 当特效全部由粒子系统组成

当特效全部由粒子系统组成时，首先可以创建一个粒子系统并取消其 Emission（发射选项）作为其他粒子系统的父级别。

以图 1-166 为例，Effect01（效果 01）作为其他粒子系统的父级别。

接着选择父级别粒子 Effect01（效果 01），然后在 Scene（场景视图）右下角看到粒子播放控制器，如图 1-167 所示。

通过图 1-167 中的"播放控制器"，可以自由控制全部粒子特效的播放 / 暂停 / 停止。

图 1-166　　　　　图 1-167

除此之外，有时在"未运行状态下"往往不能查看到游戏中的真实效果（可能会存在粒子播放不完全等问题），那么这时就需要 Play on（运行游戏）。

这次同样选择父级别粒子 Effect01（效果 01），然后运行游戏，在 Scene（视图）右下角看到粒子播放控制器，如图 1-168 所示。

图 1-168

观察发现这次也有一个"播放控制器"，只不过相比之前简约一些。

可以通过单击 Simulate（播放）/Stop（停止）按钮对粒子系统进行"播放""停止"等操作。

⏰ 注意

该控制器仅对粒子系统生效，当特效中含有动画、材质动画或者骨骼动画时不能通过该控制器控制。

2. 当特效中含有粒子 / 模型 / 动画等多种元素时

一般若想查看效果，第一反应其实就是"运行游戏"，但是有些特效持续时间比较短，还没留意看清就播放结束了，往往需要重新运行再次播放才能查看效果，这样十分浪费时间，也会降低工作效率。 那么要如何才能在运行状态下对特效进行重播呢？

Step 01 以特效 EffectHuman 为例进行演示（该特效中同时含有 UV 动画、模型动画、粒子系统），如图 1-169 所示。

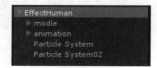

图 1-169

Step 02 运行游戏后，选择特效根级别 EffectHuman，然后在 Inspector（检测视图）查看如图 1-170 所示。

图 1-170

Step 03 接下来取消勾选左上角选项，如图 1-171 所示。

图 1-171

Step 04 接着再次勾选（图 1-171 红框位置）就可以重复播放特效了，通过勾选 / 去选操作，即可反复重播特效。

该方法适用于所有特效（粒子系统、UV 动画、骨骼动画等），原理是通过去选 / 勾选对场景预设体重新"实例化"，从而达到重播目的。

⏰ 注意

建议在实际制作中使用第二种方法，该方法也是最便捷有效的。

🔔 小技巧

为物体设置自定义图标。以粒子系统为例，首先选中粒子系统对象，然后在 Inspector（检测视图）（图 1-172 左上角位置）下拉列表中选择图标类型、颜色或者创建一个自定义图标。

图 1-172

（1）Select Icon（选择图标）：选择一个现有的预设图标。

（2）None（不使用）：不使用图标。

（3）Other（其他）：自定义一个图标形状。

如图 1-173 所示为粒子系统的图标修改示例。

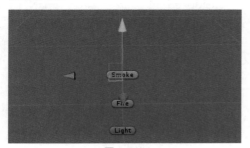

图 1-173

🔔**小技巧**

在场景视图中同步调节多个物体。

首先选择一个物体，然后按住快捷键 Ctrl/Cmd ＋ Shift 加选其他对象。接着在操作视图中移动 / 旋转 / 缩放其中一个物体时，另一个也会随之变化（以自身坐标为基准），如图 1-174 所示。

图 1-174

🔔**小技巧**

载入 Unity 的 Standard Assets（标准资源）。

使用过早期 Unity 版本（Unity 5.0 之前）的读者都知道，Unity 中默认内置了部分常用资源（"第一 / 第三人称控制器""天空盒""镜头光晕""水效果预设""地形""镜头特效"等），可以在创建项目时通过勾选相应项进行预设资源载入，或者也可以直接在 Unity 中通过单击菜单 Asset → Import Package（资源→导入资源包）进行载入。

以 Unity 4.6.0 为例，工程创建界面如图 1-175 所示。

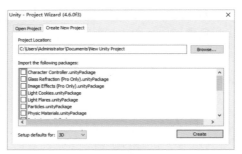

图 1-175

图 1-175 中红框位置为预设标准资源列表，其相应说明如表 1-12 所示。

表 1-12

资　　源	说　　明
Character Controler	角色控制器
Glass Refraction (Pro Only)	玻璃反射材质（仅适用于 Unity 专业版）
Image Effects (Pro Only)	摄像机特效（仅适用于 Unity 专业版）
Light Cookies/ Light Flares	光晕
Particles	粒子特效
Physic Materials	物理材质
Projectors	投影效果

续表

资　　源	说　　明
Scripts	脚本
Skyboxes	天空盒
Standard Assets （Mobile）	手机资源
Terrain Assets	地形资源
Toon Shading	卡通材质包
Tree Creator	树木生成器
Water（Basic）	水基础版
Water（Pro Only）	水增强版（仅适用于 Unity 专业版）

勾选相应预选项后，单击 Create（创建）就可以直接将预设标准资源加载到 Unity 中了。

接下来以 Unity 新版本为例，同样打开 Unity 5.3.0 创建一个新的项目工程，工程创建界面如图 1-176 所示。

图 1-176

Step 01 在创建界面中单击 Asset Packages（资源包），打开资源包列表，如图 1-177 所示。

图 1-177

由于在 Unity 5.0 之后的版本中取消了默认内置的标准资源（故列表为空），所以就需要在 Unity 官网主动进行下载安装"标准资源包"。

Step 02 在 Unity 官网主页中单击页面最下方的"所有版本"，如图 1-178 所示。

图 1-178

或者也可以直接在网页浏览器中输入网址 http://unity.cn/releases。

Step 03 进入页面后选择 UNITY 5.3.0（当前版本），右侧单击"下载（Win）"→"标准的资源"，操作如图 1-179 所示。

图 1-179

⏰ **注意**

（1）需要根据当前 Unity 版本来选择 Standard Asset（标准资源）资源版本，否则会造成无法识别。

（2）同样也可以在图 1-179 界面中下载"内置着色器""示例项目"等。

Step 04 下载的安装文件名称为"UnityStandardAssetsSetup-5.3.0f4. exe"，如图 1-180 所示。

Step 05 双击 .exe 文件，选择 Unity 对应版本的根目录进行安装（默认会自动找到 Unity 安装路径），如图 1-181

所示。

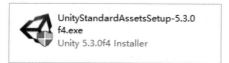

图 1-180

图 1-181

⏰ **注意**

一定要安装在 Unity 根目录，否则安装后无法识别。

Step 06 最后单击 Finish（结束）按钮结束安装即可。

Step 07 再次打开 Unity 5.3.0 新建一个项目工程，在创建界面中单击 Asset Packages（资源包），如图 1-182 所示。

图 1-182

发现多了标准资源列表，现在已经可以选择相应资源载入项目了。

⏰ **注意**

除了在工程创建界面中通过"勾选"载入外，还可以在 Unity 中通过菜单 Asset → Import Package（资源→导入资源包）进行载入。

● 1.3　粒子系统

本节将讲解 Unity 中的粒子系统。

1.3.1　粒子系统的定义

粒子系统最早出现在 20 世纪 80 年代，主要用于解决由大量按一定规则运动（变化）的微小物质在计算机上的生成和显示问题。它的应用非常广泛，大的可以模拟原子弹爆炸、星云变化，小的可以模拟水波、火焰、烟火、云雾等，而这些自然现象用常规的图形算法是很难逼真再现的。

粒子运动的变化规则可以很简单也可以很复杂，这取决所模拟的对象。在 Unity 之中可以非常方便地创建粒子系统，游戏中很多丰富的效果也都是由粒子系统制作的。

Unity 内置两种粒子系统，一种是旧版粒子系统，旧版粒子系统创建比较复杂，需要手动添加各个组件模块，并且功能设定也没有新版粒子系统简单高效。旧版粒子系统由 Transform（基本变换组件）、Ellipsoid Particle Emitter（粒子发射器设定项）、Particle Animator（粒子动画）、Particle Renderer（粒子渲染设定）四部分构成。如果想创建一个旧版粒子系统，需要先创建一个空的 GameObject

（游戏对象），然后依次添加 Ellipsoid Particle Emitter、Particle Animator、Particle Renderer 三个组件。

另一种就是继 Unity 3.5 版本之后推出的新版粒子系统了，它采用了模块化管理，个性化的粒子模块配合粒子曲线编辑器，让用户更容易创作出各种复杂巧妙的粒子效果，同时它的功能也比旧版粒子系统更为强大。现在项目中基本都是用新版粒子系统进行特效制作了，本书将会以新版粒子系统为例进行讲解。

那么在具体学习之前，首先来了解下如何创建一个粒子系统吧。

粒子系统的三种创建方法如下。

第一种方法：在 Hierarchy（层级视图）上方单击 Creat → Particle System（创建→粒子系统），然后就会发现当前场景视图中已经创建了一个粒子系统了，操作如图 1-183 所示。

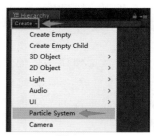

图 1-183

第二种方法：在菜单栏中依次单击 GameObject → Particle System（游戏对象→粒子系统），同样也可以创建一个粒子系统，操作如图 1-184 所示。

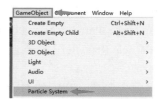

图 1-184

第三种方法：直接在 Hierarchy（层级视图）中的空白位置右击 Particle System（粒子系统），操作如图 1-185 所示。

图 1-185

⏰ 注意

使用这几种方法创建的粒子系统完全相同。

1.3.2　粒子系统的播放控制

在层级视图中选择之前创建的 Particle System（粒子系统），发现在 Scene（场景视图）右下角位置多了一个控制器窗口，如图 1-186 所示。

图 1-186

（1）Pause（暂停）：用来暂停播放。

（2）Stop（停止）：用来停止播放。

（3）Playback Speed（播放速度）：

用来设置播放速度（默认 1 是正常 100% 速度播放，设置为 2 指 2 倍速度播放）。

（4）Playback Time（播放时间）：用来设置播放时间。

（5）Particle Count（粒子数量）：用来设置粒子数量（实时显示当前粒子系统产生的粒子数量）。

⏰ **注意**

（1）使用鼠标左键在 Playback Time（播放时间）上拖曳，可以实时动态修改粒子系统的播放时间。

（2）在 1.3.7 节中会讲解多个粒子系统的播放控制。

1.3.3　粒子系统的数值控制

Unity 3D 默认粒子系统有四种数值修改类型，可以通过单击数值后面的三角符号进行切换。以 Start Size（粒子大小）为例，如图 1-187 所示。

图 1-187

观察发现有四种数值设置方式，具体如下。

1. Constant（常量）

可以把它理解为一个固定值，这个值将不会随粒子寿命变化。

2. Curve（曲线控制器）

通过曲线来动态修改粒子的相关参数，以 Size Over Lifetime（粒子生命周期）为例，该曲线表示的是"粒子生命周期"与"粒子大小"间的关系，如图 1-188 所示。

图 1-188

通过在曲线任意位置上使用鼠标左键双击添加一个新的控制点，选中控制点可以拖动修改位置。也可以在控制点上使用鼠标右击来查看该控制点的相关控制项，右键修改列表如图 1-189 所示。

图 1-189

（1）Delete Key（删除控制点）：用来删除一个控制点。

（2）Edit Key（编辑控制点）：通过这个选项可以输入一个精确的数值来修改关键点的数值参数，如图 1-190 所示。

图 1-190

其中，Time（时间）可设置时间；Value（数值）可设置数值。

⏰ **注意**

图 1-190 中曲线表示粒子在生命周期 Time=0.5 时，粒子大小值 Value=1。

（3）Auto（自动模式）：用来设置自动模式（移动关键点时两边曲线自动过渡，但是没有控制杆）。

（4）Free Smooth（自由平滑）：用来设置自由平滑控制（移动关键点时两边曲线会平滑过渡，通过调节关键点两边的控制杆自由控制）。

（5）Flat（平坦）：用来平坦地控制曲线（该模式下曲线会水平放置，关键点两边有控制杆）。

（6）Broken（打断）：用来打断关键点左右两侧控制杆的关联（打断后可以分别控制左右两边的曲线）。

（7）Left Tangent（调节左边）：用来调节关键点左边的曲线，如图 1-191所示。

图 1-191

（8）Free（自由）：自由控制关键点，有控制杆。

（9）Linear（线性）：线性控制，无控制杆。

（10）Constant（常量）：使用常量后曲线将会没有过渡效果，无控制杆。

（11）Right Tangent（调节右边）：调节关键点右边的曲线。

（12）Both Tangent（调节两边）：调节关键点两边的曲线。

⏰ **注意**

Right Tangent（调节右边）、Both Tangent（调节两边）与 Left Tangent 的子级别控制项相同，不再重复叙述。

通过曲线控制器可以动态地修改 Lifetime（粒子生命周期）与 Size（粒子大小）的关系。

⏰ **注意**

增加一个控制点：在曲线任意位置上双击即可新增一个控制点。

移除一个控制点：选择控制点后，按 Delete（删除）键即可删除。

单击曲线窗口下方的预设体形状可以快速修改曲线，或者也可以通过单击齿轮图标来新增一个曲线预设形状。

3. Random Between Two Constant（在两个数值之间取随机值）

该选项有两个设定项（输入任意两个数值），最终数值将会在这两个数值之间取随机值。例如，设定数值为 0 ~ 30，那么最终数值将会取 0 ~ 30 的任意数值。

4. Random Between Two Curves（在两个曲线之间取随机值）

允许用户同时设置两根曲线共同控制，数值将会在这两条曲线之间取随机值。

同样以 Size over Lifetime（粒子生命周期大小）曲线为例，如图 1-192 所示。

图 1-192

⏰ **注意**

最终数值将会在红色区域内取随机值。

1.3.4　粒子系统中的颜色及颜色渐变坡度控制

1. 粒子系统的颜色设置

以粒子系统组件中的 Start Color（初始颜色）为例，单击 Start Color（初始颜色）后的白色块，如图 1-193 所示。

图 1-193

单击后会调出颜色编辑器，如图 1-194 所示。

图 1-194

通过单击图 1-194 箭头位置切换 RGB、HSV 两种颜色编辑模式。

RGB 模式是通过修改三基色的各颜色占比来设置最终颜色的。三基色就是指红（Red）、绿（Green）、蓝（Blue）三种光原色。RGB 色彩模型的混色属于加法混色。每种原色的数值越高，色彩越明亮。每一种通道的取值范围都是 0～255。R、G、B 都为 0 时是黑色，都为 255 时是白色。RGB 是计算机设计中最常使用的色彩表示方法，利用 RGB 数值可以精确地取得某种颜色。

而 HSV 模式是根据色彩三要素，即 Hue（色相）、Saturation（饱和度）和 Value（明度）来共同设置的。HSV 模式与 RGB 模式本质上没有什么区别，只是产生颜色的两种不同方式而已。可以根据自身需求决定具体使用哪一种。各属性解释如表 1-13 所示。

表 1-13

缩写	全称	释义	缩写	全称	释义
R	Red	红色	H	Hue	色相
G	Green	绿色	S	Saturation	饱和度
B	Blue	蓝色	V	Value	明度
A	Alpha	透明度	A	Alpha	透明度

Hex Color：十六进制色码（所有颜色的色码都不相同，通过色码可以精确地得到一个颜色，白色色码为 #FFFFFFFF，黑色色码为 #000000FF）。

2. 颜色渐变坡度控制

以 Color over Lifetime（生命周期颜色）之中的颜色编辑器设置为例，如图 1-195 所示。

图 1-195

第一种：Gradient（梯度控制）

如图 1-196 所示，当前粒子系统的颜色在出生时为黄色，然后变为红色，最后变成蓝色并透明消失。

图 1-196

Gradient Editor（梯度控制编辑器）中，由左至右代表粒子由生到死亡的颜色过渡变化，可以在上下两侧任意增加透明度控制点和颜色控制点。

单击上边栏可以添加一个 α（阿尔法）透明度控制节点，数值范围是 0 ～ 255。

单击下边栏可以增加一个颜色控制节点，通过单击下方色块来调节颜色。

Location：精确显示当前所选择节点的位置，由左至右分别对应 0% ～ 100%。

第二种：Random Between Two Gradients（两个梯度之间取随机值）

如图 1-197 所示。

图 1-197

颜色将会由两个颜色过渡之间取随机值，设置方式跟单个颜色过渡设置相同。

1.3.5 粒子系统的组成部分

一个粒子系统由多个模块整合组成，如图 1-198 所示。

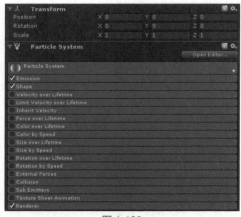

图 1-198

01 Transform（基本变换组件）：一个粒子系统整体的移动、旋转、缩放基本控制项。

⏰ 注意

在 Unity 5.3.0 之后的版本中，粒子特效已经可以受到 Transform（变换）中 Scale（缩放）参数的影响了。例如，粒子系统的整体缩放或者镜像功能都可以直接由 Scale（缩放）属性控制而不需要借助任何插件脚本。在实际缩放控制时，需要结合粒子系统中的 Scaling Mode（缩放模式）参数来共同控制。

02 Particle System（粒子系统初始化模块）：此模块为固有模块，不可删除或者禁用。该模块定义了粒子初始化时的持续时间、循环方式、发射速度、大小等基本设置参数。

03 Emission（发射模块）：控制粒子的发射速率（Rate），可以设置粒子在发射持续时间内的发射率，也可以指定在某个特定时间点产生大量粒子（可以模拟爆炸效果等）。

04 Shape（形状模块）：定义粒子发射器的形状，可提供沿形状表面法线或随机方向的初始力，并控制粒子的发射位置以及方向。

05 Velocity over Lifetime（生命周期速度）：控制粒子在生命周期内每一个粒子的速度，可以结合动画曲线实现一些复杂的效果。

06 Limit Velocity over Lifetime（生命周期限速）：控制粒子在生命周期内的速度限制以及速度衰减，可以模拟类似拖动的效果。若粒子的速度超过设定的限定值，则粒子速度会被锁定到该限定值。

07 Inherit Velocity（速度继承）：粒子继承速度设定项。

08 Force over Lifetime（生命周期作用力模块）：控制粒子在生命周期内的受力情况。

09 Color over Lifetime（生命周期颜色模块）：控制粒子在生命周期内的颜色变化。

10 Color by Speed（颜色的速度控制模块）：此模块可让每个粒子的颜色根据自身的速度变化而变化。

11 Size over Lifetime（生命周期粒子大小模块）：控制每一颗粒子在其生命周期内的大小变化。

12 Size by Speed（粒子大小的速度控制）：此模块可让每颗粒子的大小根据自身的速度变化而变化。

13 Rotation over Lifetime（生命周期旋转模块）：控制每颗粒子在生命周期内的旋转速度变化。

14 Rotation by Speed（旋转速度控制模块）：此模块可让每颗粒子的旋转速度根据自身速度的变化而变化。

15 External Forces（外部作用力模块）：是否启用风场引力的影响。

16 Collision（碰撞模块）：可为每颗粒子建立碰撞效果，需要实时的碰撞检测。

17 Sub Emitters（子发射器模块）：设置粒子在出生、消亡、碰撞三个时刻生成一个新的粒子系统。

18 Texture Sheet Animation（纹理动画模块）：可对粒子在其生命周期内的UV 坐标产生变化，生成粒子的 UV 动画。可以将纹理划分成网格，在每一格存放动画的一帧。同时也可以将纹理划分为几行，每一行是一个独立的动画。需要注意的是，动画所使用的纹理在

Renderer 模块下的 Material（素材）属性中指定。

19 Renderer（粒子渲染器模块）：该模块显示了粒子系统渲染相关的属性。

20 Material（材质组件）：材质组件中显示粒子系统所使用的材质球信息，Unity 默认内置了很多不同种类的Shader（着色器）材质，可以根据项目需求进行选择，在之后的 Shader（着色器）材质篇中也会讲解一些特别的材质效果。

1.3.6　粒子系统各项参数详细说明

本节将讲解粒子系统各项参数的详细说明。

1.3.6.1　Particle System（粒子系统初始化模块）

Particle System（粒子系统初始化模块）如图 1-199 所示。

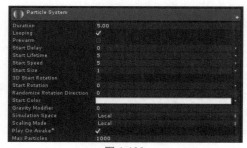

图 1-199

01 Duration（持续时间）：粒子发射器发射粒子的持续时长（单位为秒）。

02 Looping（循环）：粒子循环选项。

03 Prewarm（预热）：开启预热后，粒子系统将会直接播放一个周期后的状态（不再显示粒子逐渐产生的过程）。

04 Start Delay（初始延迟）：发射粒子前，等待的延迟时间（单位为秒，

例如设置为 1，即表示粒子系统延迟 1 秒后播放）。

> ⏰ **注意**
>
> 如果开启了 Prewarm（预热）就不能同时开启 Start Delay（延迟）选项了。

05 Start Lifetime（初始生命时长）：每个粒子的存活时间，单位为秒。

06 Start Speed（初始速度）：粒子发射时的初始速度。

07 Start Size（初始大小）：粒子发射时的初始大小。

08 3D Start Rotation（3D 坐标旋转）：默认为"取消选择状态"，下方参数为 Start Rotation（初始旋转角度），通过该选项来设置粒子发射时的初始旋转角度，如图 1-200 所示。

图 1-200

如果勾选了 3D Start Rotation（3D 坐标旋转）选项，后面会出现 X、Y、Z 三个轴向，可以分别对粒子的不同轴向进行 3D 旋转数值设定，如图 1-201 所示。

图 1-201

09 Randomize Rotation Direction（随机旋转方向）：该参数会导致一些粒子反方向旋转（数值设置在 0 和 1 之间，数值越大会导致更多的翻转。"0"表示每个粒子旋转反向不变，"1"表示所有粒子反方向旋转，"0.5"表示一半数量的粒子反方向旋转），如图 1-202 所示。

图 1-202

> ⏰ **注意**
>
> 该参数针对于 Rotation over Lifetime（生命周期旋转）生效，所以需先设置粒子系统的 Rotation over Lifetime（生命周期旋转），然后再调节 Randomize Rotation Direction（随机旋转方向）数值才能看到粒子反向旋转的效果。

10 Start Color（初始颜色）：粒子发射时的颜色。

11 Gravity Modifier（重力修改器）：粒子在存活期间受到的重力影响。

12 Simulation Space（模拟空间）：模拟 Local（局部坐系）或 World（世界坐标系）。

13 Scaling Mode（缩放模式）：Scaling Mode（缩放模式）为 Unity 5.3.0 中新加入的功能，通过该选项可以对粒子系统进行精确的缩放控制，如图 1-203 所示。

图 1-203

控制项如下：

（1）Hierarchy（层级模式）：缩放特效根级别，同时也会影响其子级别所有粒子系统。（需要统一缩放模式为 Hierarchy。）

在 Hierarchy（层级模式）下：

① 对单个粒子系统进行缩放操作时，"发射器形状和粒子大小"同步缩放，特效比例保持不变。

② 当特效中含有多个粒子系统，将所有粒子系统的 Scaling Mode（缩放模式）设置为 Hierarchy（层级模式），缩放特

效根级别的同时也会影响其内部级别所有粒子系统，特效比例同样保持不变。

（2）Local（局部坐标缩放）：只对选中的单一粒子系统生效，不影响其他层级。

在 Local（局部坐标）缩放模式下：

① 对单个粒子系统进行缩放操作时，"发射形状和粒子大小"同步缩放、特效比例保持不变。

② 当特效中含有多个粒子系统，缩放其根级别并不会影响到其他层级。

（3）Shape（根据发射器形状缩放）：只对粒子系统的 Shape（发射器形状）生效。

在 Shape（发射器形状）缩放模式下：

① 对单个粒子系统进行缩放操作时，同步缩放其"发射器形状"，但每个粒子大小保持不变。

② 当特效中含有多个粒子系统，将所有粒子系统的 Scaling Mode（缩放模式）设置为 Shape（根据发射器形状缩放），缩放特效根级别的同时也会影响其内部级别所有粒子系统的 Shape（发射器形状）。

如图 1-204 所示为粒子系统父子层级示例。

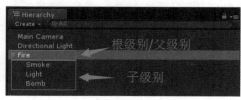

图 1-204

14 Play On Awake（唤醒时播放）：如果启用该项，在运行状态下粒子系统在创建时会自动播放。

15 Max Particles（最大粒子数）：粒子系统发射的最大粒子数量。可以把它理解为对粒子最大数量的限制。即使无限增加粒子发生速率，粒子数量也不会超过所设定的 Max Particles（最大粒子数）。

1.3.6.2 Emission（粒子发射器设置）

Emission（粒子发射器设置）面板如图 1-205 所示。

图 1-205

⏰ 注意

图 1-205 中粒子系统发射类型为 Time（时间），Rate（发生速率）为 10，表示当前粒子系统每秒发射 10 个粒子。

1. Rate（粒子发生速率）

（1）Time 表示通过单位时间发射（单位是秒）。

（2）Distance 表示通过单位距离发射（单位是米）。

以如图 1-206 所示为例，将发射速率 Time 切换为 Distance，然后把 Rate 设置为 10，则粒子系统每移动 1 米发射 10 个粒子，如果粒子发射器不移动则不会发射粒子。

图 1-206

⏰ 注意

（1）利用 Distance（根据距离发射）可以实现一些特殊的效果，例如，人物移动距离后脚底出现的烟尘等效果。

（2）使用 Distance（根据距离发射）前，

需要先将粒子系统的 Simulation space（解算空间）切换为 World（世界坐标）模式。

2. Bursts（爆发）

通过该选项可以控制粒子系统在某个"固定时间点"同时生成大量粒子（时间单位为秒），如图 1-207 所示。

图 1-207

通过单击"加号"（图 1-207 中红框位置）增加一个粒子爆发时间点，单击"减号"去除一个时间点。

Min：产生粒子最小数量。

Max：产生粒子最大数量。

例如，当 Min 为 5、Max 为 20 时，产生粒子数为 5 ～ 20（取随机值）。

当 Min 为 30、Max 为 30 时，则产生粒子数为常量 30。

以图 1-208 为例，表示当前粒子系统在第 0 秒（初始时间）产生 30 个粒子，第 1 秒时再次产生 30 个粒子。

图 1-208

1.3.6.3 Shape（发射器形状设置）

Shape（发射器形状设置）面板如图 1-209 所示。

图 1-209

01 Sphere（球形发射器）：用来设置球形发射器。

02 Radius（发射器半径）：用来设置发射器半径。

03 Emit from Shell（从外壳发射）：粒子从外壳发射。如果禁用此项，粒子将从发射器内部发射。

04 Random Direction（随机发射方向）：用来设置随机发射方向。

选择 Shape（形状）为 Hemisphere（半球形发射器），如图 1-210 所示。

图 1-210

01 Hemisphere（半球形发射器）：用来设置半球形发射器。

02 Radius（发射器半径设置）：用来设置发射器半径。

03 Emit from Shell（粒子从外壳发射）：粒子从外壳发射。如果禁用此项，粒子将从发射器内部发射。

04 Random Direction（随机发射方向）：用来设置随机发射方向。

选择 Shape（形状）为 Cone（圆锥体发射器），如图 1-211 所示。

图 1-211

01 Cone（圆锥体发射器）：用来设置圆锥体发射器。

02 Angle（圆锥体角度）：用来设置圆锥体角度。

03 Radius（发射器半径）：用来设置发射器半径。

04 Length（发射器长度）：用来设置发射器长度。

注意

需要先启用 Emit from（发射位置）为 Volume（由体积内部发射）或者 Emit from（发射位置）为 Volume shell（体积外壳发射）才可以修改发射器长度。

[05] Emit from（发射位置）。

（1）Emit from Base：由发射器底部发射。

（2）Emit from Base shell：由发射器底部外壳发射。

（3）Emit from Volume：由发射器的体积内部发射。

（4）Emit from Volume shell：由发射器的体积外壳发射。

[06] Ramdom Direction（随机发射方向）：用来设置随机发射方向。

选择 Shape（形状）为 Box（方盒体发射器），如图 1-212 所示。

图 1-212

[01] Box（方盒体）：方盒体发射器。

[02] Box X/Y/Z：设置方盒体三个方向的边长。

[03] Random Direction（随机发射方向）：用来设置随机发射方向。

选择 Shape（形状）为 Mesh（网格），如图 1-213 所示。

图 1-213

[01] Mesh（网格体发射）：通过自定义网格体发射。

（1）Vertex（顶点发射）：由模型顶点发射。

（2）Edge（边线发射）：由模型边线发射。

（3）Triangle（三角面发射）：由模型三角面发射。

注意

当启用了 Mesh（网格体发射）属性后，粒子初始速度方向将由网格体法线方向决定。

通过单击后面的圆点（红色箭头位置）来选择 Mesh（网格体）形状，如图 1-214 所示。

图 1-214

[02] Single Material（单独材质球）：启用一个单独的材质球。

[03] Use Mesh Color（使用网格体颜色）：可以设置使用网格体颜色。

[04] Normal Offset（法线偏移）：用来设置法线偏移。

[05] Random Direction（随机发射方向）：用来设置随机发射方向。

选择 Mesh（网格）为 None（Mesh Renderer），无（网格渲染器），如图 1-215 所示。

图 1-215

使用这个形状属性，需要事先创建或者导入一个网格体。确保在其组件之中含有 Mesh Render（网格体渲染组件），如果模型体没有该组件则需要手动添加。最后在 Hierarchy（层级视图）中选择该物体拖曳到 Mesh（网格体）选项栏中即可。

⏰ **注意**

启用 Mesh Renderer（网格渲染）发射属性后，粒子发射方向将由网格体的法线方向决定。

01 Single Material（单独材质球）：启用一个单独的材质球。

02 Use Mesh Color（使用网格体颜色）：可以设置使用网格体颜色。

03 Normal Offset（法线偏移）：用来设置法线偏移。

04 Random Direction（随机发射方向）：用来设置随机发射方向。

选择 Mesh（网格）为 None（Skinned Mesh Renderer），无（蒙皮网格渲染器），如图 1-216 所示。

图 1-216

Skinned Mesh Renderer（蒙皮网格渲染器）：通过使用该选项可以实现由一个带有骨骼动画的模型体发射粒子。

操作方法：首先将模型拖入 Hierarchy（层级视图），然后指定骨骼动画，最后将文件中的网格体拖曳到粒子系统 Shape → Skinned Mesh Renderer → Mesh（形状→蒙皮网格渲染器→网格体），即图 1-216 红框位置。

⏰ **注意**

Skinned Mesh Renderer（蒙皮网格

渲染器）是 Unity 5.3.0 版本新增的功能，通过该功能可以实现在含有骨骼动画的角色模型上动态生成粒子。

01 Single Material（单独的材质球）：启用一个单独的材质球。

02 Use Mesh Color（使用网格体颜色）：可以设置使用网格体颜色。

03 Normal Offset（法线偏移）：用来设置法线偏移。

04 Random Direction（随机发射方向）：用来设置随机发射方向。

选择 Shape（形状）为 Circle（圆环形发射器），如图 1-217 所示。

图 1-217

01 Circle（圆环）：圆环形发射器。

02 Radius（圆环半径）：设置圆环半径。

03 Arc（伞形角度面积）：数值范围为 0 ~ 360，设定值为 0 时发射器是一条直线，设定值为 360 时发射器是一个完整的圆环形状。

04 Edit from Edge（由圆环外边发射）：可以设置由圆环外边发射。

05 Random Direction（随机发射方向）：可设置随机发射方向。

选择 Shape（形状）为 Edge（直线发射器），如图 1-218 所示。

图 1-218

01 Edge（直线）：用来设置直线发射器。

02 Radius（直线长度）：用来设定

直线长度。

03 Random Direction（随机发射方向）：用来设置随机发射方向。

粒子系统各类发射器形状与发射方向的关系，如图 1-219 所示。

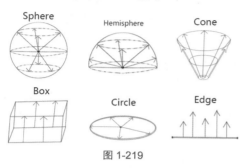

图 1-219

1.3.6.4　Velocity over Lifetime（生命周期速度）

Velocity over Lifetime（生命周期速度）面板如图 1-220 所示。

图 1-220

01 X/Y/Z 三个轴向速度的控制：可以使用常量值或曲线间的随机值来控制粒子的运动。

02 Space（解算空间）：Local（局部坐标）/ World（世界坐标）。

（1）Local（局部坐标）：根据自身轴向受速度的影响变化。

（2）World（世界坐标）：根据世界坐标受速度的影响变化。

1.3.6.5　Limit Velocity over Lifetime（生命周期限速）

Limit Velocity over Lifetime（生命周期限速）面板如图 1-221 所示。

图 1-221

该控制项通常用于模拟阻力，如果超过某些阈值，就会抑制或固定速率。可以按每个轴或每个向量长度来配置。

01 Separate Axis（分离轴）：开启后可以分别设置 X、Y、Z 三个轴向的数值。

02 Speed（速度）：粒子速度受到限制的阈值，通常为常数或曲线。

例如，当把 Speed（速度）设置为 1、Dampen（阻尼值）设置为 0.1 时，表示当粒子速度大于 1 时会受到阻力为 0.1 的影响，粒子速度将会逐渐减慢，最终速度将会变为 1。

03 Dampen（阻尼值）：数值设置范围为 0 ～ 1。当粒子速度超过设定的 Speed（速度）数值时，速度将会受到抑制。阻尼值越大，速度减慢越快，也越明显。

1.3.6.6　Inherit Velocity（继承速度）

Inherit Velocity（继承速度）面板如图 1-222 所示。

图 1-222

Inherit Velocity Mode（继承速度模式）有两种，分别如下。

（1）Intial（初始值）。

（2）Current（当前值）。

该数值表示粒子继承发射器运动速度的程度。设置为 1 时，指粒子继承发射器的 100% 速度；设置为 2 时，继承 200% 速度，以此类推。

注意

可以将粒子系统的 Simulation Space（模拟空间）修改为 World（世界坐标），继承速度模式改为 Initial（初始值）并设置 Initial（初始值）数值为 1。然后在 Scene（操作视图）中快速移动粒子发射器，就可以看到粒子受到发射器速度影响的效果了。

1.3.6.7 Force over Lifetime（在生命周期内受到力场的影响）

Force over Lifetime（在生命周期内受到力场的影响）面板如图 1-223 所示。

图 1-223

01 X/Y/Z：三个轴向受到力场的影响，可以使用常量值或曲线间的随机值控制粒子的运动。

02 Space（解算空间）：Local（局部坐标）/ World（世界坐标）。

（1）Local（局部坐标）：根据自身轴向受力场的影响变化。

（2）World（世界坐标）：根据世界坐标受力场的影响变化。

03 Randomize（取随机值）：需要启用 Random Between Two Constants（随机常数）或者 Random Between Two Curves（两曲线间随机）才可以使用这个选项。

1.3.6.8 Color over Lifetime（生命周期内粒子颜色的变化控制）

Color over Lifetime（生命周期内粒子颜色的变化控制）面板如图 1-224 所示。

图 1-224

控制每个粒子在其存活期间内的动态颜色变化。如果有些粒子的存活时间短于其他粒子，它们将变化得更快。可采用固定色、两色随机、渐变过渡色或使用两个渐变选取一个随机颜色。

⏰ 注意

当粒子材质为亮度叠加模式，如 Particles/Additive（粒子 / 附加），设置粒子为黑色时，则实际颜色为透明色。

1.3.6.9 Color by Speed（粒子颜色根据其速度变化）

Color by Speed（粒子颜色根据其速度变化）面板如图 1-225 所示。

图 1-225

01 Color（颜色）：用于重新映射速度与颜色的关系，使用渐变改变颜色。

02 Speed Range（速度范围）：界定速度范围的最小值和最大值，该范围用于将速度重新映射到颜色上。

1.3.6.10 Size over Lifetime（生命周期内粒子大小的变化控制）

Size over Lifetime（生命周期内粒子大小的变化控制）面板如图 1-226 所示。

图 1-226

Size（粒子大小）：控制每个粒子在其存活期间的大小。可以采用固定大小，使用曲线将大小动画化，或者使用两条曲线指定随机大小。

1.3.6.11　Size by Speed（粒子大小根据其速度变化）

Size by Speed（粒子大小根据其速度变化）面板如图 1-227 所示。

图 1-227

01　Size（粒子大小）：用于重新映射粒子速度与粒子大小的关系，可以通过曲线，设置不同速度下粒子的大小。

02　Speed Range（速度范围）：界定速度范围的最小值和最大值，该范围用于将速度重新映射到大小上。

1.3.6.12　Rotation over Lifetime（生命周期内粒子旋转的变化控制）

Rotation over Lifetime（生命周期内粒子旋转的变化控制）面板如图 1-228 所示。

图 1-228

01　Separate Axes（分离轴）：启用分离轴后可以分别控制 X、Y、Z 三个轴向。

02　Angular Velocity（粒子角度旋转）：控制每个粒子在其存活期间内的旋转速度。采用固定旋转速度，曲线编辑器控制，或使用两条曲线指定随机旋转速度。

1.3.6.13　Rotation by Speed（粒子旋转根据其速度变化）

Rotation by Speed（粒子旋转根据其速度变化）面板如图 1-229 所示。

图 1-229

01　Separate Axes（分离轴）：启用分离轴后可以分别控制 X、Y、Z 三个轴向。

02　Angular Velocity（角速度）：用于重新映射粒子速度与旋转速度的关系。可以使用常量或者曲线来改变旋转速度。

03　Speed Range（速度范围）：界定速度范围的最小值和最大值，该范围用于将速度重新映射到旋转速度上。

1.3.6.14　External Forces（外部力场）

External Forces（外部力场）面板如图 1-230 所示。

图 1-230

Multiplier（乘数）：粒子受外部力场（如风场）影响程度的缩放比例（即风力向量乘以该值）。

1.3.6.15　Collision（碰撞模块）

粒子的 Collision（碰撞模块）支持世界碰撞和平面碰撞。平面碰撞对简单的碰撞检测而言十分有效。可以设置任意平面体作为粒子的碰撞对象，使用平面碰撞足够应对大部分效果要求。

而世界碰撞采用光线投射原理。相比平面碰撞，世界碰撞的性能损耗更大。所以必须谨慎使用，以确保良好的性能。在碰撞结果近似相同的情况下，建议将 Collision Quality（碰撞质量）设置为Low（低）或 Medium（中）。

Planes/World（平面/世界）：切换碰撞类型。

Planes（平面）指平面碰撞，World（世界）指世界碰撞。

以下为平面碰撞模式下的参数设置，如图 1-231 所示。

图 1-231

01 Planes（平面）设置碰撞平面。可以通过单击选项后的圆点图标选取一个平面对象，或者也可以直接将平面对象拖曳到 Planes（平面）后的 None（Transform）即"无（变化）"位置处。

02 Visualization（可视化）：用于将碰撞平面可视化，显示为 Grid（网格）或 Solid（实体），帮助确认碰撞平面的位置与方向。

（1）Grid（网格）：将碰撞平面渲染为网格显示。

（2）Solid（实体）：将碰撞平面渲染为实体模型显示。

（3）Scale Plane（缩放平面）：调整可视化平面大小。

03 Visualize Bounds（可视化边界）：勾选后可以显示每个粒子碰撞体的外壳半径。

04 Dampen（阻尼）：数值设置范围为 0 ~ 1，可以理解为粒子与平面碰撞时摩擦力的大小。阻尼值越大，粒子碰撞后速度越慢。当设置 Dampen（阻尼）为 1 时，粒子与平面碰撞后速度为零。

05 Bounce（弹力）：粒子与平面碰撞时的反弹属性。设置为 1 时，粒子碰撞后速度不损耗。设置 Bounce（弹力）小于 1 时粒子在碰撞后速度将会按比例衰减。设置 Bounce（弹力）大于 1 时，粒子碰撞后速度将会成倍数增加。

06 Lifetime Loss（生命衰减）：数值设置范围为 0 ~ 1，表示粒子每次碰撞后 Start Lifetime（粒子初始寿命）的衰减比例。当把 Lifetime Loss（生命衰减）设置为 1 时，粒子在碰撞后会直接死亡。

07 Min Kill Speed（最小杀死速度）：当粒子发生碰撞后，所有速度低于设定数值的粒子都会被杀死。

08 Radius Scale（半径缩放）：设置每个粒子的碰撞半径。

09 Send Collision Messages（发送碰撞信息）：由是否要发送碰撞信息而确定是否触发游戏对象（GameObjects）和 ParticleSystems（粒子系统）上的 OnParticleCollision（粒子系碰撞）回调。

⏰ 注意

碰撞类型为平面模式时，粒子将会与平面的法线正方向进行碰撞（默认状态下粒子只能与模型体的法线正方向发生碰撞）。

以下为世界碰撞模式下的参数设置，如图 1-232 所示。

图 1-232

01 Collision Mode（碰撞模式）：可以选择 2D 或者 3D 碰撞。

02 Visualize Bounds（可视化边界）：

勾选后可以显示每个粒子碰撞体的外壳半径形状。

03 Dampen（阻尼）：数值设置范围为 0～1，可以理解为粒子与平面碰撞时摩擦力的大小。阻尼值越大，粒子碰撞后速度越慢。当设置 Dampen（阻尼）为 1 时，粒子与平面碰撞后速度为零。

04 Bounce（弹力）：粒子与平面碰撞时的反弹属性。设置为 1 时，粒子碰撞后速度不损耗。设置 Bounce（弹力）小于 1 时粒子在碰撞后速度将会按比例衰减。设置 Bounce（弹力）大于 1 时，粒子碰撞后速度将会成倍数增加。

05 Lifetime Loss（生命衰减）：数值设置范围为 0～1，表示粒子每次碰撞后 Start Lifetime（粒子初始寿命）的衰减比例。当把 Lifetime Loss（生命衰减）设置为 1 时，粒子在碰撞后会直接死亡。

06 Min Kill Speed（最小杀死速度）：当粒子发生碰撞后，所有速度低于设定数值的粒子都会被杀死。

07 Collides With（碰撞对象）：用于指定碰撞器的筛选器。默认 Everything（所有物体）指粒子系统与所有对象发生碰撞。

08 Enable Dynamic Colliders（动态碰撞）：启用动态碰撞。

09 Interior Collisions（内部碰撞）：启用内部碰撞。

10 Max Collision Shapes（最大碰撞外形）：设置最大碰撞外形。

11 Collision Quality（碰撞质量）：世界碰撞模式下的碰撞质量选择。质量越高，精确度越高，性能损耗也越大。

（1）High（高质量）：所有粒子在每一帧都进行 Particle Raycast Budget（粒子投射）计算。注意：这是 CPU 密集型应用，只能使用 1000 个场景宽度或更少的同步粒子。

（2）Medium（中等质量）：在每帧中，接收一部分粒子进行全局 Particle Raycast Budget（粒子投射）计算。粒子以循环方式更新，其中在给定帧中不接收光线投射的粒子将查找和使用高速缓存中存储的较旧碰撞物。注意：这类碰撞属于近似碰撞，会遗漏一些粒子，特别是在角落处。

（3）Low（低质量）：粒子系统每四帧进行一次 Particle Raycast Budget（粒子投射）计算，其他属性与中等质量（Medium）相同。

12 Send Collision Messages（发送碰撞信息）：由是否要发送碰撞信息而确定是否触发游戏对象（GameObjects）和 ParticleSystems（粒子系统）上的 OnParticleCollision（粒子系碰撞）回调。

1.3.6.16 Sub Emitters（子发射器模块）

Sub Emitters（子发射器模块）面板如图 1-233 所示。

图 1-233

在这个模块中，可以定义粒子 Birth（出生）/Collision（碰撞）/Death（死亡）时产生一个新的粒子系统。

01 Birth（产生）：每个粒子产生时生成另一个粒子系统。

通过单击 Birth（产生）后的加号（图 1-233 红框位置）可以创建一个子

发射器。

创建后，该粒子层级内部会多出一个 Sub Emitter（子发射器），可以实现粒子拖尾效果，示例如图 1-234 所示。

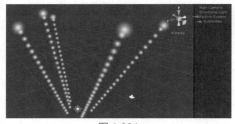

图 1-234

02 Collision（碰撞）：每个粒子碰撞时生成另一个粒子系统。

启用粒子系统的 Collision（碰撞）组件，是每个粒子碰撞后产生子发射器的前提条件。

例如，当前创建一个粒子系统，启用 Collision（碰撞）组件，设置粒子与平面碰撞，然后设置 Lifetime Loss 为 1（表示粒子发生碰撞后立即消亡），如图 1-235 所示。

图 1-235

粒子与平面发生碰撞，碰撞时粒子消亡，效果如图 1-236 所示。

图 1-236

接下来启用 Sub Emitter（子发射器）选项，通过单击"加号"创建一个子发射器，如图 1-237 所示。

图 1-237

创建后，适当调节 Sub Emitter（子发射器）中的粒子寿命，效果如图 1-238 所示。

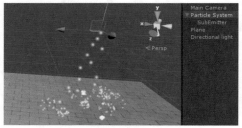

图 1-238

利用这个功能可以模拟碰撞后爆炸的效果。

⏰ 注意

粒子碰撞是需要实时解算的，所以会产生较大的性能损耗。通常在游戏项目中（尤其是移动平台）制作特效时并不推荐开启。

03 Death（死亡）：每个粒子消亡时生成另一个粒子系统。

通过这个功能可以实现很多有趣的效果，例如烟花的爆炸效果等。

首先创建一个粒子系统，开启 Sub Emitter（子发射器）模块，单击 Birth（产生）和 Death（死亡）同时创建两个子发射器，如图 1-239 所示。

适当调节粒子寿命后，效果如图 1-240 所示。

图 1-239

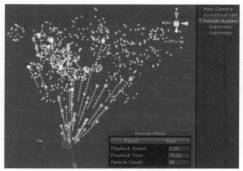

图 1-240

通过简单的两步操作就可以制作一个简易烟花效果，活用粒子系统会实现更多更丰富的效果。

1.3.6.17　Texture Sheet Animation（纹理动画模块）

Texture Sheet Animation（纹理动画模块）面板如图 1-241 所示。

图 1-241

Texture Sheet Animation（纹理动画模块）原理是在粒子生命周期内通过动画化 UV 坐标从而实现动画序列效果。可以指定具体的动画切片数或者某一单独行数，也可以用曲线动画化或者是两条曲线之间的随机帧。

01　Tiles（平铺分布）：定义纹理 X、Y 方向的平铺数量。

02　Animation（动画）：指定动画类型为 Whole Sheet（整层）或 Single Row（单行）。

（1）Whole Sheet（整层）：将所有平铺图片用于动画。

（2）Single Row（单行）：将一行纹理层用于 UV 动画。

（3）Random Row（随机行）：如果选中此项，起始行随机，如果取消选中，则可以指定行指数（第一行为 0）。

03　Frame over Time（时间帧）：每个粒子存活期间，粒子寿命与序列帧的关系。使用常量、动画曲线或者使用两条曲线指定随机帧。

04　Cycles（循环次数）：每个粒子在生命周期内循环播放序列帧的次数。（默认为 1，指在生命周期内循环播放一次。）

在特效中，很多动态效果都会使用到 Texture Sheet Animation（纹理动画模块）功能。该功能不但减少了贴图数量，同时对提高工作效率、减小制作难度、提升动态表现及资源优化起到重要作用。

常见的一些特效序列图示例如图 1-242 所示。

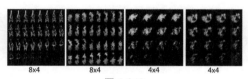

8x4　　　8x4　　　4x4　　　4x4

图 1-242

通过示意图可以帮助快速了解序列设置的规律，如图 1-243 所示。

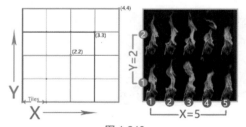

图 1-243

根据图片纹理排布数量、修改 Tiles（平铺分布）中 X、Y 对应数值即可。例如，排布为 5×2，则需设置 Tiles（平铺分布）选项中 X 为 5，Y 为 2。

1.3.6.18 Renderer（粒子渲染模块）

Renderer（粒子渲染模块）面板如图 1-244 所示。

图 1-244

粒子渲染模块会直接影响每个粒子的渲染形态，但不会影响粒子的运动。

01 Render Mode（粒子渲染模式）有以下几种类型。

（1）Billboard（布告板类型）：使粒子始终朝向摄像机，与 Maya 中的 Sprite（精灵粒子）相同。

（2）Stretched Billboard（拉伸布告板）：可以通过 Camera Scale（摄像机缩放）、Speed Scale（速度缩放）、Length Scale（长度缩放）三个选项来修改布告板的拉伸形状。

① Camera Scale（摄像机缩放）：摄像机速度影响粒子的拉伸程度，摄像机移动速度越快，粒子拉伸程度越大。

⏰ 注意

设置 Camera Scale（摄像机缩放）数值后，在 Scene（场景视图）中快速移动摄像机，就可以在 Game（游戏视图）中看到粒子的拉伸状态了（场景视图中粒子形态不发生变化）。

② Speed Scale（速度缩放）：通过粒子速度来影响粒子长度。

③ Length Scale（长度缩放）：直接对粒子长度进行缩放设置。

（3）Horizontal Billboard（水平布告板）：让粒子与水平面对齐。

（4）Vertical Billboard（垂直布告板）：让粒子朝向摄像机的同时，保持粒子与 Y 轴对齐。

（5）Mesh（网格体）：可以自定义一个网格体模型，由粒子系统发射。粒子系统发射的模型同样会受到粒子系统的相关参数影响（例如透明控制、大小的曲线控制等）。

⏰ 注意

在 Unity 5.3.0 之后的版本中，粒子系统发射的模型体可以受到 Texture Sheet Animation（纹理篇动画）的影响了，这代表用户可以通过这个方法，间接实现模型的序列动画。

02 Normal Direction（法线方向）：设定值为 0 ~ 1，确定法线与摄像机所成角度及偏离视图中心的角度。

03 Material（材质球）：当前粒子所用的材质球。

04 Sort Mode（排序模式）：通过距离、最先产生或最晚产生来决定粒子的绘制层级。可以理解为根据距离决定哪些粒子显示在上层，或根据出生时间决定哪些粒子显示在上层。

05 Sorting Fudge（排序矫正）：使用该项影响绘制顺序，较小数值最先显示在上层。（如果两个粒子系统在同一位置，较小数值的粒子会显示在上层。例如，地面与裂痕都在同一位置，地面的 Sorting Fudge 为 100，裂痕的 Sorting Fudge 为 0，则裂痕会显示在地面上方。）

06　Cast Shadows（投射阴影）：粒子是否投射阴影。

07　Receive Shadows（接受阴影）：粒子是否接受阴影。

08　Min Particle Size（最小粒子大小）：每个粒子相对于视窗大小的最小值。

09　Max Particle Size（最大粒子大小）：每个粒子相对于视窗大小的最大值（一般建议设置为 1～2）。

例如创建一个粒子系统，将它的 Start Speed（初始速度）设置为 0，取消 Shape（发射器形状），设置 Max Particles（最大粒子数量）为 1，并将它的 Max Particle Size（最大粒子大小）设置为 0.5。

然后在 Scene（场景视图）中滚动鼠标中键将观察距离拉近，根据"近大远小"透视原则，粒子会逐渐变大，但是最终发现粒子最大也只能占到当前操作视窗的一半大小左右便不再变大。

如果想让粒子随着视图距离拉近持续变大，需要将 Max Particle Size（最大粒子大小）设置得更大，设置为 1 指的是粒子最大时可以占一个窗口的大小，设置为 2 指的是两倍窗口大小，以此类推。

10　Sorting Layer（排序层级选择）：一般粒子是在 Default（默认）层，也可以单击 Add Sorting Layer（添加新的排序层级）添加一个新的排序层级。

11　Order in Layer（顺序层级）：设置顺序层级。

12　Billboard Alignment（布告板对齐方式）：可以设置为 View（视图对齐）、World（世界坐标对齐）、Local（局部坐标对齐）。

⏰ **注意**

Billboard Alignment（布告板对齐方式）是在 Unity 5.3.0f4 版本之后新加入的功能。

13　Pivot（轴）：可以分别修改粒子在 X、Y、Z 三个中心轴向的偏移数值。

⏰ **注意**

粒子的默认旋转轴心在粒子的正中心位置，可以通过修改 Pivot（轴）来修改粒子的轴心偏移。该数值将会直接影响粒子旋转与缩放时的效果。

14　Reflection Probes（反射探测模式）：默认为关闭状态 Off，可以将它修改为 Blend Probes（混合探测）、Blend Probes And Skybox（带有天空盒的混合探测）、Simple（简单计算模式），如图 1-245 所示。

图 1-245

15　Resimulate（实时渲染）：当粒子参数改变时，场景中的粒子效果立即更新（实时变化）。

16　Wireframe（开启粒子网格显示）：开启选项时，将显示粒子的面片网格，方便观察粒子数量与粒子的真实大小。

1.3.7　多个粒子系统的播放控制及播放速度调节

当特效中含有多个粒子系统时，要如何才能够同步播放所有粒子系统呢？

最简单的方法就是直接运行游戏，但是如果每次预览效果都运行游戏会比较耗时，并且降低工作效率。那么除了运行游戏外，还有哪些更便捷的操作方法呢？

以特效 Effect_Fire 为例，该特效中含有多个粒子系统。

首先将其他粒子系统拖曳到一个粒子系统的下层（作为父子关系），然后选择特效父级别，单击播放查看，操作如图 1-246 所示。

图 1-246

观察发现这次所有粒子系统已经同步播放了。

通过粒子播放控制器（Scene 场景视图右下角）可以修改粒子特效的播放速度等信息，如图 1-247 所示。

图 1-247

⏰ 注意

使用鼠标左键在 Playback Time（回放时间）上拖曳可以统一修改粒子系统的播放时间。

🔔 小技巧：设置特效整体的位置偏移

大家知道特效完成时需要将其位置坐标归零，那如果需要对这个特效整体做一些位置上的偏移，这时要如何处理呢？

同样以特效 Effect_Fire 为例，该特效由四个粒子系统组成。

首先新建一个粒子系统，命名为 Effect_Fire_Offset，将它的 Emission（粒子发射器选项）取消，然后将其设置为其他粒子系统的父级别。

如图 1-248 所示。

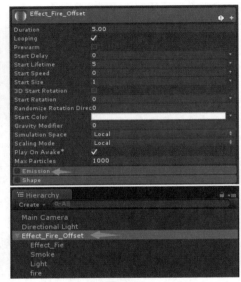

图 1-248

接下来将 Effect_Fire_Offect 坐标归零，直接选择其他四个子级别粒子系统进行位置偏移就可以了。（由于新建的父级别粒子系统取消了发射选项，所以移动其子级别并不会影响整体效果。）

⏰ 注意

（1）"Effect_Fire_Offset" 为示例命名，在实际项目制作中可以根据项目需求自由命名。

（2）很多时候程序是根据 Prefab（预设体）名称来调用特效文件的，所以在特效制作时切忌父级别粒子与子级别粒子重名。

1.3.8　为粒子系统添加一个力场影响

如果想要实现一些特别的粒子效果，例如平面内产生的粒子被上方某一个点吸引，如图 1-249 所示。那么这个定点的引力效果要如何制作呢？

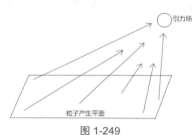

图 1-249

Step 01 创建一个粒子系统，把 Shape（发射器形状）设置为 Box（方盒体），设置发射形状边长 Box X=5、Box Y=5、Box Z=0，如图 1-250 所示。

图 1-250

Step 02 接着把粒子 Start Speed（初始速度）设置为 0，现在就已经得到一个边长为 5 并且在不断发射粒子的发射器了，如图 1-251 所示。

图 1-251

那么这个"引力场"要如何实现呢？可以通过风场来模拟这种吸引效果。

Step 03 首先单击菜单 Game Object → Create Empty（游戏对象→创建空对象），创建一个 Game Object（游戏对象）空对象，如图 1-252 所示。

图 1-252

Step 04 然后在 Hierarchy（层级视图）中选择空对象后依次单击菜单 Component（要素）→ Miscellaneous（多方面）→ Wind Zone（风场）添加一个风场组件，如图 1-253 所示。

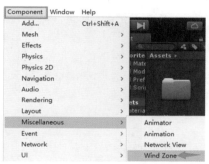

图 1-253

Step 05 将 Game Object（游戏对象）放置在粒子系统上方，设置风场选项如图 1-254 所示。

图 1-254

⏰ 注意

除此之外，通过菜单 GameObject → 3D Object → Wind Zone（游戏对象→ 3D 对象→风场）也可以快速创建一个风力场。

01 Mode（模式）：用来设置风场的模式切换。

（1）Spherical（球形）：设置为球形时受力方向为球心向四周发散，风力

（Main）的正负数值不同，风力的受力方向也会呈相反方向，如图 1-255 所示。

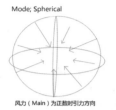

图 1-255

（2）Directional（方向性）：该模式粒子所受力场方向为直线方向，同样随着风力（Main）的正负值不同，风力的受力方向也会相反，如图 1-256 所示。

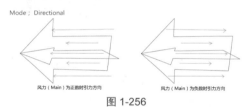

图 1-256

02 Main（风力）：用来设置风力强度值。

03 Turbulence（扰乱值）：该数值可以调节风力的扰乱强度。

04 Pulse Magnitude（振幅强度）：用来设置振幅强度。

05 Pulse Frequency（频率设定）：用来对频率进行设定。

Step 06 接下来把风场 Mode（模式）改为 Spherical（球体），Main（受力强度）设置为 2。将它放置在粒子发射器上方。

Step 07 开启粒子系统 External Forces（外部力场）组件功能（并设置 Multiplier 值为 1），如图 1-257 所示。

图 1-257

Step 08 单击播放粒子系统或者直接运行游戏，在场景之中就可以看见风力场对粒子的引力效果了，如图 1-258 所示。

图 1-258

⏰ 注意

（1）可以使用风场的不同模式来模拟不同的受力效果。

（2）Wind Zone（风场）除了可以对粒子产生受力影响外，也可以控制场景中通过预设笔刷创建的草丛树木等随风摆动的效果。

1.3.9 粒子系统材质的选择

一般在特效制作中，粒子系统常用的 Shader（着色器）类型为 Particles（粒子）下的材质，例如，Addtive（附加）、Addtive（Soft）（软性附加）、Alpha Blended（Alpha 混合）等，如图 1-259 所示。

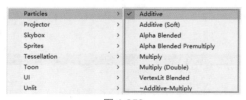

图 1-259

例如，选择 Particles → Additive（粒子→附加）类型，如图 1-260 所示。

图 1-260

⏰ 注意

只有 Particles（粒子）下的材质才能支持 Start Color（粒子颜色）、Color over Lifetime（生命周期颜色）、Color by Speed（粒子速度颜色）等粒子系统内置参数控制。

如果是移动端项目并且优化要求较高，则建议使用 Mobile（移动平台）下的材质。例如，Mobile Particles Addtive（移动附加粒子）等，因为 Mobile（移动平台）下的材质经过优化，更适合移动平台，运行效率会更高，如图 1-261 所示。

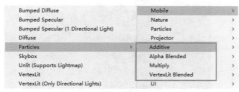

图 1-261

例如，选择 Mobile/Particles/Additive（移动平台 / 粒子 / 附加）类型，如图 1-262 所示。

图 1-262

一些特别的材质效果（如扭曲、溶解等）往往需要使用到特殊的 Shader（着色器），具体在第 2 章材质篇中会讲解。

并不是每种材质都能应用于粒子系统，一些高级材质同样也会产生较大的性能损耗，需要根据项目规定和实际效果需求来共同决定。

1.3.10　粒子系统控制技巧

中国有句古话叫作"万变不离其宗"。做特效也是一样的，再复杂、再高级的效果也都是通过活学活用每个参数命令制作出来的。至于能做到哪种地步就需要看用户对技术的发掘了。

通过之前对粒子系统的学习，相信读者已经初步掌握了粒子系统的相关知识。那么从本节开始将会讲解在特效制作中一些高级效果的控制技巧。

1.3.10.1　设置粒子系统间的显示层级

在特效制作时，经常需要对特效中的粒子系统进行显示优先级排序，设定哪个粒子系统显示在上、哪个粒子系统显示在下。以地面裂痕与地面纹理为例，由于它们本身相距较近，所以很容易发生显示错误的问题。那么要如何才能保证裂痕显示在地面纹理的上方呢？ 本节会进行详细的讲解说明。

Step 01 首先创建两个粒子系统，取消 Shape（发射器形状），并设置它们的 Start Speed（初始速度）为 0，适当调整粒子大小，将粒子系统 Max Particles（最大粒子数量）设置为 1，将它们放在同一位置坐标点，如图 1-263 所示。

Step 02 为了方便观察，把粒子系统 Render Mode（渲染类型）修改为 Horizontal Billboard（水平布告板），如图 1-264 所示。

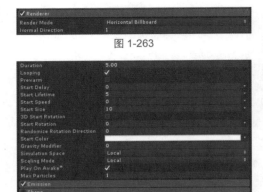

图 1-263

图 1-264

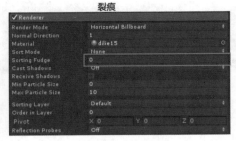

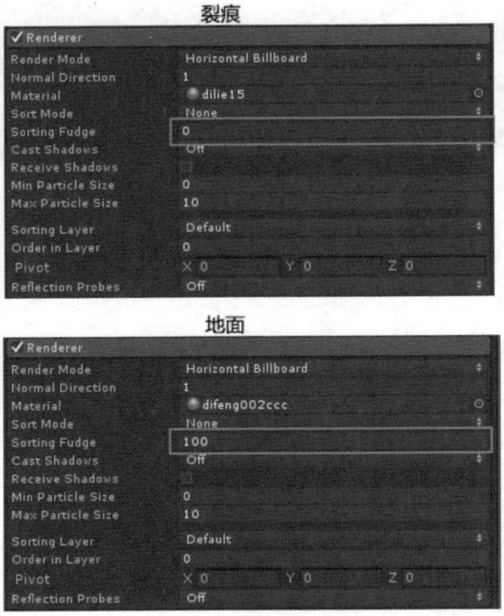

图 1-266

Step 03 赋予材质贴图。设置地面材质 Shader（着色器）类型为 Particle/Alpha Blended（粒子/Alpha 混合），设置裂痕材质 Shader（着色器）类型为 Particle/Additive（粒子/附加），如图 1-265 所示。

图 1-265

观察发现当前场景中地面纹理显示在上方，这显然不正确。

如果想要调整渲染排序就需要分别设置两个粒子系统中的 Sorting Fudge（排序校正）数值。

Step 04 将裂痕纹理粒子系统 Renderer（渲染模块）下的 Sorting Fudge（排序校正）数值设置为"0"，将地面纹理粒子系统 Sorting Fudge（排序校正）设置为"100"。

设置如图 1-266 所示。

Step 05 再次查看效果，发现裂痕纹理已经显示在地面纹理上方了，如图 1-267 所示。

图 1-267

由此得出结论，Sorting Fudge（排序校正）数值相对较小时，粒子将会优先渲染。

显示顺序示例：−200>−100>0>100>200。

⏰ **注意**

设置粒子显示层级时，切忌把粒子系统之间的 Sorting Fudge 差值设置过小，否则排序效果不明显。推荐将差值设置为 200 左右。

粒子与模型之间的渲染排序知识扩充：在学习粒子间渲染排序的设置技巧后，那么粒子与模型间的渲染排序要如何调整呢？以 Cube（正方体）为例进行演示。

首先单击菜单 GameObject → 3D Object → Cube（游戏对象 → 3D 对象 → 正方体）创建一个 Cube（正方体），然后创建一个粒子系统，将粒子发射器形状设置为 Edge（线性发射），修改角度及位置如图 1-268 所示。

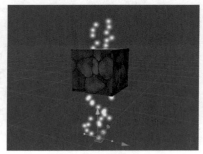

图 1-268

观察发现粒子直接穿过了正方体（完全挡住了粒子），并且修改 Sorting Fudge（排序校正）没有任何作用。

Unity 材质系统中的两个知识点：

（1）粒子系统参数 Sorting Fudge（排序校正）仅作用于 Shader（着色器）为 Particles（粒子系统）类型下的材质。

（2）将模型体设置为 Particles（粒子）材质后，默认 Sorting Fudge（排序校正）数值为 0（数值固定，无法修改）。

这次将正方体的材质类型设置为 Particles/Alpha Blended（粒子 /Alpha 混合），如图 1-269 所示。

图 1-269

粒子系统材质设置为 Particle/Additive（粒子 / 亮度叠加），如图 1-270 所示。

图 1-270

再次调整粒子系统 Sorting Fudge（排序校正）数值为 "-200"，结果显示如图 1-271 所示。

图 1-271

观察发现，这次粒子系统已经被优先渲染了。

1.3.10.2　粒子向上逐渐拉伸变细消失

在制作 Buff（加益状态）类特效时，常常需要加入一些向上飘动的长条形粒子丰富效果，最常见的处理方式就是直接把 Renderer Mode（渲染类型）修改为 Stretched Billboard（拉伸形布告板）。虽然这样实现了效果，但是觉得动态感觉还不够。

如果希望粒子向上运动的同时逐渐拉伸变细消失，那要如何设置呢？

如图 1-272 所示为每个粒子的尺寸变化示例。

实现方法：

Step 01 首先创建一个粒子系统，设置 Start Lifetime（粒子初始寿命）为 1，如图 1-273 所示。

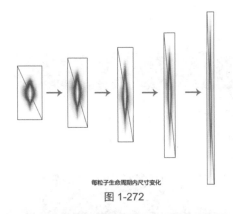

每粒子生命周期内尺寸变化

图 1-272

图 1-273

Step 02 将粒子系统 Shape（发射器形状）修改为 Cone（圆锥形），适当调节 Radius（发射器半径），将 Angle（发射角度）设置为 0，使粒子竖直向上运动，参数设置如图 1-274 所示。

图 1-274

Step 03 将 Render Mode（粒子渲染类型）设置为 Stretched Billboard（拉伸形布告板），设置 Speed Scale（速度缩放）及 Length Scale（长度缩放）数值，如图 1-275 所示。

图 1-275

Step 04 开启 Size over Lifetime（生命周期内粒子大小的变化控制）曲线控制模式，如图 1-276 所示。

Step 05 赋予材质纹理，播放查看

就可以看到每个粒子拉伸并消失的效果了，如图 1-277 所示。

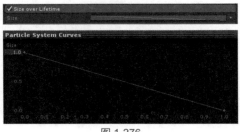

图 1-276

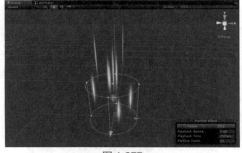

图 1-277

⏰ **注意**

（1）Stretched Billboard（拉伸形布告板）中的内置参数 Speed Scale（速度缩放）可以控制粒子横向缩放。

（2）在实际项目制作中结合 Color over Lifetime（生命周期颜色）修改粒子的透明度过渡变化可以使特效过渡更加自然细腻。

1.3.10.3　粒子的扰乱飘动效果

直上直下的粒子动画太过单调？不知道怎么制作出丰富变化的粒子？本节讲解如何制作出"萤火虫/火星"一样运动的粒子（粒子由下至上运动，运动过程中摇摇晃晃），如图 1-278 所示。

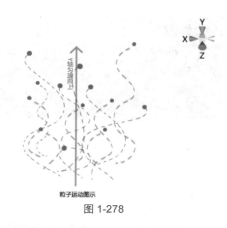

粒子运动图示

图 1-278

⏰ 注意

图 1-278 中蓝色圆点代表粒子，红色箭头表示粒子的速度方向。粒子匀速沿 Y 轴运动，并且会受到 X、Z 轴速度的影响。

首先分析下每个粒子在各轴向的速度变化。

由于 X、Z 轴速度变化相同（都是随机运动），经过分析可以得到下面的运动曲线，如图 1-279 所示。

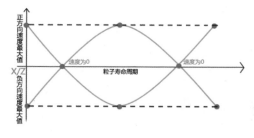

图 1-279

Y 方向速度为匀速上升，得到 Y 轴向的运动曲线如图 1-280 所示。

当得出三个轴向速度的曲线变化之后，只要将数值赋予粒子系统的速度控制项即可。

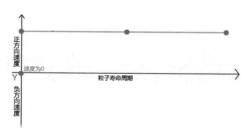

图 1-280

Step 01 首先单击菜单 GameObject → Particle System（游戏对象→粒子系统）创建一个粒子系统，然后将 Start Speed（初始速度）设置为 0，Start Lifetime（粒子初始寿命）设置为 2 ～ 3 取随机值，修改粒子大小为 0.1 ～ 0.5 取随机值，如图 1-281 所示。

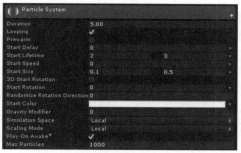

图 1-281

Step 02 将粒子系统 Shape（发射器形状）设置为 Sphere（球形发射器），适当调节发射器半径，如图 1-282 所示。

图 1-282

Step 03 接着启用 Velocity over Lifetime（生命周期速度），将其中 Space（解算空间）修改为 World（世界坐标）并将轴向速度控制类型更改为 Random between Two Curves（两曲线间随机）。之所以设置为 Random between Two Curves（两曲

线间随机）是为了增加粒子运动的随机变化，如图 1-283 所示。

图 1-283

Step 04 依照之前的各轴向速度曲线的分析结果，将粒子属性 Velocity over Lifetime（生命周期速度）速度曲线依次修改如下。

（1）X 轴速度曲线，如图 1-284 所示。

图 1-284

（2）Y 轴速度曲线，如图 1-285 所示。

图 1-285

（3）Z 轴速度曲线，如图 1-286 所示。

图 1-286

在曲线编辑器视图左上角可以输入数值，该数值对应的是粒子速度的最大值。

在这里，把 X、Z 轴速度设置为 2，Y 轴速度设置为 5。（设置位置如图 1-286 左上角红色框。）

Step 05 开启 Size over Lifetime（粒子生命周期大小），使用 Curve（曲线）控制，如图 1-287 所示。

图 1-287

Step 06 最后播放粒子系统，就可以看到随机运动效果了。

赋予粒子材质贴图后效果如图 1-288 所示。

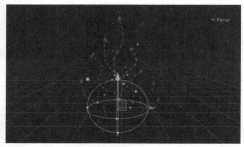

图 1-288

⏰ **注意**

由于之前已经分析出了粒子的各轴向速度曲线，所以只要在 Velocity over Lifetime（生命周期速度）中修改对应的速度曲线即可。示例效果中粒子速度完全受 Velocity over Lifetime（生命周期速度）控制，这也是之前把 Start Speed（粒子初始速度）设置为 0 的原因。

1.3.10.4　设定粒子旋涡运动

很多 3D 游戏引擎中都有粒子的力场控制功能（例如风场、旋涡场、引力场等），当然 Unity 3D 也不例外。不过 Unity 粒子控制起来可没有那么直观，需要动动脑筋才行。那么如何使用 Unity 模拟出粒子旋涡效果呢？

虽然在 Unity 中没有那么多的力场类型供选择，但是可以通过对 Velocity over Lifetime（生命周期速度）X、Y、Z 三个轴向的速度控制来模拟各种力场效果，在本节中将以粒子的旋涡运动效果为例进行演示。

分析以下粒子在旋涡力场的影响下各轴向的运动趋势及速度曲线，如图 1-289 所示。

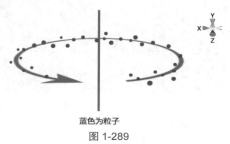

蓝色为粒子

图 1-289

从图 1-289 中可以看出，粒子的运动路径是圆形并且始终绕着圆心运动，那么接下来再分析粒子绕行一个周期各轴向的速度变化。

粒子在 X 轴方向的运动趋势如图 1-290 所示。

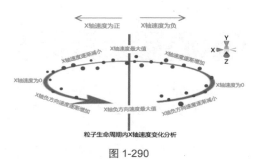

粒子生命周期内X轴速度变化分析

图 1-290

根据粒子在 X 轴方向的速度变化，绘制出粒子在 X 方向的运动曲线。图 1-291 表示粒子每旋转一周，X 轴方向速度的变化。

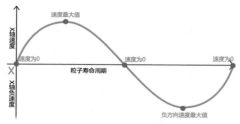

图 1-291

粒子在 Y 轴方向的运动趋势如图 1-292 所示。

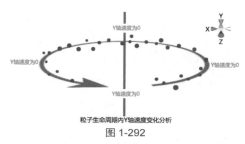

粒子生命周期内Y轴速度变化分析

图 1-292

根据粒子在 Y 轴方向的速度变化，绘制出粒子在 Y 方向的运动曲线。图 1-293 表示粒子每旋转一周，Y 轴方向速度的变化。

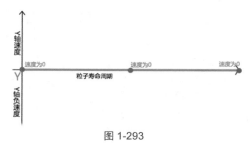

图 1-293

⏰ 注意

当前运动曲线表示粒子在 Y 轴没有速度变化，如果想要加上 Y 轴方向的速度变化，则需要对 Y 轴曲线也进行控制。例如，把运动曲线修改为向上的斜线表示 Y 方向速度逐渐增加。

粒子在 Z 轴方向的运动趋势如图 1-294 所示。

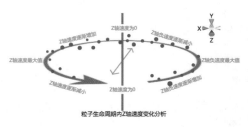

图 1-294

根据粒子在 Z 轴方向的速度变化，绘制出粒子在 Z 方向的运动曲线。图 1-295 表示粒子每旋转一周，Z 轴方向速度的变化。

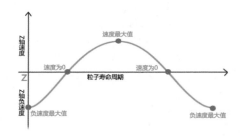

图 1-295

⏰ 注意

对比 X 轴与 Z 轴的粒子速度曲线发现，X、Z 两轴曲线之间（近似）像是偏移了四分之一个周期。

到这里就已经分析出对应三个轴向的速度变化曲线了，接着只需要依照之前各轴向速度曲线的分析结果，将粒子属性 Velocity over Lifetime（生命周期速度）速度曲线依次修改设置即可。

Step 01 首先单击菜单 GameObject → Particle System 创建一个粒子系统，将

Start Speed（初始速度）设置为 0，Shape（发射器形状）设置为 Sphere（球形发射器），如图 1-296 所示。

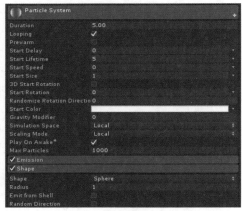

图 1-296

Step 02 接着启用 Velocity over Lifetime（生命周期速度）将 Space 修改为 World（世界坐标）并将轴向控制类型更改为 Random between Two Curves（两曲线间随机）。之所以设置为 Random between Two Curves（两曲线间随机）是为了增加粒子运动的随机变化，如果设置为 Curve（曲线）则随机效果不明显，如图 1-297 所示。

图 1-297

Step 03 接着按照之前的分析结果，将各个轴向的运动曲线依次修改，设置如下。

X 轴速度曲线，如图 1-298 所示。

图 1-298

Y 轴速度曲线，如图 1-299 所示。

图 1-299

Z 轴速度曲线，如图 1-300 所示。

图 1-300

Step 04 在曲线编辑器视图左上角
（图 1-300 红框位置）可以输入数值，
数值对应的是粒子速度的最大值。

在这里把 X、Z 轴速度设置为 5，Y
轴速度设置为 0。

Step 05 最后单击播放就可以看到
粒子的环绕运动了，效果如图 1-301
所示。

图 1-301

⏰ 注意

（1）如果不希望粒子有范围随机效
果，则可以将 Velocity over Lifetime（生
命周期速度）调节为 Curve（曲线）单曲
线控制模式。

（2）粒子螺旋上升效果与之同理，
只需调小当前粒子发射器半径，然后增
加 Velocity over Lifetime（生命周期速度）
Y 轴方向速度即可。

1.3.10.5　让粒子上升悬浮一会儿再掉落

制作粒子上升的效果相信大家都知
道怎样实现，不过如何使用 Unity 模拟
出粒子悬浮后掉落的效果呢？

下面来分析粒子悬浮的运动趋势，
如图 1-302 所示。

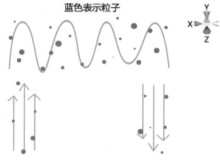

图 1-302

从示意图中可以看出，粒子速度的
主要影响轴是 Y 轴，不过在实际制作中
为了增加粒子的随机效果，通常也会在
X、Z 轴加入一些速度变化。

观察得出每个粒子在各轴向的速度
运动曲线如图 1-303 所示。

⏰ 注意

图 1-303 中 Y 轴向显示为粒子先加
速上升，然后减速上下浮动，最后匀速
下落。

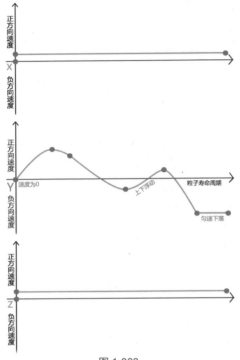

图 1-303

Step 01 首先创建一个粒子系统，将粒子系统 Start Speed（初始速度）设置为 0，Start Lifetime（粒子初始寿命）设置为 1 ~ 5 取随机值，修改 Start Size（初始大小）为 0.4 ~ 1 取随机值，如图 1-304所示。

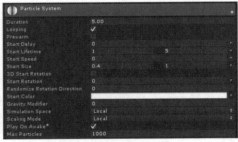

图 1-304

Step 02 将粒子系统 Shape（发射器形状）设置为 Box（方盒体），并修改发射器形状边长为 Box X=5，Box Y=1，

Box Z=0，如图 1-305 所示。

图 1-305

Step 03 接着启用 Velocity over Lifetime（生命周期速度）将 Space 修改为 World（世界坐标），并将数值控制类型更改为 Random between Two Curves（两曲线间随机），设置 X、Y、Z 三个轴向运动曲线如图 1-306 所示。

图 1-306

X 轴速度曲线，如图 1-307 所示。

图 1-307

Y 轴速度曲线，如图 1-308 所示。

图 1-308

Z 轴速度曲线，如图 1-309 所示。

图 1-309

设置 Y 轴的速度曲线（红框位置）速度最大值为 10，设置 X、Z 轴的速度

曲线（红框位置）速度最大值为 1。

⏰ **注意**

Y 轴速度曲线最大值对应粒子上升最大幅度，在实际制作中可以根据制作需求更改曲线上升幅度等参数。

Step 04 将粒子系统 Render Mode（渲染模式）修改为 Mesh（网格体），选取一个石头模型赋予材质，如图 1-310 所示。

图 1-310

Step 05 修改完成后，单击播放就可以看到粒子运动了，如图 1-311 所示。

图 1-311

1.3.10.6　粒子初始运动方向被扰乱产生随机效果

粒子初始运动方向统一，随着时间的增加而逐渐偏离原来的运动轨迹。那么这种刚开始运动方向很规律后来变随机的效果要如何实现呢？

以 Cone（圆锥体）形状的粒子发射器为例，以下是默认速度与随机扰乱效果图之间的示例，如图 1-312 所示。

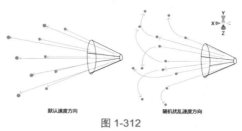
图 1-312

从示例图中可以看出，粒子在 Start Speed（初始速度）方向时，将会始终依照发射器形状来发射。而随机扰乱效果图中，粒子初始沿着自身速度方向发射，但是在生命周期后半部分发生了扰乱 / 不规律运动。

通过观察得出各个轴向的速度曲线如图 1-313 所示。

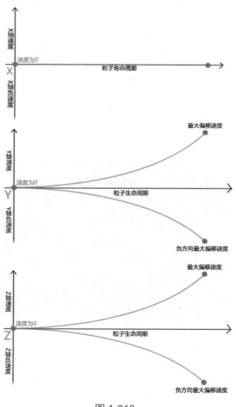
图 1-313

⏰ **注意**

由于粒子有沿着发射器形状发射的特性，通过 Start Speed（初始速度）控制速度大小，所以这次不需要对粒子 X 轴方向速度进行设置，直接将 Velocity over Lifetime（生命周期速度）中 X 轴速度曲线设置为 0 即可。

接着只需按照分析结果，修改粒子系统数值即可。

Step 01 首先创建一个粒子系统，将其旋转值归零，如图 1-314 所示。

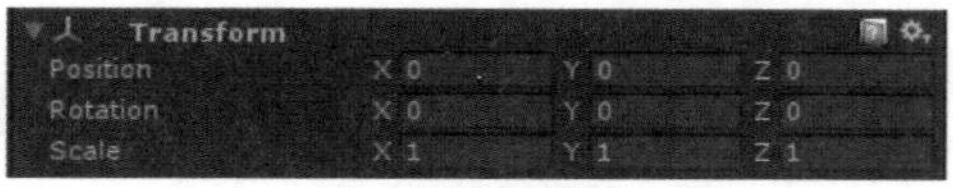

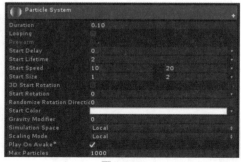

图 1-314

Step 02 将粒子系统的 Duration（发射周期）设置为 0.1 秒，取消 Looping（循环选项），设置 Start Lifetime 为 2。

Step 03 将粒子系统的 Start Speed（初始速度）设为 10～20 取随机值，适当调节 Start Size（粒子大小），如图 1-315 所示。

图 1-315

Step 04 将 Rate（发射速率）设置为 0，开启 Bursts（爆发），设置第 0 秒发射 30 个粒子，如图 1-316 所示。

图 1-316

Step 05 将 Shape（发射器形状）设置为 Cone（圆锥体），适当调节 Angle（发射角度）及 Radius（发射器半径），如图 1-317 所示。

图 1-317

Step 06 开启 Velocity over Lifetime（生命周期速度），将 Space（结算空间）设置为 World（世界坐标），如图 1-318 所示。

图 1-318

Step 07 设置 Velocity over Lifetime（生命周期速度）为 Random between Two Curves（两条曲线间取随机），并调节运动曲线及强度值（红框位置），如图 1-319 所示。

在这里把 Y、Z 两个轴向的最大速度设置为 30（图 1-319 中红框位置），X 轴向最大速度设置为 0。

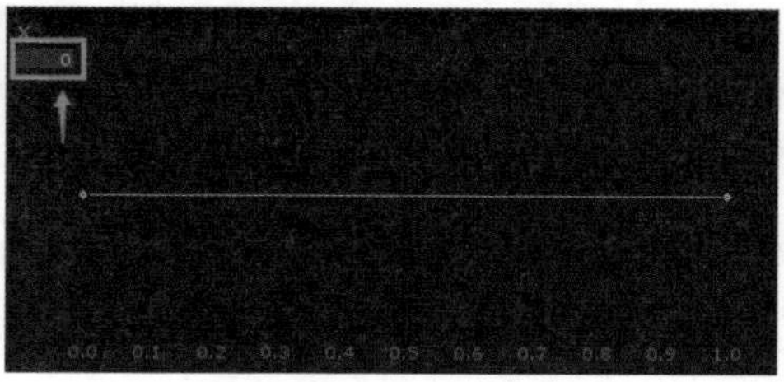

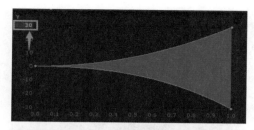

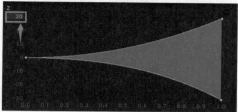

图 1-319

Step 08 启用 Size over Lifetime（粒子生命周期大小），设置动画曲线为粒子大小逐渐消减，如图 1-320 所示。

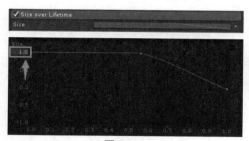

图 1-320

Step 09 设置相关参数后，播放即可，效果如图 1-321 所示。

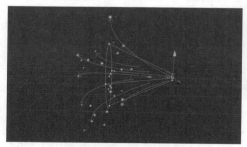

图 1-321

除了使用速度曲线控制外，还可以用一个更简便的设置方法来实现粒子路径扰乱功能。

大家知道在 Unity 中除了可以使用速度控制粒子外，还可以通过力场来直接影响粒子，那么接下来将演示用力场控制来模拟这种效果。

Step 01 同样创建一个粒子系统（设置参数与上一案例相同，操作不再重复）。

Step 02 这次不勾选 Velocity over Lifetime（生命周期速度）选项，而改为开启 Force over Lifetime（力场控制），将 Space（解算空间）设置为 World（世界坐标），如图 1-322 所示。

图 1-322

Step 03 设置 Force over Lifetime（力场控制）为 Random Between Two Constants（两个数值间取随机），设置如图 1-323 所示。

图 1-323

Step 04 播放查看后效果。力场控制一般会比直接控制速度曲线效果更加自然，如图 1-324 所示。

图 1-324

⏰ **注意**

随着粒子受力场影响时间的增加，粒子的速度变化也会越来越明显。

099

1.3.10.7 粒子运动时速度逐渐减慢

在特效之中适量加入减速／限速效果，对提高特效整体的节奏感会起到很大作用（例如喷射出的火星效果等）。在 Unity 粒子系统中本身就有粒子限速模块 Limit Velocity over Lifetime（生命周期限速），通过该模块就可以轻松地实现粒子速度逐渐减慢的效果。

本节以火星飞溅效果为例进行演示。

Step 01 首先创建一个粒子系统，将其旋转值归零，如图 1-325 所示。

图 1-325

Step 02 设置 Duration（发射周期）为 0.1 秒，取消 Looping（循环选项），将 Start Lifetime（初始寿命）修改为 0.3 ～ 1.2 取随机值，将 Start Speed（初始速度）设置为 10 ～ 40 取随机值，将 Start Size（初始大小）设置为 0.1 ～ 0.5 取随机值，如图 1-326 所示。

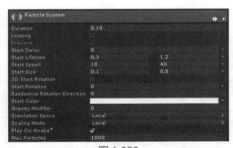

图 1-326

Step 03 将 Rate（发射速率）设置为 0，开启 Bursts（爆发）选项，设置第 0 秒产生 30 个粒子，如图 1-327 所示。

图 1-327

Step 04 发射器形状 Shape 切换为 Cone（圆锥形），适当调节发射 Angle（角度）及 Radius（半径），如图 1-328 所示。

图 1-328

Step 05 启用 Limit Velocity over Lifetime（生命周期限速），设置如图 1-329 所示。

图 1-329

Step 06 开启 Color over Lifetime（生命周期颜色），调节火花的颜色过渡，如图 1-330 所示。

图 1-330

颜色过渡设置如图 1-331 所示。

图 1-331

Step 07 启用 Size over Lifetime（粒子生命周期大小），调节粒子大小渐变消失，如图 1-332 所示。

图 1-332

Step 08 然后给粒子系统赋予一张

火星的纹理贴图，在 Renderer（渲染模块）中把粒子 Render Mode（渲染模式）设置为 Stretched Billboard（拉伸模式），设置如图 1-333 所示。

图 1-333

Step 09 最后单击播放，就可以看到火星飞溅并逐渐减速消失的效果了，如图 1-334 所示。

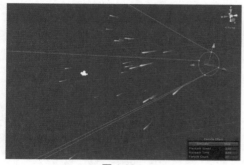

图 1-334

⏰ **注意**

在类似效果中（如飞溅出的石块、碎屑）过渡消失过程最好不要直接使用透明度渐变消失，让粒子由大变小逐渐消失看起来会更加自然。

1.3.10.8　通过粒子系统实现落叶 3D 旋转效果

普通的落叶效果大家肯定知道如何制作的，但是由于默认粒子类型 Billboard（布告板）始终朝向摄像机没法制作出自然生动的落叶，那么要如何制作 3D 旋转的落叶效果呢？

本节使用的是 Unity 5.3.0 之后加入的新功能 3D Start Rotation（3D 坐标旋转）。打开新版 Unity 3D 并创建一个粒子系统，观察发现在粒子控制项中多了一个 3D Start Rotation（3D 坐标旋转）选项。这个功能将允许我们设置粒子的初始 3D 旋转值，同时在控制项 Rotation over Lifetime（生命周期旋转）中也增加了一个 Separate Axes（分离轴）功能，通过该功能可以分别对 X、Y、Z 三个轴向的自旋转速度进行控制。

Step 01 首先创建一个粒子系统，将发射器向 X 轴旋转 90°，使其向下发射粒子，如图 1-335 所示。

图 1-335

Step 02 将 Start Size（粒子初始大小）设置为 0.5 ～ 1.5 取随机值，开启 3D Start Rotation（3D 坐标旋转），启用 Random between Two Constants（两个数值之间取随机值），修改 X、Y、Z 三个轴向旋转为 0°～ 360°，如图 1-336 所示。

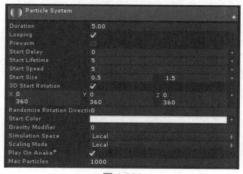

图 1-336

Step 03 适当调整发射速率，如图 1-337 所示。

图 1-337

Step 04 发射器形状设置为 Cone（圆锥体），将 Angle（角度）设置为 0，Radius（半径）设置为 15，如图 1-338 所示。

图 1-338

Step 05 开启 Ration over Lifetime（生命旋转周期），单击 Separate（分离轴），设置为 Random between Two Constants（两个数值之间取随机值），修改 X、Y、Z 三个轴向自旋转速度为 80 ~ 200，如图 1-339 所示。

图 1-339

Step 06 将粒子系统设置赋予树叶材质纹理，播放效果如图 1-340 所示。

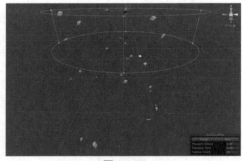

图 1-340

一个简单的树叶旋转飘落的效果就这样制作完成了。通过该功能不但增加了粒子的可控性，还可以让飘落效果更加自然真实。

⏰ 注意

除了使用 3D Start Rotation（3D 坐标旋转）属性外，通过粒子系统发射面片同样也可以实现 3D 旋转的效果。

1.3.10.9 粒子发射模型的妙用

虽然 Unity 3D 带有动画系统，但是使用动画系统控制模型并不是特别方便。为了方便操作，一些简单的动画可以由粒子系统发射模型体，通过调节粒子参数来制作。例如，常见的刀光效果等。通过粒子系统发射模型也可以实现一些默认模型体不能完成的效果，例如序列动画就可以由粒子发射模型体来完成。

1. 粒子系统发射 Mesh（网格体）旋转轴控制

在制作特效时，经常需要通过粒子来发射 Mesh（网格体）进行控制，这样不但制作方便，也易于调节参数。但是有些时候在 3ds Max 中制作网格体导入 Unity 后，不能很好地控制旋转轴。那么如何才能让网格体按照规定的轴向旋转呢？

下面以一个平面为例，希望该平面体沿着世界坐标 Y 轴旋转运动。

Step 01 首先在 3ds Max 中创建一个简单的模型体，赋予一张贴图，效果如图 1-341 所示。

图 1-341

然后直接将模型体导入到 Unity 中。

Step 02 在 Unity 中创建一个粒子系统，将粒子系统的 Start Speed（初始速度）设置为 0，设置粒子系统 Max Particles（最大发射数量）为 1，如图 1-342 所示。

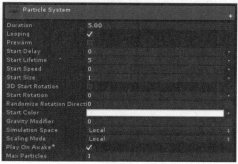

图 1-342

Step 03 开启 Rotation over Lifetime（生命周期旋转），设置一个自旋转速度，如图 1-343 所示。

图 1-343

Step 04 设置粒子渲染类型为 Mesh（网格体），选取在 3ds Max 中制作的平面网格，如图 1-344 所示。

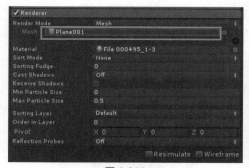

图 1-344

Step 05 赋予粒子系统一张贴图纹理，并播放，如图 1-345 所示。

图 1-345

观察发现当前网格体的旋转方向并不正确。

那么要如何才能让平面网格沿着 Y 轴旋转呢？

其实很简单，默认粒子系统的发射器形状为 Cone（圆锥体），只需取消粒子发射器形状，再次播放粒子系统就可以正确旋转了。

Step 06 取消粒子系统的发射器形状，如图 1-346 所示。

图 1-346

Step 07 最后效果如图 1-347 所示。

图 1-347

观察发现平面体已经在正确的方向旋转了。

提示

如果粒子发射模型体的旋转轴不正确，除了取消发射器形状外，还可以尝试将粒子发射器Shape（形状）设置为Box（方盒体），并设置Box X、Box Y、Box Z为0。如果这两种设置方法都不行，那就需要在3ds Max 中修改模型影响轴了。

2. 模型播放序列图

在 Unity 中模型体默认是不能直接使用序列图的，不过有两种方案可以解决这个问题。

一种是使用粒子系统发射 Mesh（网格体）从而实现序列图的播放效果，而另一种是使用脚本来实现。在本节中将学习使用粒子系统在模型上播放序列图的方法。

注意

大家知道粒子的其中一种渲染形态为Mesh（网格体），利用这个特性结合粒子系统内置属性 Texture Sheet Animation（纹理篇动画）可以实现序列播放效果。

Step 01 首先创建一个粒子系统，取消 Looping（循环）循环选项，将 Start Speed（初始速度）设置为0，设置 Start Lifetime（粒子初始寿命）为1，如图 1-348 所示。

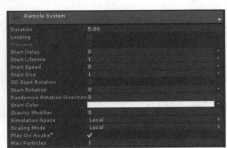

图 1-348

Step 02 将粒子系统 Rate（发射速率）设置为 0，开启 Bursts（爆发），第 0 秒发射一个粒子，如图 1-349 所示。

图 1-349

Step 03 取消 Shape（发射器形状），如图 1-350 所示。

图 1-350

Step 04 将粒子渲染类型 Render Mode（渲染模式）设置为 Mesh（网格体），单击后面的圆点（如图 1-351 所示），拾取一个模型体（也可以导入一个自定义模型体）。

图 1-351

Step 05 赋予粒子系统材质，开启 Texture Sheet Animation（纹理篇动画）功能，根据贴图排布来设置 Tiles（平铺分布）数值。

图 1-352 所示为示例贴图及选项设置。

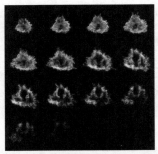

图 1-352

Step 06 设置完成后，播放粒子系统就可以查看效果了，如图 1-353 所示。

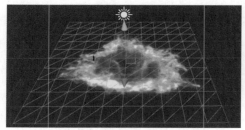

图 1-353

⏰ **注意**

（1）如果想进一步对序列播放速率进行控制，则可以在粒子属性 Frame over Time（时间帧）中通过修改动画曲线来调整。

（2）在之后的脚本篇中会讲解运用脚本来实现模型播放序列图的方法。

1.3.10.10 批量修改粒子系统参数

在制作一些群体效果或者复杂特效时，往往会同时使用多个粒子系统。后期修改过程中需要反复调节多个粒子系统的数值，这样不但非常耗时，并且工作效率低。那么有没有一种可以批量修改粒子参数的方法呢？在本节中，就将学习批量修改粒子系统参数的方法。

以特效 Effect_Scene_penquan 为例，当前希望把特效所有粒子系统中的 Max Particles（最大粒子数量）统一设置为 10，那么应该如何去做呢？

Step 01 首先选择所有粒子系统，如图 1-354 所示。

全选后发现，虽然在 Inspector（检测视图）中可以修改粒子系统的 Transform（变换）参数，但是粒子本身的其他属性参数却被隐藏无法修改。

图 1-354

Step 02 单击 Inspector（检测视图）右上角，切换编辑模式为 Debug（调试模式），操作如图 1-355 所示。

图 1-355

切换为 Debug（调试模式）后，界面显示如图 1-356 所示。

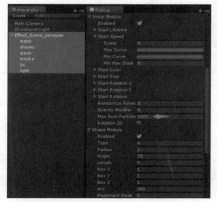

图 1-356

这时发现许多默认 Normal（常规模式）下没有显示的相关参数现在都被显示出来了（显示的位置和名称可能与之

前会略有不同）。

在 Debug（调试模式）下通常会比 Normal（常规模式）多出一些设置项，例如 Instance ID 等。

Step 03 然后在属性列表中找到 Max Num Particles（Max Num 粒子）属性，该参数与 Normal（常规模式）下的粒子参数 Max Particles（最大数量）意义相同，将其设置为 10，如图 1-357 所示。

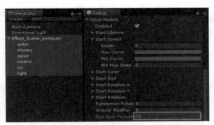

图 1-357

Step 04 把模式切换回 Normal（常规模式）并查看粒子系统相关属性，如图 1-358 所示。

图 1-358

Step 05 检查发现所有粒子系统中的 Max Particles（最大数量）都被统一设置为 10（如图 1-359 所示）。

图 1-359

也可以使用该方法批量修改粒子系统中的其他属性参数。

Debug（调试模式）是一个默认不开放的编辑模式，往往在 Debug（调试模式）中可以修改一些 Normal（常规模式）下无法修改的信息，实现一些意料不到的功能（如切换动画文件的新旧版本等）。

1.3.10.11　粒子系统的发射间隔控制

在特效制作中，可能会遇到这样一种情况，效果中需要粒子系统持续播放一段时间，然后停止发射，隔一会儿后再重新开始发射，并且需要这个过程无限次循环。粒子系统本身并没有持续发射间隔控制功能，唯一的类似功能 Bursts（爆发性发射）也无法满足持续性发射的效果要求。那么这个效果要如何实现呢？

以之前的一个项目效果为例：

需要实现鲸鱼浮出水面后开始喷水，喷水结束后下潜（鲸鱼浮出水面总时长 5 秒，水下停留时长同样也是 5 秒）。

鲸鱼每次喷水持续时长 4.5 秒，停留 0.5 秒后下潜到水底。鲸鱼的动画是上下潜水（间隔规律）无限循环，如图 1-360 所示。

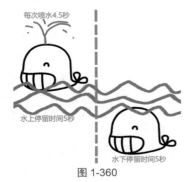

图 1-360

测试了几种方法：①使用粒子系统

Bursts（爆发）功能来模拟，但是由于鲸鱼需要持续喷水的时间较长，使用该命令并不满足要求。②使用动画对粒子系统Position（移动）K帧，在鲸鱼上浮时将粒子系统放置在鲸鱼喷水的位置，当鲸鱼下潜时跟着鲸鱼一起下潜。但是这样处理，鲸鱼就没有"开始/停止"喷水的过程了。并且当鲸鱼第二次上浮时，未到水面上就开始喷水，所以也不满足要求。

经过反复研究测试，最后总结出如下两种控制粒子系统发射间隔的方法。

第一种：通过动画系统实现。

Step 01 以使用粒子系统制作喷水效果为例，首先创建两个空的Game Object（游戏对象），将喷水特效放置在其子层级，命名为"Effect_penshui" / "Jingyu_penshui"，如图 1-361所示。

图 1-361

图 1-361　中 Effect_penshui 与 Jingyu_penshui 都是 Game Object（空对象）

Step 02 打开 Add Curve（添加曲线），单击 Jingyu_penshui 前的三角符号，选择展开项中的 Is Active（激活）选项，如图 1-362 所示。

⏰ **注意**

勾选动画文件中的 Loop Time（时间循环）选项，将其设置为循环模式（默认勾选状态）。

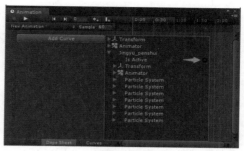

图 1-362

Step 03 接着对 Is Active（激活）选项属性进行 K 帧，设置前 5 秒是开启激活状态，5 秒后关闭激活选项，如图 1-363所示。

图 1-363

⏰ **注意**

勾选 Is Active（激活）选项是开启激活，去除勾选 Is Active（激活）选项是关闭激活。

Step 04 接下来再添加一个新的关键点来设置停止播放的持续时间，如图 1-364 所示。

图 1-364

现在粒子系统在前 5 秒是激活状态（开始喷水），后 5 秒是非激活状态（停止）。由于动画文件是循环模式，所以在游戏运行后，粒子激活 5 秒后关闭，再等 5 秒后重新开始激活播放。

Step 05 然后将喷水效果中所有粒子系统的 Duration（发射周期）设置为 3.5 秒，设置每个粒子的最大寿命是 1 秒，并取消粒子系统的 Looping（循环选项）。

也就是说，鲸鱼每次完整的喷水过程（从开始喷水到喷水结束）需要持续 4.5 秒左右。

Step 06 最后运行游戏，一个无限循环的喷水效果就制作完成了。

⏰ **注意**

该方法不仅适用于粒子系统，同样也适用于"模型动画""材质球动画"等各类型效果的重复激活播放。在项目中也可以根据实际需求来调节粒子周期、激活时间以及停止时间等参数。

第二种：通过粒子系统 Emission（发射器选项）实现。

Step 01 同样以使用粒子系统制作喷水效果为例，首先设置粒子系统的 Duration（发射周期）为 10 秒，Start Lifetime（粒子初始寿命）设置为 1 秒，开启 Looping（循环选项）。

Step 02 将粒子系统 Emission（发射器选项）中的 Rate（速率）修改为 Curve（曲线调节模式），如图 1-365 所示。

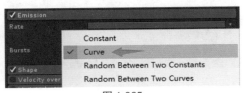

图 1-365

Step 03 接下来调节 Emission Rate（发射速率）曲线如图 1-366 所示。

图 1-366

⏰ **注意**

Curve（曲线调节）视图下侧的 0 ～ 1 对应粒子发射周期 0 ～ 10 秒。

曲线横 / 纵两个轴向分别表示发射速率与发射周期。

Step 04 将粒子系统 Rate（发射速率）最大值设置为 10（图 1-366 红框位置），设置前 3.5 秒发射速率为 10，3.5 秒后发射速率为 0（停止发射）。

⏰ **注意**

粒子持续发射 3.5 秒，每个粒子的寿命为 1 秒，刚好整个发射过程持续 4.5 秒。10 秒后（满一个发射周期），粒子将再一次重新发射。

Step 05 播放粒子系统，一个无限循环的间隔播放效果就制作完成了。

⏰ **注意**

该方法仅适用于粒子系统，如果特效中含有模型动画或者材质球动画等，则建议使用第一种方法来实现。

1.3.10.12　增加粒子系统 SubEmitters（子发射器）数量

当制作一些复杂的拖尾效果时，为了

增加细节，往往需要使用多个 SubEmitters（子发射器），那么当默认数量不够用时应该如何处理呢？

以 Brith（产生）出生时产生子发射器为例。

Step 01 首先创建一个粒子系统，开启 SubEmitters（子发射器）模块，添加两个子发射器，如图 1-367 所示。

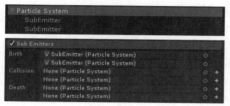

图 1-367

观察发现默认最多只能添加两个子发射器。

Step 02 取消这三个粒子系统的 Shape（发射器形状），取消 Looping（循环选项），将粒子系统 Lifetime（粒子寿命）为 20，将 Start Speed（初始速度）修改为 0，调节 Max Particles（最大粒子数量）为 1，如图 1-368 所示。

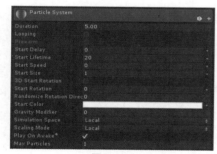

图 1-368

开启 Bursts（爆发性发射）第 0 秒发射一颗粒子，如图 1-369 所示。

图 1-369

⏰ **注意**

（1）以上设置应用于 Particle System（粒子系统）及两个 SubEmitters（子发射器）系统。

（2）粒子系统 Lifetime（生命周期）设置为 20，表示粒子拖尾的持续发射时长为 20 秒，可以根据需求调节该数值。

Step 03 开启两个子发射器 SubEmitters（子发射器）的子发射器模块，如图 1-370 所示。

图 1-370

Step 04 将特效根级别与父级别的 Simulation Space（解算空间）设置为 Local（局部坐标），将四个子级别的 Simulation Space（解算空间）设置为 World（世界坐标），如图 1-371 所示。

图 1-371

Step 05 为了方便区分，将这四个子发射器的粒子颜色分别调整为红、黄、蓝、绿，并将这四个子发射器粒子系统的 Start Speed（初始速度）设为 1，如图 1-372 所示。

图 1-372

Step 06 最后运行游戏，单击 Simulate（播放粒子系统），在场景中拖曳特效根级别。

⏰ 注意

运行游戏后，需要单击 Simulate（播放粒子系统）（如图 1-373 所示）才能播放其拖尾粒子效果。

图 1-373

观察发现，拖曳后产生了粒子拖尾（如图 1-374 所示）。

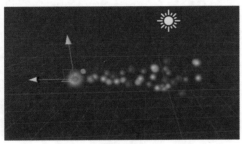

图 1-374

⏰ 注意

通过使用该方法可以任意增加 SubEmitters（子发射器）数量，但为了效率考虑，建议不要添加过多。

1.3.11　粒子系统的相关注意事项

在 Unity 中粒子系统已经是一个非常完善的功能了，使用粒子系统制作特效不但非常高效，也便于后期优化处理。大部分情况下的特效都可以由粒子系统制作。

制作特效时，需要严格注意控制粒子数量，原则是够用就好，在满足项目需求的前提下尽量减少粒子数。

如果需要特效在播放后自动销毁，一般项目中会有指定的脚本提供。如果没有指定的脚本，也可以使用为用户提供的特效销毁脚本（文件在附送资源中提供，使用方法在之后的第 3 章中会具体讲解）。

● 1.4　动画系统

本节主要讲解 Unity 的动画系统。

1.4.1　Unity 新 / 旧版动画系统的区别

Unity 有两套动画系统，一套是 Legacy Animation System（旧版动画系统），另一套是 Mecanim（新版动画系统）。Unity 在 4.0 以后的版本中添加了新的动画系统取代了原来的 Unity 3.X 旧版的动画系统。

新的 Mecanim 动画系统是官方推荐使用的，这是个非常强大的动画系统，可以在可视化的界面中创建动画状态机以控制各种动画状态之间的切换，以写较少的代码来非常简便地实现连续的动画效果，同时 Mecanim（新版动画系统）以其强大的动画重定向功能让我们只需动动鼠标就能为游戏角色创建想要的动画效果。首先，查看以下两种动画系统的动画组件差别，如图 1-375 所示。

图 1-375

旧版动画系统组件名为 Animation（旧版动画组件），新版动画组件名为 Animator（新版动画组件），通过动画组件名就能快速分辨当前使用的动画系统版本。虽然在大多情况下推荐使用新版动画系统，但是旧版动画系统仍然会在很多的情况下被使用。在早期的 Unity 项目中，代码和动画使用的都是旧版动画系统。

新版动画系统优势如下：

01　为角色提供了简单的工作流。

02　动画重定向功能能够把一个动画应用到多个不同模型上。

03　对影片剪辑的工作流进行了简化。

04　方便影片的剪辑预览、变换和交互。这使得动画师的工作可以更多地独立于程序员，方便在游戏逻辑代码挂接之前建立原型和预览。

05　使用一个可视化编程工具来管理动画之间复杂的交互。

06　对身体不同的地方使用不同的逻辑进行动画控制。

⏰ 注意

Unity 官方计划把旧版功能都并入 Mecanim（新版动画系统）并逐步淘汰旧版动画系统，以后 Unity 动画系统的新功能也会针对新版动画系统进行开发。

1.4.2　给物体添加一个新版/旧版动画组件

在 Unity 4.0 之后的版本中已经将预设动画类型作了修改，读者会发现选择对象后（包括预设体及外部模型）在 Inspector（检测视图）中没有 Animation 组件，而是只有新版的 Animator 组件。

⏰ 注意

除了在 Unity 内部创建的预设模型外，导入外部（例如 fbx 格式）模型后默认也会带有一个 Animator 动画组件。

如果在导入外部模型后希望在 Unity 中继续使用旧版动画系统，则需要在资源列表中选择对应的模型文件，在 Rig 栏中将 Animation Type（动画类型）类型改成 Legacy（旧版），如图 1-376 所示。

图 1-376

Animation Type（动画类型）：

（1）Legacy（旧版动画系统）：切换到旧版本的动画系统。

（2）Generic（新版动画系统）：但是它不能向 Humanoid 重定向动画。

（3）Humanoid（人形重定向动画系统）：新的人形重定向动画系统。

修改完成之后在右下方单击 Apply（应用）按钮即可，然后再把资源拖曳到层级视图中查看，这时发现动画类型变为 Animation 了。

那么在 Unity 中要如何创建一个新/

旧版动画系统呢？

以一个平面体的添加动画组件为例，首先通过菜单 GameObjest → 3D Object → Plane（游戏对象 → 3D 对象 → 平面）创建一个基本平面体。

01 新版动画系统

创建平面后，可以在 Inspector（检测视图）中看到它的默认动画组件就是 Animator（新版动画系统组件）。由于默认就是新版动画组件，所以不修改即可。在层级视图中选择 Plane 后按快捷键 Ctrl+6 打开动画编辑窗口，单击 Create（创建）按钮默认创建的动画文件就是新版动画文件。

02 旧版动画系统

创建平面后，发现默认组件是新版动画组件。这时在 Inspector（检测视图）中单击 Animator（动画组件）右上角的 Remove Component（移除组件）移除该组件（操作如图 1-377 所示）。

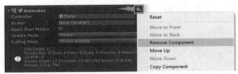

图 1-377

移除新版动画组件之后，单击检测视图最后一项 Add Component（添加组件）添加一个新组件，接着在组件列表最上方搜索"animation"，出现组件名称后单击添加即可，操作如图 1-378 所示。

图 1-378

这时发现动画组件已经被修改为 Animation（旧版动画组件）了。之后的操作步骤相同，只需在层级视图中选择平面对象，再按快捷键 Ctrl+6 打开动画编辑窗口，单击 Create 按钮即可创建一个旧版动画文件。

1.4.3　基本动画制作

本节中以一个胶囊体的动画制作为例。

首先在操作视图中使用菜单 GameObject → 3D Object → Capsule 创建一个 Capsule（胶囊体），然后选择该物体按快捷键 Ctrl+6，在弹出的动画窗口中单击 Create 按钮选择路径创建一个 New Animation.anim 动画文件（也可以自定义一个文件名称），最后单击保存，具体操作如图 1-379 所示。

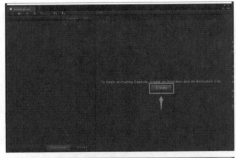

图 1-379

现在就可以进行动画的制作了。不过在具体制作之前，先解释下 Animation（动画编辑窗口）的相关设置项，如图 1-380 所示。

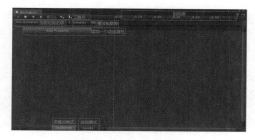

图 1-380

（1）Samples（采样率）：指动画播放速率，对应动画系统每秒播放多少帧（数值设置越大，动画播放越快）。

（2）Add Property（添加属性）：在属性列表中添加一个属性设置动画关键帧。

（3）Dopesheet（关键点模式）：以关键点的形式表现动画。

（4）Curves（曲线）：动画曲线编辑模式（跟 3ds Max 中的动画曲线编辑器原理相同）。

默认自动记录关键动画选项是开启状态，在 Scene（操作视图）中任意修改模型体（移动 / 旋转 / 缩放 / 修改材质球信息等）在时间栏都会自动记录一个关键帧。通过移动时间条再次修改模型体，在时间条相应位置会出现新的关键帧，最后单击"播放"按钮就可以播放查看制作的关键帧动画了。

⏰ **注意**

（1）红色竖线的位置就是当前时间帧停留的位置，可以在左上方查看当前记录关键帧的具体时间帧数。

（2）Samples（采样率）的单位为秒，默认数值 60 指每秒播放 60 帧。

（3）除了手动调节关键帧外，还可以通过修改 Samples（采样率），快速修改动画的播放速度。

以下为开启和关闭自动关键帧两种模式，如图 1-381 所示。

图 1-381

1.4.4　转换新旧版动画

本节以新版动画文件 Anima 001 为例进行动画版本切换，动画文件如图 1-382 所示。

图 1-382

Step 01 首先在 Assets（资源）视图中选择当前动画文件，在 Inspector（检视面板）中查看当前动画文件属性，如图 1-383 所示。

图 1-383

Step 02 然后单击右上角的图标，单击切换到 Debug 模式（操作如上），切换后界面如图 1-384 所示。

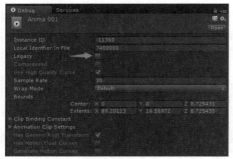

图 1-384

Debug（调节测试）模式中主要参数如下。

（1）Instance ID（当前实例体 ID 号）；

（2）Local Identifier In File（本地标识符）；

（3）Legacy（旧版动画开关）。

Step 03 接下来勾选 Debug（调节测试）模式中的 Legacy 选项。

Step 04 最后再次切换回 Normal（普通模式）即可，操作如图 1-385 所示。

图 1-385

现在就已经将新版动画文件 Anima 001 转换为旧版动画文件了。

"新版动画文件"转换为"旧版动画文件"：需要在 Debug 模式中勾选 Legacy（旧版）。

"旧版动画文件"转换为"新版动画文件"：需要在 Debug 模式中取消勾选 Legacy（旧版）。

1.4.5 设置动画为播放一次 / 设置动画为循环播放

选择两个动画文件（一个新版动画文件 / 一个旧版动画文件），分别在 Inspector（检测视图）中查看它们的属性如下。

01 旧版动画系统

如图 1-386 所示。

图 1-386

（1）Default（默认）：从动画剪辑中读取循环模式（与 Once 近似）。

（2）Once（播放一次）：当时间播放到末尾的时候停止动画的播放。

（3）Loop（重复播放）：当时间播放到末尾的时候重新从开始播放。

（4）Ping Pong（正播后倒播，反复播放）：在开始和结束之间来回播放。

（5）Clamp Forever：当播放到结尾的时候，动画总是处于最后一帧的采样状态。

02 新版动画系统

如图 1-387 所示。

图 1-387

（1）Loop Time（循环播放）：当时间播放到末尾的时候重新从开始播放（等同于旧版动画系统中的 Loop 选项）。

（2）Loop Pose（保持初始动作）。

（3）Cycle Offect（循环偏移）。

03 设置动画播放一次

新版动画文件中需要取消 Loop Time（循环播放）选项。

旧版动画文件中需要勾选 Once（一次）。

04 设置动画循环播放

新版动画文件中需要勾选 Loop Time（循环播放）选项。

旧版动画文件中需要勾选 Loop（循环）选项。

⏰ 注意

特效制作中建议使用新版动画系统。

1.4.6 动画为不可编辑状态时的处理方法

导入一个带有动画的 fbx 文件到 Unity 中，打开它的动画窗口后发现显示 Read Only（只读），无法对它的动画进行编辑修改，那应该如何去处理呢？

以 Dragon.fbx 中的动画文件 Take 001 为例，如图 1-388 所示。

图 1-388

Step 01 首先选中其模型内部的默认动画文件 Take 001，再按快捷键 Ctrl+D 快速复制一个动画文件，把复制出来的动画文件重命名为"Take 002"，如图 1-389 所示。

图 1-389

Step 02 这时把模型体 Dragon（龙）拖曳到层级视图中，移除默认的动画组件，重新将动画文件 Take 002 赋予模型体。

Step 03 最后选择模型，按快捷键 Ctrl+6 再次打开动画编辑窗口，发现这时就没有之前的 Read Only（只读）选项了。修改后如图 1-390 所示。

图 1-390

⏰ 注意

造成 Read Only（只读）无法编辑的主要原因是动画文件在 fbx 模型内部，不能够被 Unity 拆解重新编辑。所以需要在 Unity 中复制出一个新的动画文件，然后在 fbx 文件外部重新指定给模型体就可以了。

1.4.7 为摄像机制作推拉动画 / 震屏动画

在游戏中合理使用摄像机动画（包括推拉动画 / 震屏动画）可以增强整体游戏画面的表现力。例如，"打败 Boss 后摄像机拉近给 Boss 一个近距离的死亡特写镜头""放大招后屏幕震动"等。这些效果一般都需要程序通过"震屏事件"进行控制，并不需要特效师制作。在本节中将学习使用动画系统对震屏效果进行模拟（仅用于特效展示）。

Step 01 首先调节 Scene（场景视图）

中的操作视角,然后选择Main Camera(主摄像机)后按快捷键 Ctrl+Shift+F,或者单击菜单 GameObject → Align With View (游戏对象→同步到视角),目的是将摄像机视角同步到操作视角。按快捷键 Ctrl+6 弹出动画编辑窗口,再单击 Create (创建)按钮创建一个动画文件。

Step 02 现在可以在 Scene(场景视图)中,通过移动摄像机记录关键帧,从而制作摄像机动画了。推拉摄像机的效果可以通过前后移动摄像机制作,震动效果则可以由上下移动摄像机制作。

⏰ **注意**

项目最终效果中以 Game(游戏视图)中的表现为准,所以建议结合 Game(游戏视图)来制作摄像机动画。

Step 03 制作震屏动画时为了让效果更加自然,往往还需要开启 Animation (动画编辑窗口)中的Curve(曲线模式)来调节动画曲线。

以下为摄像机震动动画的关键帧及曲线设定示例,如图 1-391 所示。

Step 04 最后运行游戏查看最终效果。

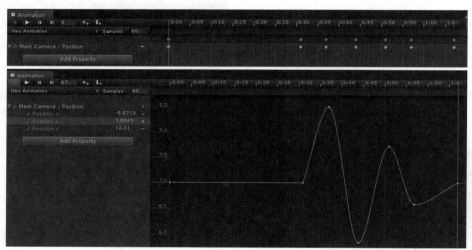

图 1-391

1.4.8 Unity 中飘带 / 拖尾效果的实现方法

在制作特效时经常需要加入一些"飘带 / 拖尾"的效果来丰富特效。例如,加血效果、升级效果等。那么这种条带效果要如何制作呢?

Step 01 首先需要单击菜单 GameObject → Create Empty 创建一个游戏对象,然后在层级视图中选择该游戏对象,

单击菜单 Component → Effects → Trail Renderer 添加拖尾组件,如图 1-392 所示。

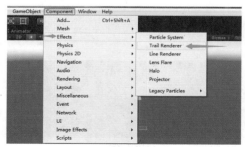

图 1-392

Step 02 添加完拖尾组件后，选择
该游戏对象在 Scene（操作视图）中拖动，
发现现在已经有拖尾产生了，如图 1-393
所示。

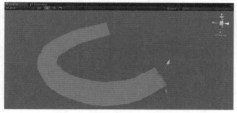

图 1-393

观察发现，现在的拖尾颜色显示为
紫红色，那是由于目前拖尾并没有赋予
材质的原因。

Step 03 接着选择 GameObject（游
戏对象），在 Inspector（检测视图）
中查看它的相关设置属性，如图 1-394
所示。

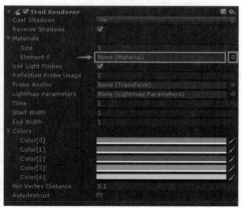

图 1-394

可以通过单击 Materials（材质球）
后的圆形按钮来选择一个材质球，或者
直接选择材质球拖曳到 None（Material）
位置。

Step 04 任意设定一个材质球，拖
尾显示如图 1-395 所示。

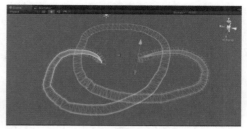

图 1-395

Step 05 拖动 GameObject（游戏对
象），观察发现产生了相应的拖尾效果
（当前示例效果中材质球使用的是圆环
纹理图）。

Trail Renderer（拖尾效果）组件的
各项参数解释如下：

（1）Cast Shadows（投射阴影）。

（2）Receive Shadows（接受阴影）。

（3）Materials（材质）。

① Size（设置材质球数量）。

② Element（材质编号）：从 0 开始，
依次增加。

③ Use Light Probes（使用光照探测
器）。

④ Reflection Probe Usage（开启反
射）。

⑤ Probe Anchor（探测锚）。

⑥ Lightmap Parameters（灯光贴图
设定）。

⑦ Time（拖尾持续时间）：持续时
间将近时，拖尾会逐渐变短直至完全消失。

⑧ Start Width（起始宽度）。

⑨ End Width（结尾宽度）。

（4）Color（颜色）：任意设置拖尾
的 5 种过渡色（包括透明度），0 ~ 4 分
别对应拖尾的起始位置到结束位置。

（5）Min Vertex Distance（最小顶点
距离）：产生拖尾的最短距离，距离越短，

拖尾的精度越高,并且效果也更自然。(操作时可以发现拖尾其实是根据路径实时生成的,Min Vertex Distance 设置越短,生成的拖尾段数会更高,也会造成更大的性能损耗。)

(6)Autodestruct(自动销毁):当开启自动销毁后,拖尾到达 Time(拖尾持续时间)指定存活时间时,会在场景中自动删除。

以下为条带特效效果示例,如图 1-396 所示。

图 1-396

⏰ **注意**

(1)在未运行状态下,在操作视图中的拖尾效果将不受 Time(拖尾持续时间)及 Autodestruct(自动销毁)的影响,可以在操作视图中修改数值,运行后查看最后效果。

(2)拖尾组件通常要结合动画系统来使用,如果添加完 Trail Renderer 组件后没有添加动画组件制作移动动画,那么在运行后将不会看到拖尾效果。

1.4.9 Unity 材质球动画

通过材质球动画可以实现对材质的透明度、颜色及 UV 的变化控制,同时材质球动画也是特效学习中的重要知识点。制作材质球动画前,需要先创建一个模型体并赋予材质,本节以一个 Plane(平面)为例。

Step 01 单击菜单 GameObject → 3D Object → Plane 创建一个平面。

Step 02 选择资源路径,鼠标右击创建一个材质球,操作如图 1-397 所示。

图 1-397

Step 03 将材质球的 Shader(着色器)类型设定为 Particle → Addtive,赋予一张纹理贴图,基本属性如图 1-398 所示。

图 1-398

(1)Tint Color(色调):设置材质偏色如偏红、偏蓝等,白色为纹理本身颜色。

(2)Tiling(排布数量):表示 UV 坐标内图像的排布倍数。

(3)Offset(偏移值):指的是 UV 的偏移值。

(4)Soft Particles Factor(过渡控制):解释见注意第 2 点。

⏰ **注意**

(1)除了使用 Animator(动画系统)制作 UV 动画外,还有其他的一些实现方法。如在本书脚本篇中会讲解使用脚本来实现 UV 动画,同时在一些 Shader(着色器)中也会内置 UV 动画功能。

（2）材质球最后的 Soft Particles Factor（过渡控制）表示粒子与实体模型间的过渡控制，数值范围是 0.01 ～ 3，类似 Unreal Engine 4 中的 Alpha Bias 材质节点，用于粒子面片和实体交接处柔化，避免出现面片穿插的交接线。

Step 04 将材质球赋予模型体。

赋予材质的方法也很简单，只要选择材质球拖曳到物体上或者直接拖曳到 Hierarchy（层级视图）物体名称上即可。操作如图 1-399 所示。

图 1-399

Step 05 选择 Plane（平面）后，按快捷键 Ctrl+6，在动画窗口中单击 Create（创建）按钮创建一个动画文件。

⏰ **注意**

如快捷键无效，通过单击菜单 Window → Animation（窗口→动画系统）同样也能调出动画编辑窗口。

动画文件创建完成后就可以开始制作材质球动画了。

Step 06 在动画编辑窗口中试着调节材质球参数（如 Tint Color、Tiling、Offset 等），发现修改材质球任意参数后，在动画编辑窗口的时间栏上都会增加一个相应的关键帧节点，滑动时间栏再次修改参数会再新增一个关键点，如图 1-400 所示。

⏰ **注意**

需要事先开启"自动记录关键帧

（图 1-400 红框位置）"。

图 1-400

通过修改不同的属性参数可以实现不同的材质动画效果，常用的几种材质球动画属性如下。

（1）通过修改 Tint Color/Main Color 可以制作材质球颜色动画以及透明度动画。

（2）通过修改 Tiling（排布数量）数值可以动态修改纹理排布数量。

（3）通过修改 Offset（偏移值）数值可以制作 UV 移动动画。

⏰ **注意**

一些材质无法进行透明度动画制作，例如 Legacy Shaders/Diffuse、Legacy Shaders/Decal 等 Shader（着色器）类型都不能进行透明度动画的制作，一般 Particles（粒子）下的材质都可以进行透明度动画制作。即使不是粒子类型也可以使用 Particles（粒子）下的材质。

Step 07 动画调节完成后，在动画编辑窗口中单击"播放"按钮（如图 1-401 所示红框位置）预览效果。

图 1-401

Step 08 关闭动画编辑窗口，运行游戏后便可查看最终效果。

🔔 **小技巧：材质球切换动画**

除了制作"透明度/颜色/偏移"等常见材质动画外，还可以制作材质球的切换动画，让物体在不同的时间帧上使用不同的材质球。

制作方法：

Step 01 首先赋予模型体一个材质球，然后开启"自动记录关键帧"，接着在动画窗口中移动时间栏，将一个新的材质球拖曳到物体上。

Step 02 观察发现时间栏上已经生成新的材质球关键帧了，如图1-402所示。

图 1-402

Step 03 播放查看效果（编辑方法与其他动画相同，操作不再重复）。

1.4.10 使用材质动画实现序列播放功能

在 Unity 中有多种方法可以实现序列图播放效果，除了使用脚本、Shader（着色器）、粒子系统外，还可以直接通过 UV 动画的方式来实现序列播放效果。

Step 01 首先在 Photoshop 中制作一个序列图，示例如图 1-403 所示。

图 1-403

Step 02 创建一个 Plane（平面），将贴图赋予对象，然后根据 1.2 节中学习过的"不规则纹理贴图的使用方法"设置材质球，使平面对象显示纹理"1"。

修改 Tiling/Offset（排布数量/偏移值）排布数值的计算公式如图 1-404 所示。

公式

Tiling: X=（纹理横向尺寸÷贴图横向尺寸）
Y=（纹理纵向尺寸÷贴图纵向尺寸）

Offset: X=（纹理横向尺寸÷贴图横向尺寸）×（横向排序 -1）（由左向右排序）
Y=（纹理纵向尺寸÷贴图纵向尺寸）×（纵向排序 -1）（由下向上排序）

图 1-404

以下为显示结果，如图 1-405 所示。

图 1-405

Step 03 接着选择 Plane（平面）创建动画文件，并在 Animation（动画编辑器）中对材质球 Offset（UV 偏移值）进行 K 帧。将第一帧设置为纹理"1"，第二帧设置为纹理"2"，以此类推。

⏰ **注意**

前 4 帧 X 轴每次偏移 +0.25，Y 轴偏移值则保持 0.5 不变。自第 5 帧开始，

X 轴同样每次偏移 +0.25，但是 Y 轴偏移值变为 0，如图 1-406 所示。

图 1-406

Step 04 在 Animation（动画编辑器）中预览播放，观察发现当前播放速度过快。

Step 05 在 Animation（动画编辑器）中调整关键帧之间的间隔，将它的整体播放速度调慢，如图 1-407 所示。

图 1-407

再次单击播放查看效果，发现当前播放顺序非常混乱。这是由于在 Unity 中动画曲线默认含有过渡效果，需要修改其类型。

Step 06 进入到 Curves（曲线控制模式）将所有的运动曲线打直，选择所有关键点设置为 Constant（常量），操作如图 1-408 所示。

图 1-408

Step 07 最后再次单击播放查看效果，一个完美的序列效果就这样出现了。

注意

（1）当前动画默认为循环播放状态，如果希望只播放一次，则需要在动画文件中将 Loop Time（循环选项）去选即可。

（2）在项目制作中为了工作效率方面的考虑，建议使用脚本来控制序列播放（制作方法在脚本篇），本节的学习有助于加强读者对 UV 排布相关知识的了解。

1.4.11　使用动画系统实现延迟播放效果

本节讲解如何使用动画系统实现延迟播放效果。

1.4.11.1　制作延迟动画

以特效 Effect_Fire 为例，希望将该特效整体延迟 2 秒后播放。观察发现当前特效由多个粒子系统组成，如果逐一修改粒子的 Start Delay（延迟选项）会浪费较多时间。那么要如何快速实现特效的整体延迟呢？如图 1-409 所示。

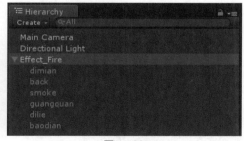

图 1-409

Step 01 首先创建一个 Game Object（空对象），重命名为 "Effect_Fire_Delay"。将特效 Effect_Fire 全体拖曳到空对象层级下（如图 1-410 所示）。

图 1-410

Step 02 选择 Effect_Fire_Delay 层级后，按快捷键 Ctrl+6 创建一个动画系统（将动画文件命名为"Animation_Active"）。然后取消动画文件的 Loop Time（循环选项），如图 1-411 所示。

图 1-411

Step 03 接下来再次选择 Effect_Fire_Delay 层级，按快捷键 Ctrl+6 键。

Step 04 然后在 Animation（动画编辑窗口）中单击 Add Property（添加属性），找到 Effect_Fire 下的 Is Active（激活）选项并添加（如图 1-412 所示）。

图 1-412

添加 Is Active（激活）选项属性后，

在 Animation（动画编辑窗口）中就可以对 Is Active（激活）选项进行 K 帧了。

Step 05 将第一帧的关键帧去选 Is Active（激活）选项，在时间条 2 秒后增加一个关键帧并勾选 Is Active（激活）选项，如图 1-413 所示。

图 1-413

Step 06 现在在场景中运行游戏就会发现特效会在 2 秒之后激活播放。一个简单的使用动画系统实现延迟播放的案例就这样制作完成了。

⏰ 注意

（1）在制作时一定要注意取消动画文件 Animation_Active 中的 Loop Time（循环选项）。

（2）该方法不仅适用于粒子系统，当特效中含有"模型动画""骨骼动画"等时也同样适用。

1.4.11.2 实现多个特效依次延迟播放

当特效中含有多个特效文件时要如何依次播放呢？以特效 Effect_paoji 为例，该特效由 8 个炮击效果组合而成，如图 1-414 所示。

⏰ 注意

其中，Effect_paoji 是空对象，子级别为 8 个炮击效果。

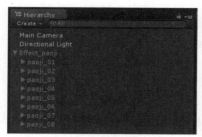

图 1-414

Step 01 首先选择 Effect_paoji 后，按快捷键 Ctrl+6 创建一个动画系统（将动画文件命名为"Paoji_Active"）。同样取消动画文件的 Loop Time（循环选项），如图 1-415 所示。

图 1-415

Step 02 再次选择 Effect_paoji，按快捷键 Ctrl+6 进入 Animation（动画编辑窗口）。然后在动画编辑窗口中单击 Add Property（添加属性），在列表中可以看到对应 8 个炮击效果（如图 1-416 所示）。

图 1-416

Step 03 单击展开 Paoji_01，然后再单击添加其下的 Is Active（激活）属性，如图 1-417 所示。

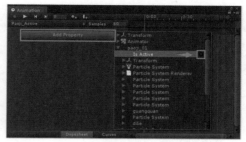

图 1-417

Step 04 然后逐个单击展开所有 paoji 效果，依次添加其中的 Is Active（激活）选项，根据效果需求调整 Is Active（激活）关键帧动画。

可以自由设置每个炮击效果的延迟激活时间，调节方法与上一案例相同（如图 1-418 所示）。

图 1-418

Step 05 最后在场景中运行游戏，就会发现特效已经按照 Animation（动画编辑窗口）中所设定的延迟时间依次激活播放了。

⏰ 注意

在之后的插件/脚本篇中会介绍使用脚本实现延迟效果的方法，可以根据设计需要选择制作方法。

1.4.12　设置角色依次播放不同的动画

在本节之中将学习 Unity 3D 角色动画的两个知识点。

（1）在 Unity 3D 中设置角色不同的动画之间的播放顺序。

（2）过渡动画的设置。

假设一个角色连招技能中有三个动作，分别是 Jineng01、Jineng02、Jineng03。

一般制作特效的正常步骤是按照三个动作制作三个技能，然后程序按照需求来调用（因为在游戏中角色不一定三个连招都能触发，可能连击两次或者不连击）。

那么在 Unity 中要如何使用动画系统依次播放查看这三个动作呢？

1.4.12.1 在 Unity 3D 中设置角色不同动画的播放顺序

下面以角色 Shibing 的三个动作"Jineng01""Jineng02""Jineng03"为例进行播放演示。

Step 01 首先在 Assets（资源）视图中选择该角色模型文件，在 Inspector（检测视图）中将 Animation Type（动画类型）修改为 Generic（新版动画系统），操作如图 1-419 所示。

图 1-419

⏰ 注意

（1）由于控制角色动作连续播放需要使用到 Animator（新版动画系统）的状态机功能，所以需要先将动画文件类型修改为 Generic。

（2）默认物体的 Animation Type（动画类型）有以下几种：None（无动画）、Legacy（旧版动画系统）、Generic（新版动画系统）、Humanoid（人形重定向动画系统）。

Step 02 给角色赋予动作 Jineng01，然后双击 Animator（动画系统）中的 Controller（控制器）进入 Animator 状态机（动作节点控制器视图）。

操作如图 1-420 所示。

图 1-420

⏰ 注意

如果模型动作使用的是旧版动画，则需要先转换为新版动画系统才能操作。转换方法见 1.4 节。

Step 03 选择其他两个动作文件直接拖曳到编辑视图窗口中（如图 1-421 所示）。

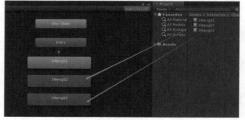

图 1-421

Step 04 在 Animator（动画系统）状态机视图中选择第一个动作文件 Jineng01，

单击鼠标右键选择 Make Transition（创建
链接过渡），如图 1-422 所示。

图 1-422

出现连线后选择 Jineng02。

Step 05 同样选择 Jineng02，右
击选择 Make Transition（创建链接过
渡），出现连线后选择 Jineng03（最后
如图 1-423 所示）。

图 1-423

Step 06 现在运行游戏就可以看到
角色按照动作 Jineng1、Jineng2、Jineng3
的顺序播放了。

1.4.12.2　过渡动画的设置

在设置完动画播放顺序后，那么要
如何调节动作之间的过渡呢？

Step 01 在节点控制器窗口中单击
任意两个动作文件之间的连接线部分（如
图 1-424 所示为"Jineng01"与"Jineng02"
之间的连接线）。

Step 02 单击后在 Inspector（检测
视图）中可以查看到相关过渡动画属性，
如图 1-425 所示。

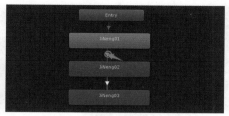

图 1-424

图 1-425

Step 03 可以通过调整时间栏上的
三角符号来修改过渡动画的范围值，设
置距离为 0 则动作之间不会生成过渡动
画效果。

⏰ 注意

Unity 中采用的是"动作融合技术"
作为动画间的过渡。如果角色动作之间
本身就是无缝播放，则不需要设定动作
的过渡时间。

1.4.13　设定动画未运行前的静止帧

制作特效时经常需要配合角色的动
作，例如，开枪时的火花特效，需要对
准枪口位置进行制作；刀光特效，需要
对准挥刀动作进行制作。那么，如果模
型动画未播放前的初始动作不正确，应
该如何调整呢？

下面以开枪动作 Dongzuo_001 为例
进行讲解，动画未播放时，角色初始动
作如图 1-426 所示。

图 1-426

⏰ 注意

图 1-426 为角色动画初始帧。

观察发现当前动作并不能用于制作枪口火花效果，需要将其初始动作调整为开枪那一刻。

Step 01 首先单击"暂停"，再单击"开始"运行游戏，然后单击"下一帧"逐帧观察，直到角色动作完全变为开枪位置为止（单击顺序如图 1-427 所示）。

图 1-427

Step 02 当角色动作完全变为开枪的那一帧，在层级视图中选择 Dongzuo_001，单击右键选择 Copy（复制），如图 1-428 所示。

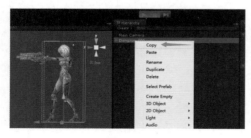

图 1-428

Step 03 然后取消播放，把层级视图中原来的 Dongzuo_001 删除，再鼠标右键单击选择 Paste（粘贴）粘贴一个新的 Dongzuo_001（操作如图 1-429 所示）。

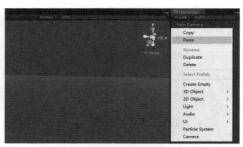

图 1-429

Step 04 现在角色的初始动作已经变成所粘贴的动作帧了（如图 1-430 所示）。

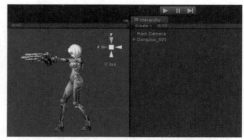

图 1-430

通过这种方法可以将角色动画中的任意帧设定为运行前的初始帧，现在就可以结合初始位置制作枪击特效，而不需要反复播放修改特效位置了。

⏰ 注意

（1）该方法同样适用于其他类型动画，可以设置任意动画运行前的初始帧。

（2）除此之外，通过在枪口位置添加特效绑定点也可以达到相同目的。

1.4.14 使用同一动画文件控制多个对象

当特效中多个对象需要制作动画时，如果给每个对象都添加一个动画文件则不能在 Animation（动画编辑窗口）时间线上统一修改及播放查看效果。那么要如何才能只添加一个动画文件就控制多个对象呢？要如何才能在同一时间栏上修改并播放查看效果呢？

以一个陨石掉落效果 Effect_bomb 为例进行演示，该效果中有两个需要制作动画（陨石跌落动画及裂痕缩放动画）的对象，如图 1-431 所示。

图 1-431

Step 01 首先需要创建一个空对象，命名为"Animation"，并将 yunshi（陨石模型）和 liehen（裂缝模型）放置其内，如图 1-432 所示。

图 1-432

⏰ **注意**

首先将所有需要制作动画的对象放置在同一父级"空对象"内，然后直接对"空对象"添加动画文件即可。

Step 02 接着选择 Animation（动画编辑窗口）层级，按快捷键 Ctrl+6 创建一个动画文件，进入到 Animation（动画编辑窗口），如图 1-433 所示。

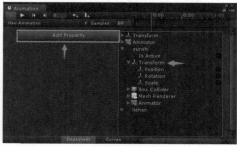

图 1-433

Step 03 单击 Add Property（添加属性）后发现，现在可以分别添加"yunshi""liehen"两个对象的 Position（移动）/Rotation（旋转）/Scale（缩放）等相关属性了。

不过手动添加属性控制对象/调节参数，远没有在场景视图中直接修改方便。这时就需要用到另一个小技巧。

🔔 **小技巧**

同一动画文件控制多个对象（窗口锁定控制）。

Step 04 在父级空对象 Animation 的动画编辑窗口中（不添加任何属性），直接单击当前窗口右上角的"锁定"符号，锁定当前视图，如图 1-434 所示。

图 1-434

Step 05 接着在锁定模式下（事先开启自动关键帧），直接在当前场景中分别选择两个对象进行修改（在场景中缩放或拖动），如图 1-435 所示。

图 1-435

Step 06 这时就可以在场景中任意调节对象制作关键帧动画了，移动时间栏也可以同步查看两个对象的播放效果。

⏰ **注意**

本节的主要知识点是 Animation（动画编辑窗口）中锁定功能的使用。默认模式下若制作动画则必须再次创建动画文件，而在锁定状态下则可使用同一动画文件控制多个对象。

1.4.15　3ds Max 简介

3ds Max 是 Autodesk 公司开发的基于 PC 系统的三维动画渲染和制作软件。它将模型设计、动画制作和渲染输出等特点集于一身，受到了全世界无数三维动画制作爱好者的热情赞誉。目前，它被广泛应用于角色动画、室内效果图、游戏开发、虚拟现实等领域，并且深受广大用户的欢迎。

游戏特效制作中也经常使用 3ds Max 来制作一些基本素材（如模型、渲染序列图、调节 UV 排布等），不但可以丰富特效中的元素表现，还可以提高工作效率。

1.4.16　Unity 3D 项目中 3ds Max 的运用

01 制作基本模型元件

例如制作一个龙卷风特效，需要在 3ds Max 中创建一个螺旋体作为风的纹理载体，从而加强整体效果表现。

02 调节模型的 UV

可以在 3ds Max 中修改模型的 UV 点位置，丰富特效细节（Unity 默认不支持修改模型的 UV 点排布）。

03 制作动画

3ds Max 动画系统十分强大，一些复杂的动画可以在 3ds Max 中制作完成后再导入 Unity 中。

04 效果预览

可以在 3ds Max 中预览材质动画、骨骼动画、UV 动画等效果。

05 实现模型顶点透明过渡

在 3ds Max 中可以自定义模型顶点的阿尔法透明度信息从而实现模型的透明过渡效果，每个模型顶点的阿尔法信息都可以单独设置，并且导出后可以被 Unity 识别。

06 制作特效序列图

3ds Max 的渲染功能十分强大，可以借助 3ds Max 的各类高端插件来渲染输出序列图，如图 1-436 所示，就是利用 3ds Max 中 Fumefx（流体插件）制作的火焰序列。

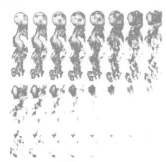

图 1-436

07 制作一些特别的效果

例如，路径动画、路径变形动画、破碎动画等。

1.4.17　3ds Max 基本操作和快捷键

首先需要了解 3ds Max 的界面布局（图 1-437）。

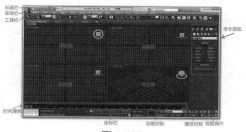

图 1-437

标题栏　菜单栏　工具栏　命令面板　时间滑块　坐标栏　动画控制　播放控制　视图操作

⏰ 注意

本书以 3ds Max 2012 中文简体版进行讲解，如果读者的 3ds Max 版本不相同也不要担心，3ds Max 各个版本之间的操作方式基本相同，参照本书的操作方式即可。

3ds Max 视图操作方法如下。

01 旋转视图：在透视图模式下，按住 Alt ＋鼠标中键拖动（如果是在二维视图里，就会切换成轴测图）。

02 缩放当前的视图：鼠标中键滚动（也可以用快捷键 [和]，这两个键和使用鼠标中键缩放效果一样，但可以和命令同时操作）。

03 精确缩放当前的视图：按住 Alt+Z+ 鼠标左键上下拖动（有时鼠标中间滚轮距离太大，可以用这个方法慢慢缩放）。

04 平移视图：按住鼠标中键并拖动。

05 将视图中心移到光标位置：将鼠标光标停放在视图任意位置，按 I 键，可以将视图中心移到光标停留的地方。

06 拉近视图观察对象：在选中对象后，按快捷键 Z，即可快速拉近观察对象。

3ds Max 常用快捷键如表 1-14 所示。

表 1-14

视图切换			
P	切换到透视图（Perspective）	C	切换到摄像机视图（Camera）
F	切换到前视图（Front）	U	切换到用户视图（User）
T	切换到顶视图（Top）	B	切换到底视图（Back）
L	切换到左视图（Left）	[/]	缩放当前视图
视图操作			
Alt+Z	缩放视图工具	Ctrl +P	抓手工具，移动视图
Z	所选对象在所有窗口最大化显示	Ctrl+W	区域缩放
Ctrl+R	视图旋转	Alt+W	最大化显示当前视图
工具栏			
Q	选择工具	A	角度捕捉
W	移动工具	S	对象捕捉
E	旋转工具	H	打开选择列表，按名称选择物体
R	缩放工具	M	材质编辑器

坐标			
X	显示或者隐藏坐标	-/ +	缩小或扩大坐标（非数字小键盘）
其他常用快捷键			
Ctrl+S	保存文件	Ctrl+O	打开文件
Ctrl+Z	撤销场景操作	Shift+Z	撤销视图操作
Ctrl+A	全选	Ctrl+D	取消选择
Ctrl	加选	Ctrl+I	反选
空格键	选择锁定	Shift+F	显示渲染安全框
G	隐藏或显示网格	Shift+L	隐藏灯光
Alt+6	显示主工具栏	Shift+Q	快速渲染
O	物体移动时，以线框的形式	Shift+G	隐藏几何体
Ctrl+V	原地复制	Alt+T+A	阵列复制
Shift+I	空间排列复制	Alt+T+M	镜像复制
N	自动记录关键帧	K	添加新的关键帧
Ctrl+X	专家模式	Alt+F+R	重置场景
Alt+F4	关闭窗口	F9	渲染上一次视图
J	显示或隐藏边界盒	F4	显示或隐藏模型边线

⏰ 注意

（1）以上快捷键需要在英文输入法状态下才能使用。

（2）Alt+6 等快捷键，数字部分请勿使用数字小键盘。

1.4.18　3ds Max 材质球动画

学习 3ds Max 材质球动画的相关知识，可以帮助用户加深对材质模块的了解，在制作中更可以在 3ds Max 中直接预览效果从而避免一遍遍地导入导出 Unity，进一步节省制作时间（尤其是在制作一些 UV 动画时，可以先在 3ds Max 中预览效果，确认无误后再导出到 Unity 之中制作就稳妥多了），这对以后的工作是有益的。

1.4.18.1　平面体的 UV 动画制作

Step 01 首先在 3ds Max 工具面板中单击"创建"→"几何体"→"标准几何体"→"平面"，在场景内拖曳创建一个平面（操作及设置如图 1-438 所示）。

效果如图 1-439 所示。

图 1-438

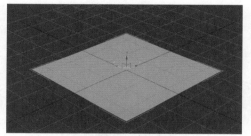

图 1-439

Step 02 然后单击上方工具栏中的材质编辑器，如图 1-440 所示。

图 1-440

3ds Max 中有两种材质编辑器界面，

分别是 Slate（板岩）材质编辑器与精简材质编辑器界面。如果在打开材质编辑器后显示的窗口与图 1-440 不相符，可以通过单击窗口左上角的"模式"切换到精简材质编辑器模式。

Step 03 接下来选择一张岩浆的材质贴图赋予材质球（直接拖曳即可），如图 1-441 所示。

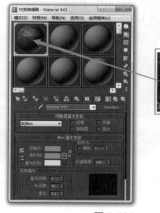

图 1-441

操作完成后，发现当前漫反射属性中多出一个"M"符号，该符号表示材质球已经被赋予了一张贴图。

Step 04 接下来将材质球赋予平面模型，有两种方法。

第一种：直接将材质球拖曳到平面模型上，操作如图 1-442 所示。

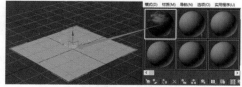

图 1-442

第二种：选择模型后，单击材质球选项"将材质指定给选定对象"，操作如图 1-443 所示。

131

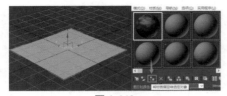

图 1-443

赋予材质球后效果如图 1-444 所示。

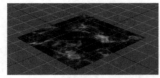

图 1-444

Step 05 开启自动关键帧（单击窗口下方"自动关键点"），设置时间条总长度为 40 帧（如图 1-445 所示）。

图 1-445

Step 06 单击材质球选项中的"M"（操作如图 1-446 所示）。

图 1-446

查看其纹理设置选项（如图 1-447 所示）。

图 1-447

U/V：设置 U、V 两个方向的偏移值，与 Unity 材质球属性中的 Offset（偏移值）相同。

瓷砖：设置贴图纹理在 U、V 两个方向的排布数量，与 Unity 材质球属性中的 Tiling（排布数量）相同。

瓷砖选项开启后，表示纹理可以重复排布，与 Unity 贴图属性中 Wrap Mode（缠绕模式）设置为 Repeat（重复）时效果相同。

Step 07 修改材质球 U 方向偏移值（增加关键帧）。

将时间条滑动到第 0 帧（起始帧），U 方向偏移值设置为"0"，如图 1-448 所示。

图 1-448

将时间条滑动到第 40 帧（尾帧），U 方向偏移值设置为"1"，如图 1-449 所示。

图 1-449

Step 08 最后单击播放就可以看到纹理贴图在 U 方向的滚动效果了（示例如图 1-450 所示）。

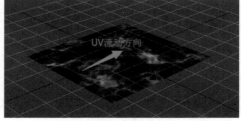

图 1-450

虽然现在已经有了 UV 滚动效果，但是播放起来一顿一顿的并不连贯，这是什么原因呢？

1.4.18.2　动画曲线调节方法

产生卡顿的原因是材质的默认动画曲线不是直线型，因此需要对动画曲线进行调节。

⏰ **注意**

如果播放效果没有产生卡顿，则忽略以下步骤。

Step 01 首先选择模型体，单击菜单"图形编辑器"→"轨迹视图"→"曲线编辑器"，操作如图 1-451 所示。

Step 02 然后在"动画曲线编辑窗口"左侧列表中选择"对象"→"Material（材质）"→"漫反射颜色"→"坐标"→"U 向偏移"可以看到动画曲线，如图 1-452 所示。

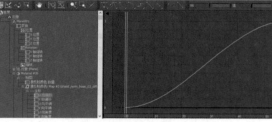

图 1-451　　　　　　　　　　　　　　图 1-452

Step 03 选择动画曲线上的两个关键帧节点，单击鼠标右键选择"线性"（取消曲线的默认弧度），如图 1-453 所示。

Step 04 最后再次单击"播放"就可以看到无缝循环的 UV 滚动效果了。

⏰ **注意**

（1）可以在 3ds Max 中通过按快捷键"/"来进行播放预览。

（2）3ds Max 中的部分快捷键需要在英文输入法状态下才能生效。

播放控制小提示如图 1-454 所示。

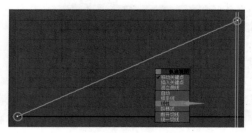

图 1-453　　　　　　　　　　　　　　图 1-454

由左至右分别表示"转至开头""上一帧""播放动画""下一帧""转至结尾"。

1.4.19 将 3ds Max 动画导入到 Unity 中

在 3ds Max 中制作了一段动画后，应该如何将这段动画导入到 Unity 中呢？本节以 3ds Max 中方盒体动画的导出为例进行演示。

Step 01 首先选中动画物体，单击菜单"导出选定对象"，如图 1-455 所示。

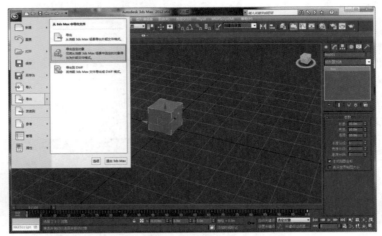

图 1-455

Step 02 然后在弹出框中选择导出路径，设置导出格式为 fbx，输入名称保存，如图 1-456 所示。

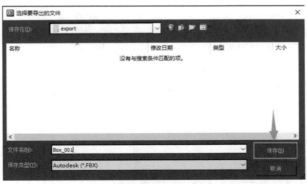

图 1-456

Step 03 在导出选项窗口中勾选导出内容，如图 1-457 所示。

需要注意以下几个导出设置项。

（1）动画：是否要导出关键帧动画（如含有动画，则一定要勾选该项）。

（2）烘焙动画：开启烘焙动画后，导出文件动画关键帧之间的过渡时间也将全部记录上关键帧。

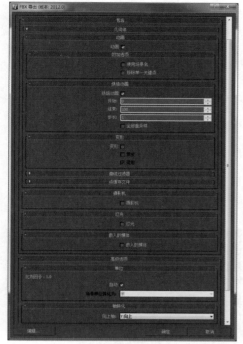

图 1-457

（3）变形：如果动画中含有骨骼动画，则需要勾选（否则骨骼动画无效）。

（4）摄像机：勾选后会导出 3ds Max 摄像机（不需要勾选）。

（5）灯光：勾选后会导出灯光（不需要勾选）。

（6）嵌入的媒体：勾选后会记录模型体材质球及贴图文件之间的关联关系，导入 Unity 3D 后会自动生成材质球及贴图文件（特效制作中一般不推荐勾选此项，建议手动指定贴图和材质）。

（7）单位：默认自动（不需要修改），比例因子为"1"即可。

（8）轴转化：设置向上轴（默认 Y 向上，不需要修改）。

Step 04 在导出选项窗口中单击"确定"按钮即可导出。

⏰ **注意**

动画导入 Unity 后，如果速度过慢或者过快，可以直接在 Unity 动画编辑窗口中修改 Samples（采样率）而不需要返回 3ds Max 修改。

1.4.20 3ds Max 骨骼动画的导出及导入 Unity

本节将讲解 3ds Max 骨骼动画的导出设置及如何导入骨骼动画到 Unity 中。

1.4.20.1 3ds Max 骨骼动画导出设置

3ds Max 骨骼动画的导出设置与之前步骤大致相同（单击菜单"导出"），不过需要注意在导出窗口中勾选"动画"及"变形""蒙皮"选项，如图 1-458 所示。

图 1-458

之后单击"确定"按钮即可导出。

⏰ **注意**

导出文件格式为 fbx，命名可以用英文字母/数值/下画线。

1.4.20.2 导入骨骼动画到 Unity 中

Unity 导入 fbx 格式文件的方法与导入其他文件方法相同，可以使用菜单 Assets → Import New Asset（资源→导入新资源）选择文件进行导入。

导入后建议将文件的 Animation Type（动画类型）切换为 Generic（一般类），如图 1-459 所示。

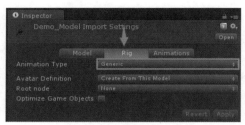

图 1-459

fbx 文件内动画文件默认名称为"Take 001"（包含 3ds Max 中的全部动画），一般会根据需求将动画分解为 Idle（待机）、Run（跑步）、Attack（攻击）、Die（死亡）、Skill（技能）等不同的动画节点，如图 1-460 所示。

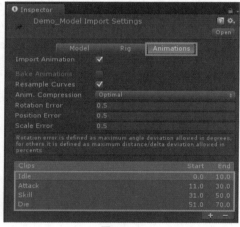

图 1-460

在图 1-460 的 Clips（剪贴板）列表中，选中动画节点名称可以设置其动作起始帧、结束帧以及是否开启循环。

每个动画节点分别对应一个动画文件（在资源视图的模型内查找），如图 1-461 所示。

新增一个动画节点操作如下：

以增加一个动画节点 Run（跑步）为例（当前文件中跑步动画的循环帧数为 71 ～ 90 帧）。

图 1-461

Step 01 首先单击"+"按钮增加一个节点，重命名为"Run"，如图 1-462 所示。

图 1-462

⏰ 注意

当前模块中单击"+"号表示增加一个动画节点，单击"-"号表示删除一个节点。

Step 02 将 Run（跑步）节点中的 Start（起始帧）设置为 71，End（结束帧）设置为 90，勾选 Loop Time（循环选项），最后单击 Apply（应用）按钮，操作如图 1-463 所示。

图 1-463

Step 03 在资源视图中查看，发现其文件内部增加了一个对应的 Run（跑步）动画文件，如图 1-464 所示。

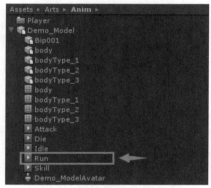

图 1-464

Step 04 将动画文件 Run（跑步）赋予角色模型就可以看到跑步循环动作了。

⏰ **注意**

（1）当修改或者添加动画后，需要在右下角单击 Apply（应用）按钮才可以保存修改。

（2）将角色模型拖入到 Unity 场景后，需要手动指定动画文件才能正常播放（因为默认情况下角色与动作节点没有关联）。

1.4.21　3ds Max 骨骼动画的缩放处理

3ds Max 中导入带有骨骼动画的外部模型时（例如从网络上下载的 fbx 文件），可能会遇到一些大小的问题（导入后过大或者过小）。一旦缩放模型，播放后会发现模型恢复默认大小或者动作错误。那么遇到这种情况时要如何处理呢？

本节中以一个战士角色的 fbx 模型动作为例，将其导入 3ds Max 后显示，如图 1-465 所示。

图 1-465

拉近摄像机视角可以看到模型，如图 1-466 所示。

图 1-466

观察发现文件未损坏，并且动作无误，但是模型过小。

选择模型体，查看其修改器列表，如图 1-467 所示。

⏰ **注意**

图 1-467 中"蒙皮"指的是用来绑定骨骼的蒙皮修改器，而"可编辑网格"指的是多边形模型体本身。

图 1-467

在蒙皮修改器面板中可以看到角色的骨骼名称列表，如图 1-468 所示。

注意

在蒙皮绑定流程中，骨骼对模型顶点施加权重，从而获得带动模型的拉扯力，最后通过对骨骼"K帧"来制作骨骼蒙皮变形动画。

在了解相关原理后，接下来开始具体操作。

Step 01 首先选中模型体，然后在修改器列表中添加"点缓存"修改器，如图 1-469 所示。

图 1-468

图 1-469

注意

在 3ds Max 英文版中"点缓存"修改器名称为"Point Cache"。

Step 02 在"点缓存"修改面板中，单击"新建"按钮，然后在弹出窗口中输入一个文件名称并单击"保存"按钮，操作如图 1-470 所示。

图 1-470

Step 03 然后单击"点缓存"修改器

参数列表中的"记录"选项，如图 1-471 所示的红框位置。

单击"记录"后就可以在修改器属性栏中看到相应的缓存信息了，如图 1-472 所示。

图 1-471　　　　　　　图 1-472

可以通过单击图 1-472 中的"加载"按钮，来查看新建的点缓存文件，文件如图 1-473 所示。

名称　　　　　　　　修改日期　　　　类型　　　　大小
Animation.xml　　　2016/5/13 22:07　XML 文档

图 1-473

Step 04 现在就可以选择模型体（仅选择模型体，不选择骨骼），并随意缩放其大小了，如图 1-474 所示。

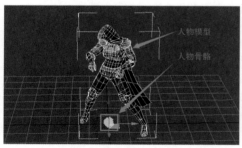

图 1-474

注意

缩放模型时，其动作也会同步缩放。

Step 05 播放查看效果即可。

如果需要调整模型或者修改动作，需要先"卸载"缓存文件，操作如图 1-475 所示。

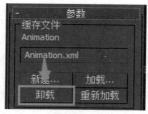

图 1-475

（1）首先单击"卸载"按钮（图 1-475 中红框位置），然后调整模型或动作。

（2）当调整完成后，再次单击"记录"创建一个缓存文件。

（3）再次缩放模型体即可。

1.4.22　制作路径动画

Unity 中并没有直观的路径动画实现方法，不过可以事先在 3ds Max 中将路径动画制作完成，再导入 Unity 内也可以达到同样的目的。

Step 01　首先在 3ds Max 中创建一条曲线作为物体运动的路径，可以使用"图形工具"中的"NURBS 曲线"手动绘制，或者也可以使用"样条线"工具来创建一条曲线，如图 1-476 所示。

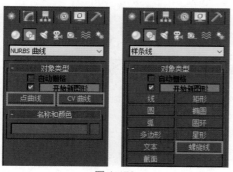

图 1-476

以"样条线"工具为例，创建一条螺旋线。创建后修改它的相关参数，得到一条螺旋线路径如图 1-477 所示。

Step 02　然后单击工具栏"创建"→"辅助对象"→"标准"→"虚拟对象"创建一个虚拟体，也就是路径动画的载体，如图 1-478 所示。

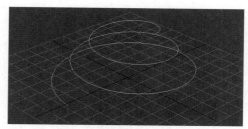

图 1-477

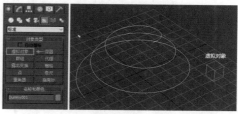

图 1-478

⏰ 注意

（1）该方法不仅适用于"虚拟对象"，也同样适用于其他模型体的路径动画制作。

（2）使用"虚拟对象"制作的路径动画导入 Unity 后，不会有模型被渲染出来（但是动画有效）。可以将虚拟对象加入 Trail Renderer（拖尾）组件，运行游戏后就可以看到相应的路径动画拖尾效果了。

Step 03　当得到路径曲线与虚拟体后，选择"虚拟对象"，单击菜单"动画"→"约束"→"路径约束"，发现虚拟体产生一个连接线，这时选择单击路径曲线即可，如图 1-479 所示。

这时滑动 3ds Max 下方的时间条，

发现虚拟体已经产生路径动画了。默认动画会按照时间条长度自动计算，路径开始到结尾对应时间条的第一帧与最后一帧。

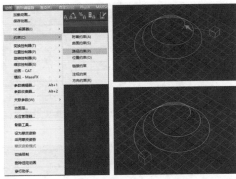

图 1-479

可以在工具栏"运动"→"参数"查看具体的设定数值，如图 1-480 所示。

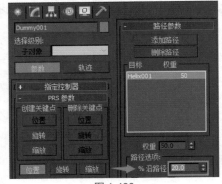

图 1-480

如果想要实现更丰富、更有节奏的路径动画，可以通过对"% 沿路径"进行 K 帧来实现自定义控制时间帧与路径位置的关系。

"% 沿路径"：指的是时间帧与路径位置的百分比关系。

Step 04 根据需求调整完成后，单击菜单导出即可（导出窗口中需要勾选"动画"选项）。

⏰ **注意**

（1）在制作关键帧路径动画时，结合"曲线编辑器"修改动画曲线会有更细腻的效果表现。

（2）路径动画导出的注意事项和普通动画导出的注意事项基本相同，为了避免出现导出错误，可以在动画导出时在导出设置界面勾选"烘焙动画"并设置动画开始 / 结束时间，设置步长为 1（步长为 1 指的是每一帧记录一个关键帧）。操作界面在之后会进行具体讲解。

（3）在 3ds Max 中通过简单的关键帧复制就可以实现往复动画。

1.4.23　制作路径变形动画

"飞龙盘旋""藤蔓缠绕"这些特效表现都需要路径变形动画来制作。熟悉 3ds Max 的朋友都知道，3ds Max 自带路径变形修改器，不过可惜的是，通过这个修改器制作的动画导出后并不能够被 Unity 识别。虽然 Unity 中默认并没有模型路径变形动画功能，不过大家知道 Unity 可以支持 3ds Max 骨骼动画，那么在本节中将学习使用骨骼动画的方法实现路径变形动画的制作。

下面以"飞龙盘旋"效果为例进行演示。

Step 01 首先在 3ds Max 中打开一个飞龙模型，如图 1-481 所示。

Step 02 接着选择骨骼工具并设置骨骼类型为 SplineIKSolver（样条线 IK 解算器），创建一条连续的骨骼，操作如图 1-482 所示。

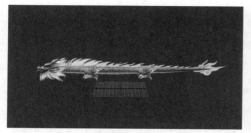

图 1-481

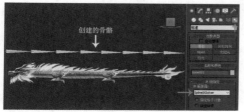

创建的骨骼

图 1-482

Step 03 然后把骨骼移动到模型内部中心位置（与模型对齐），选择模型体后添加"蒙皮"修改器，添加所有骨骼对象。操作完成后，现在骨骼已经和模型绑定在一起了，如图 1-483 所示。

根骨骼　　　　　　　　尾骨骼顶点

图 1-483

Step 04 接下来开始制作路径曲线。单击图形创建工具"NURBS 曲线""点曲线"绘制一条路径曲线，绘制完成后按 W 键即可完成创建，如图 1-484 所示。

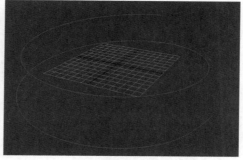

图 1-484

⏰ **注意**

选择路径曲线按快捷键 1 可以切换为修改模式。

Step 05 选择"根骨骼"（龙头位置）后，单击菜单"动画"→"约束"→"径约束"，出现连线后选择刚才所创建的路径曲线，这时滑动时间条就会发现，龙已经被吸附到了路径上，如图 1-485 所示。

根骨骼　　　　　　　　尾骨骼顶点

图 1-485

Step 06 再次选择"根骨骼"，单击菜单"动画"→"IK 解算器"→"样条线 IK 解算器"出现连线后选择龙尾骨骼顶点，按 W 键完成创建。

Step 07 在 SplineIKSolver（样条线 IK 解算器窗口）中单击"拾取图形"选择之前所创建的路径曲线，操作如图 1-486 所示。

图 1-486

这时滑动 3ds Max 时间栏就可以看到龙沿着路径缠绕了，如图 1-487 所示。

图 1-487

Step 08 选择龙的根骨骼即可进入路径修改面板，可以自定义修改龙的位置与速度。（设置位置如图 1-488 所示。）

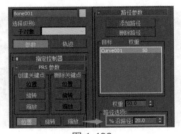

图 1-488

⏰ **注意**

可以通过对路径选项中的"% 沿路径"K 帧，从而调节路径动画，调换两个动画关键点的位置即可实现龙的反方向运动。

同样，如"藤蔓缠绕"等类似效果也是由相同方法实现的，如图 1-489 所示为藤蔓围绕路径运动的效果。

图 1-489

⏰ **注意**

（1）在制作时需要注意创建骨骼的类型及相关动画命令，使用错误的命令可能会导致动画在 Unity 中失效。

（2）如果路径曲线是通过"样条线"工具生成的（例如螺旋线），则需要开启"捕捉开关"→"边 / 线段"，然后单击"NURBS 曲线"→"点曲线"，利用吸附功能，绘制螺旋线或手动绘制（复刻）一条路径曲线，才能被骨骼 IK 系统识别使用。

（3）在 1.4.24 节中将讲解路径变形动画的导出方法及注意事项。

1.4.24 3ds Max 路径动画 / 路径变形动画导出注意项

01 路径动画的导出

（1）导出时一定要勾选"动画"选项。

（2）根据需求决定是否需要勾选"烘焙动画"（需要结合其中"全部重采样"选项，开启后导出文件的每一帧都记录关键帧）。

（3）没有骨骼动画则不需要勾选"变形"选项。

（4）摄像机 / 灯光 / 嵌入的媒体不需要勾选。

注意

（1）3ds Max 导出格式一律设置为".fbx"（官方推荐格式）。

（2）将 fbx 文件导入 Unity 的方式与其他资源导入的方法相同，如果在导入 Unity 后播放没有效果，应先查看动画文件是否被指定。

02 路径变形动画的导出

（1）导出时一定要勾选"动画"选项。

（2）根据需求决定是否需要勾选"烘焙动画"（开启后，导出文件中每一帧都记录关键帧）。

（3）导出时一定要勾选"变形"选项。所有骨骼动画在导出时都需要勾选"变形"（其子选项"蒙皮""变形"同样需要勾选）。

（4）摄像机/灯光/嵌入的媒体不需要勾选。

⏰ **注意**

（1）路径变形动画由"骨骼动画"和"路径动画"共同完成，所以在导出窗口中需要勾选"变形"选项，推荐勾选"烘焙动画"可以减少出错概率。

（2）3ds Max 导出格式一律设置为".fbx"（官方推荐格式）。

1.4.25 模型顶点透明的奥秘

在 Unity 中赋予模型纹理材质时经常发现模型边缘有"切边""硬边"，使特效看起来十分生硬，过渡不协调。那么应该如何处理才能避免这种现象呢？

以下为效果示例。

Step 01 在 **3ds Max** 中创建一个 Sphere（球体）并转换为可编辑多边形，

然后删除上下各一部分网格面，导入 Unity 中赋予一张贴图，如图 1-490 所示。

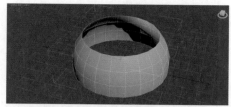
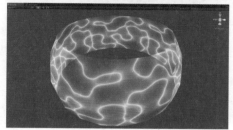

图 1-490

⏰ **注意**

当前材质球 Shader（着色器）类型为 Particles/Additive（粒子/附加）。

观察发现，图 1-491 中模型材质边缘非常生硬，有明显的切边。

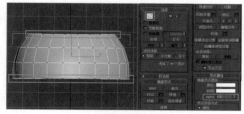

图 1-491

Step 02 回到 **3ds Max** 中，将多边形切换为"顶点"编辑模式。选择所有边缘顶点（如图 1-491 中红框位置），在属性栏中将所有边缘顶点的 Alpha（阿尔法）设置为 0。

设置完成后再次导入 Unity 中（同样赋予之前的材质球），效果如图 1-492 所示。

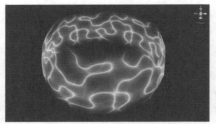

图 1-492

图 1-493

Step 03 再次观察发现，现在已经没有那种"切边""硬边"了。

⏰ 注意

（1）实现边缘柔和过渡的原理是：在 3ds Max 中可以自定义模型中每个顶点的 Alpha（阿尔法）透明度信息，并且这种信息可以被 Unity 识别。

（2）Unity 中并不是每种材质类型都可以识别"顶点透明度"信息，例如 Diffuse（漫射）等材质就不行，Particles（粒子）下的材质都可以。

1.4.26 制作飘动动画

特效制作中经常需要使用到飘动动画，例如，飘动的尾巴、飘动的翅膀等。一般情况下实现该效果有两种方式：一种是利用 UV 动画模拟飘动效果，另一种是使用骨骼动画实现飘动效果。

本节中将以翅膀的飘动动画制作为例进行演示。

⏰ 注意

可以在 1.4.27 节 UV 动画技巧中学习使用 UV 动画模拟飘动效果。

Step 01 首先打开 3ds Max，根据设计需求创建一个翅膀模型，如图 1-493 所示。

⏰ 注意

图 1-493 中的翅膀模型由 Plane（平面）修改顶点制作完成。

Step 02 将模型转换为可编辑多边形，设置模型边缘顶点 Alpha（阿尔法）为 0，如图 1-494 所示。

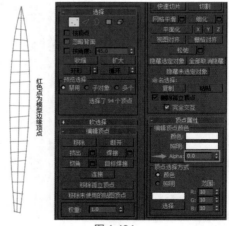

图 1-494

⏰ 注意

（1）将模型边缘顶点 Alpha 设置为 0，可以使翅膀纹理在边缘位置产生透明过渡效果。

（2）示例中的模型分段数仅供参考，模型分段数越多最后骨骼动画效果越自然。

Step 03 单击骨骼工具，将骨骼"IK 解算器"类型设置为 SplineIKSolver（样条线 IK 解算器），其他设置默认不需要勾选，如图 1-495 所示。

Step 04 根据模型均匀地创建骨骼，由模型底部开始依次创建到顶部位置。骨骼创建位置如图 1-496 所示。

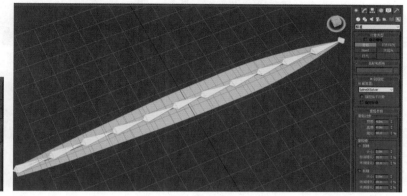

图 1-495　　　　　　　　　　　　　　　　　图 1-496

Step 05 创建骨骼后，把骨骼放置在模型正中（如图 1-496 所示）。然后选择翅膀模型添加"蒙皮"修改命令，添加所有骨骼。这时翅膀已经完全受骨骼影响了，如图 1-497 所示。

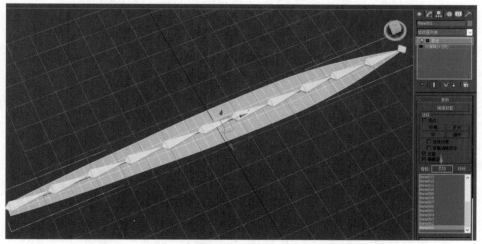

图 1-497

接下来就开始进行骨骼动画的制作部分了。

Step 06 开启角度捕捉工具（便于调节角度），右键单击工具图标设置捕捉角度为 5°。操作如图 1-498 所示。

Step 07 首先从根骨骼开始旋转骨骼角度，往后的骨骼旋转角度逐渐增加（因为在这种飘动效果中，往往尾部的飘动幅度最大）。最后旋转骨骼如图 1-499 所示。

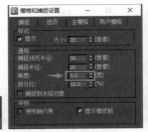

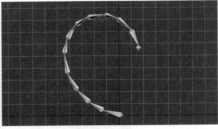

图 1-498　　　　　　　　　　　　　　　　图 1-499

⏰ **注意**

（1）双击根骨骼可以全选所有的骨骼，这时旋转根骨骼就可以同时旋转所有骨骼了。

（2）为了方便观察旋转效果，建议在侧视图中修改。

Step 08 设置时间条总时长为 40 帧，开启自动关键帧。在第一帧选择所有的骨骼并 K 帧（记录关键帧），将时间条第一帧的关键点复制一份放置在 40 帧，如图 1-500 所示。

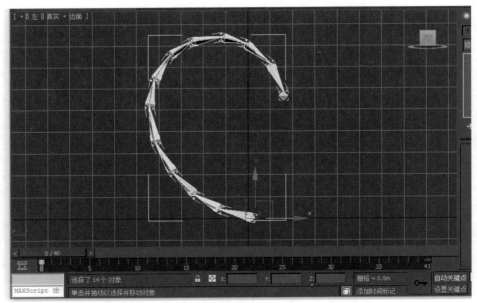

图 1-500

Step 09 将时间条滑动到第 20 帧（正中位置），把骨骼向相反方向旋转（逐根骨骼旋转）并将全部骨骼记录上关键帧。

同样也是根骨骼旋转角度最小，尾部骨骼旋转角度逐渐增加，如图 1-501 所示。

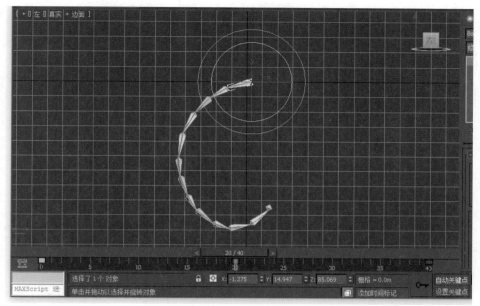

图 1-501

到现在第 0 帧、第 20 帧、第 40 帧所有骨骼都已经记录上关键帧了。

Step 10 接着把时间栏延长（例如把时间栏总长设置为 100 帧）。除了第一根骨骼关键帧不变外，其他骨骼的关键帧依次往后延 5 帧、10 帧、15 帧、20 帧，示例如图 1-502 所示。

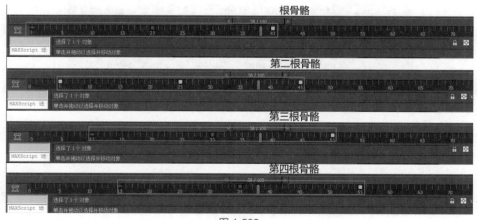

图 1-502

Step 11 设置完成后播放动画，怎么样？现在飘动效果已经出现了吧？

不过这时的飘动效果并不是循环的，需要把时间栏范围设置为原来的 40 帧，再次播放就可以看到循环的飘动效果了，形体如图 1-503 所示。

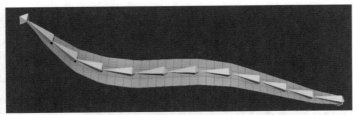

图 1-503

> ⏰ **注意**

通过这种方法可以制作大部分飘动效果，在动画中通常管这种方法叫作"插针法"。

Step 12 接着单击 3ds Max 菜单"导出"，将文件导出为"Anima001.fbx"。

> ⏰ **注意**

导出文件名称可以由英文字母 / 数字 / 下画线组成。

在导出窗口中勾选"动画""烘焙动画""全部重采样"及"变形"，如图 1-504 所示。

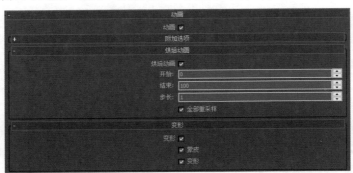

图 1-504

> ⏰ **注意**

无须勾选"摄像机""灯光""嵌入的媒体"等。

单击"确定"按钮进行导出。

Step 13 文件导出之后，再次回到 3ds Max 中新建一个空场景，将刚才的导出文件 Anima001.fbx 重新导入到 3ds Max 中。

Step 14 导入完成后，全选所有骨骼，发现时间线上每一帧都被记录上了关键帧，保留前 40 帧关键帧并删除其余关键帧，如图 1-505 所示。

图 1-505

Step 15 将文件导出（导出设置与上次相同），重命名为"Anima002"。

Step 16 最后将 Anima002 导入到 Unity 中，播放就可以看到飘动效果了。

⏰ 注意

（1）文件默认导入 Unity 后，需要重新指定动画文件并将动画设置为循环模式。

（2）除了将动画文件重新导入 3ds Max 中删除多余的关键帧外，也可以直接在 Unity 中设置动画文件 Take001 的开始帧与结束帧，设置 Start（起始帧）为 0，End（结束帧）为 40 即可。

如果在 Unity 中指定好动画后不能无缝循环播放，可能有以下 3 个原因。

01 动画导出时没有勾选"烘焙动画""全部重采样"（需要将动画导出两次的原因是：第一次导出动画的目的是为了使文件每一帧都记录上关键帧，第二次是为了删除多余的关键帧）。

02 Unity 动画文件中 Animations（动画组件）中 Start/End（开始帧/结束帧）时间范围不是 0 ～ 40。

如果不是则需要手动修改动画文件的范围。

操作方法：在 Assets 资源列表中选择导出文件 Anima002，在 Inspector（检测视图）中查看 Animations（动画组件）模块。（默认模型内含有一个动画文件，名称为 Take 001。）

需要将 Start（起始帧）、End（结束帧）设置为 0、40，如图 1-506 所示。

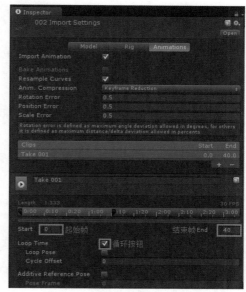

图 1-506

修改完成后单击右下角的 Apply（应用）按钮保存修改。

03 动画文件没有启用循环模式。

只需要在 Animations（动画组件）选项中勾选 Loop Time（时间循环）即可。

⏰ 注意

如果需要在 Unity 中对 fbx 文件动画进行修改，则需要复制一个新的动画文件。因为默认模型内部的动画文件为 Read Only（只读）模式（不可修改），而复制出来的动画文件不受影响。

Step 17 接着在 Unity 场景视图中复制翅膀并根据角色调节翅膀的大小和角度，如图 1-507 所示。

Step 18 最后赋予模型材质并再次调整翅膀的大小与角度，示例效果如图 1-508 所示。

图 1-507

图 1-508

⏰ 注意

（1）翅膀材质加上 UV 动画可以丰富特效细节，增加整体动感。

（2）默认动画飘动起来看起来比较呆板单一，建议对动画进行错帧（或者使用动画随机脚本，详见脚本篇）增加随机效果。

1.4.27　UV 动画技巧

本节将讲解 Unity 中的 UV 动画技巧。

1.4.27.1　使用 UV 点排布实现扭曲扰乱效果

在 3ds Max 中可以通过调节 UV 点排布实现扭曲扰乱的效果。

通过调节 UV 点可以增加特效整体的动感，使细节表现更加丰富。在本节中以一个岩浆流动的 UV 动画效果为例进行演示。

Step 01　首先在 3ds Max 中创建一个平面，赋予平面一张岩浆贴图并制作一个简单的材质球动画使岩浆流动起来，播放发现岩浆流动的效果并不好，整体表现太过统一、死板，并没有液体流动的效果，如图 1-509 所示。

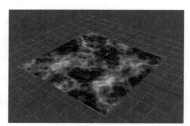

图 1-509

Step 02　选择模型添加修改器"UVW 展开"，单击"打开 UV 编辑器"，如图 1-510 所示。

Step 03　在 UV 编辑窗口中修改模型的 UV 布线（如图 1-510 所示）。

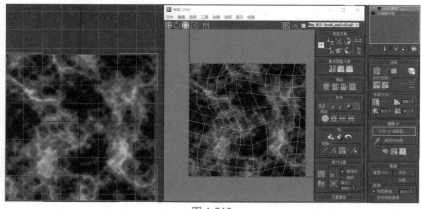

图 1-510

Step 04 修改完成后，在 Max 中制作 UV 动画（预览效果，避免频繁地在 Unity 与 Max 之间导入导出）。

Step 05 播放查看效果，效果是不是不一样了呢？虽然没有修改模型的布线，但是通过修改 UV 点的排布同样也可以使纹理有流动的效果。

在 1.4.18 节中有 3ds Max 材质球动画的制作方法。

Step 06 在 Max 中设置完毕后，将模型导出到 Unity 中重新制作 UV 动画就可以了。

⏰ 注意

修改模型的 UV 点排布，可以在不改变模型外形及布线的前提下丰富细节表现。如果需要改变模型的布线或形状，应事先与其他（场景）设计人员沟通，避免产生分歧。

1.4.27.2　使用 UV 动画实现飘动效果

前面学习了使用骨骼动画实现飘动效果，那么在本节中将继续学习使用 UV 动画来实现飘动效果。

同样以翅膀的飘动效果为例进行讲解。

Step 01 首先在 3ds Max 中创建一个"平面"并修改其分段如图 1-511 所示。

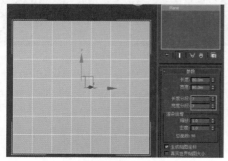

图 1-511

Step 02 然后将网格体转换为可编辑多边形，选择模型顶点修改外形如图 1-512 所示。

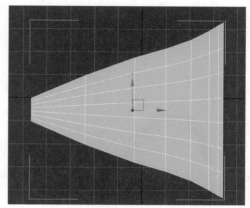

图 1-512

Step 03 接着选择模型体各顶点，设置 Alpha（阿尔法）信息，操作及参数设置，如图 1-513 所示。

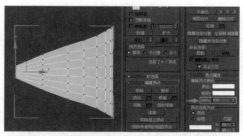

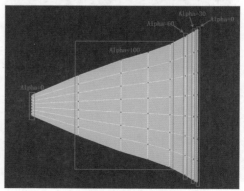

图 1-513

⏰ **注意**

需要将模型转换为可编辑多边形后才能选择顶点设置 Alpha（阿尔法）信息。

Step 04 赋予模型一张无缝循环材质贴图，贴图如图 1-514 所示。

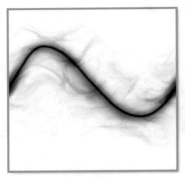

Texture002.png

图 1-514

将循环贴图 Texture002 赋予模型体，查看效果，如图 1-515 所示。

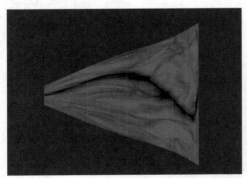

图 1-515

⏰ **注意**

如果贴图方向反了，可以在 Photoshop 中调整修改。

Step 05 现在把模型导入到 Unity 中，赋予材质球后设置 Shader（着色器）类型为 Particles/Alpha Blended（粒子 /

Alpha 混合通道），简单调节下材质，如图 1-516 所示。

图 1-516

Step 06 对面片进行缩放与旋转，根据角色调节翅膀的位置与大小，如图 1-517 所示。

图 1-517

Step 07 在确定好位置及大小后，删除一侧翅膀（删除左侧翅膀或者右侧翅膀都可以）。在层级视图中设置如图 1-518 所示。

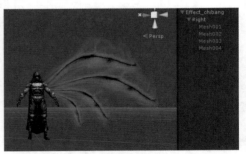

图 1-518

图 1-518 中 "Mesh001" "Mesh002" "Mesh003" "Mesh004" 对应四个翅膀网格。

Step 08 接着在层级视图中选择 Right 层级并按快捷键 Ctrl+6 创建动画系统，如图 1-519 所示。

图 1-519

Step 09 分别单击展开"Mesh001""Mesh002""Mesh003""Mesh004"，添加 Material._Main Tex_ST 属性，如图 1-520 所示。

图 1-520

对 Material._Main Tex_ST.z 进行 K 帧，制作 UV 动画，如图 1-521 所示。

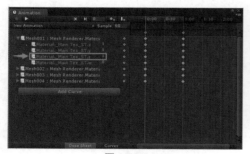

图 1-521

为了使效果看起来更加随机自然，建议设置 Material._Main Tex_ST.z 为不同的循环数值。例如，1 ～ 0 循环、1.2 ～ 0.2 循环、1.5 ～ 0.5 循环、1.7 ～ 0.7 循环，如图 1-522 所示。

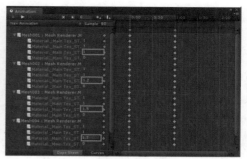

图 1-522

Step 10 当循环 UV 动画制作完成后，将 Right（右边）层级复制，重命名为"Left（左边）"，并将 X 轴缩放值设置为"−1"，如图 1-523 所示。

图 1-523

Step 11 调节 Left（左边）和 Right（右边）位置，运行游戏即可看到最终效果，如图 1-524 所示。

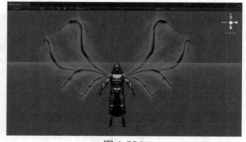

图 1-524

Step 12 最后只需选择工程路径，将 Effect_chibang 保存为 Prefab（预设体）即可。

⏰ 注意

（1）为了使特效看起来更加立体，

可以将 Mesh（网格体）进行旋转角度，复制多个穿插摆放。

（2）除了调节循环范围外，还可以使用动画随机脚本（详见脚本篇）来增加动画随机效果。

1.4.28　结合模型 UV 制作贴图

模型与贴图之间结合的关键主要在于 UV 的适配。合理地设计及制作贴图，同样也决定了特效的整体风格。在本节中将学习使用模型 UV 制作纹理贴图的方法。

下面以"英雄联盟"中一个防护罩模型及贴图的制作思路为例进行演示，如图 1-525 所示。

图 1-525

Step 01　首先在 3ds Max 中单击创建工具"扩展基本体"→"异面体"→"十二／二十面体"设置系列参数 P 为 0.36，在操作视图拖曳创建，操作如图 1-526 所示。

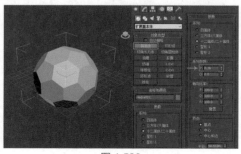

图 1-526

Step 02　然后选择模型，单击添加修改器"UVW 展开"，再单击"打开 UV 编辑器"查看模型的 UV 排布，如图 1-527 所示。

图 1-527

模型默认的 UV 排布比较混乱（如果 UV 线偏离在 UV 框外，则需要手动将其框选移动至 UV 框内部），如图 1-527 所示。

Step 03　接着关闭"UV 编辑窗口"，选择模型添加修改器"UVW 贴图"，将贴图类型修改为"球形"。这时再次添加修改器"UVW 展开"查看模型现在的 UV 排布，如图 1-528 所示。

图 1-528

观察发现，现在模型的 UV 已经分布很整齐了（如果 UV 线偏离在 UV 框外则需要手动将其框选移动至 UV 框内部），到此防护罩的模型修改部分就结束了，接下来根据模型的 UV 线排布来绘制贴图。

Step 04 在"UV 编辑器"中单击菜单"工具"→"渲染 UVW 模板",打开 UV 渲染设置窗口,如图 1-529 所示。

图 1-529

Step 05 在"渲染 UVs"面板中可以对 UV 进行导出前设置(主要需要设置导出图片的尺寸),我们把导出尺寸的"宽度""高度"都修改为"512"(默认尺寸是"1024×1024")。单击"渲染 UV 模板",如图 1-530 所示。

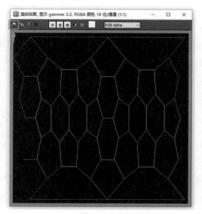

图 1-530

Step 06 单击窗口左上角的"保存"图标进行保存操作,建议将图片保存为 PNG 格式,在配置面板中设置勾选"Alpha(阿尔法)通道"进行导出(配置面板如图 1-531 所示)。

图 1-531

Step 07 接着在 Photoshop 中打开导出的图片,为了方便观察,新建一个图层并填充为黑色,放置在 UV 线下方,如图 1-532 所示。

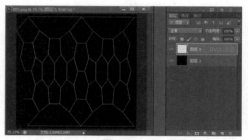

图 1-532

Step 08 按住 Ctrl 键的同时,使用鼠标左键单击 UV 线图层(可以全选 UV 线内容),再次右击选择"描边"设置颜色与宽度绘制填充,如图 1-533 所示。

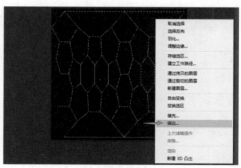

图 1-533

Step 09 根据"UV 线图层"绘制出"防护罩"纹理,删除之前创建的黑色背景图层,如图 1-534 所示。

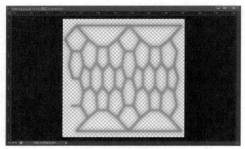

图 1-534

Step 10 最后将之前的模型和制作完成的图片导入到 Unity 中，创建材质球并赋予模型材质，将材质 Shader（着色器）类型设置为 Legacy Shaders → Transparent → Diffuse（传统着色器→透明→漫射），效果如图 1-535 所示。

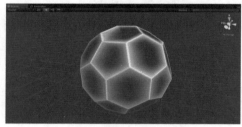

图 1-535

到这一步，简单的防护罩制作就介绍完了。

⏰ **注意**

本节主要讲解分析制作思路，细节部分可以自行设计制作，由于本书篇幅有限就不进一步讲解了。

⬤◗ 1.5 Unity 3D 刚体与布料系统

数个世纪前，物理学家牛顿通过观察"苹果掉落"发现了万有引力，并延伸出牛顿三大定律，为之后物理学界的发展奠定了强大的理论基础。通过课本知识，我们了解到自然界中的所有物体都在无时无刻地受到地心引力（重力）的影响。那么除此之外，游戏世界中也存在地心引力吗？

游戏中为了模拟更加真实的效果，通常也会存在"地心引力（重力）"，例如手游"愤怒的小鸟"中，将小鸟用弹弓射向空中后始终都会掉落到地面上，这也是一种重力的表现。

在大部分游戏物理引擎中，都可以使用刚体 Rigidbody（刚体）来模拟这种掉落效果，当然 Unity 3D 也不例外。

刚体可以让游戏对象受到物理引擎所控制，例如，通过刚体组件来模拟重力、施加力，或者与其他对象进行交互。

而 Cloth（布料系统）则可以把它理解为是一种"另类"的可变形刚体。游戏引擎中的布料物体同样也会受到物理的影响（例如重力），区别是当布料物体碰撞到其他对象时会根据自身模型的布线而变形（模型布线越密集，变形效果越精细，看起来也会更加柔软真实）。

1.5.1 刚体的概念

Rigidbody（刚体）释义：在任何力的作用下，体积和形状都不发生改变的物体。刚体是模型的基本物理属性，每次检测碰撞或者解算物理效果，都需要 Rigidbody（刚体）组件作为碰撞的基本条件。

一般在游戏引擎中所说的刚体是指：在游戏中受到物理引擎影响的固体对象（如上方掉落的石头，沿着斜坡滚动的木桶等）。

1.5.2　在 Unity 3D 中创建刚体

在 Unity 中可以将任何网格模型转换为刚体，只需要在模型上添加一个 Rigidbody（刚体）组件即可。

操作方法是：在 Hierarchy（层级视图）中选择模型体后，单击主菜单 Component → Physics → Rigidbody（组件→物理→刚体）。

可以通过在 Inspector（检测视图）中查看 Rigidbody（刚体）组件的相关设置项，如图 1-536 所示。

图 1-536

[01]　Mass（质量）：单位为 kg，建议不要让对象之间的质量差达到 100 倍以上。

[02]　Drag（空气阻力）：设置为 0 表示没有空气阻力。

[03]　Angular Drag（扭力的阻力）。

[04]　Use Gravity（使用重力）：是否受重力影响。

[05]　Is Kinematic（是否动态）：是否为运动刚体，如果启用该参数，则对象不会被物理所控制，只能通过直接设置位置、旋转和缩放来操作它，一般用来实现移动平台，或者带有 HingeJoint 的动画刚体。

[06]　Interpolate（差值）：如果刚体运动时有抖动，可尝试一下修改这个参数，None 表示没有插值，Interpolate 表示根据上一帧的位置来做平滑插值，Extrapolate 表示根据预测的下一帧的位置来做平滑插值。

[07]　Freeze Rotation（冻结旋转）：如果选中了该选项，那么刚体将不会因为外力或者扭力而发生旋转，只能通过脚本的旋转函数来进行操作。

[08]　Collision Detection（碰撞检测算法）：用于防止刚体因快速移动而穿过其他对象。

[09]　Constraints（约束）：刚体运动的约束，包括位置约束和旋转约束，勾选表示在该坐标上不允许进行此类操作。

⏰ **注意**

需要运行游戏才能查看刚体受到物理系统影响下的效果。

在 Unity 中每创建一个网体格对象，都有个 Collider（碰撞组件）。例如，Sphere Collider（球形碰撞组件），Capsule Collider（胶囊形碰撞组件），Mesh Collider（网格碰撞组件）等。那么 Collider（碰撞组件）与 Rigidbody（刚体）有什么关系吗？

Collider（碰撞组件）是最基本的触发物理的条件，例如碰撞检测。如果没有碰撞组件，物理系统也会毫无意义。刚体也是一样，去除碰撞组件后，刚体虽然仍会受到重力影响，但是刚体不会与其他对象产生碰撞（一直下落）。

1.5.3　Physic Material（物理材质）

Physic Material（物理材质）用于调整碰撞对象的摩擦力和反弹效果。

可以通过 Physic Material（物理材质）来调节刚体本身的物理属性（如弹力、摩擦力等）。

以 Sphere（球体）为例，在 Inspector（检

测视图）中查看球体的 Sphere Collider（球形碰撞组件），如图 1-537 所示。

图 1-537

观察发现在碰撞组件中有一项 Material（材质）属性，该属性并不是调用普通的纹理材质球，而是需要调用 Physic Material（物理材质）。

Physic Material（物理材质）创建方法如下。

通过单击菜单栏 Assets → Create → Physic Material（资源→创建→物理材质），或者直接在 Assets（资源）工程目录之中，鼠标右击选择 Create → Physic Material（创建→物理材质）创建一个物理材质。

在 Inspector（检测视图）中查看 Physic Material（物理材质）属性，如图 1-538 所示。

图 1-538

01 Dynamic Friction（动态摩擦力/滑动摩擦力）：当物体移动时的摩擦力。通常为 0～1 的值。值为 0 的效果像在冰面，而设为 1 时，物体运动将很快停止，除非有很大的外力或重力来推动它。

02 Static Friction（静摩擦力）：对象在某个表面上保持静止时使用的摩擦力。通常为 0～1 的值。当值为 0 时，效果像在冰面，当值为 1 时，使物体移动十分困难。

03 Bounciness（表面弹力）：值为 0 时不发生反弹，值为 1 时反弹不损耗任何能量。

04 Friction Combine（摩擦力组合模式）：定义两个碰撞物体的摩擦力如何相互作用。

（1）Average（平均）：计算两个摩擦力的平均值。

（2）Minimum（最小值）：使用两个值中最小的一个。

（3）Multiply（相乘）：使用两个摩擦力的乘积。

（4）Maximum（最大值）：使用两个值中最大的一个。

05 Bounce Combine（反弹组合）：定义两个相互碰撞的物体的相互反弹模式。

（1）Average（平均）：计算两个反弹力的平均值。

（2）Minimum（最小值）：使用两个值中最小的一个。

（3）Multiply（相乘）：使用两个反弹力的乘积。

（4）Maximum（最大值）：使用两个值中最大的一个。

⏰ 注意

Physic Material 是一个附加的基本物理属性控制项，除此之外，还可以在 Edit/Project Settings/Physic 中设置 Unity 3D 的物理材质系数。

当设置完成后将 Physic Material（物理材质）拖曳到网格体碰撞组件 None（Physic Material）位置即可，如图 1-539 所示。

图 1-539

运行游戏后即可查看相应的物理模拟效果。

1.5.4　简单的刚体案例

Step 01 首先创建一个 Sphere（球体），创建一些 Plane（平面），摆放如图 1-540 所示。

图 1-540

Step 02 选择 Sphere（球体）后单击菜单 Component → Physic → Rigidbody 添加刚体组件。

Step 03 然后创建一个 Physic Material（物理材质），设置 Bounciness（反弹力）为 1，如图 1-541 所示。

图 1-541

Step 04 将 Physic Material（物理材质）拖曳到 Sphere（球体）的 Sphere Collider（碰撞组件）的 Material（材质）的选项后，如图 1-542 所示。

图 1-542

Step 05 运行游戏就可以看到小球下落效果了，运动趋势如图 1-543 所示。

图 1-543

⏰ 注意

Rigidbody（刚体）可以与含有 Collider（碰撞组件）的对象发生碰撞，例如，图 1-543 中 Plane（平面）中含有 Mesh Collider（网格体碰撞组件）。

1.5.5　布料系统的概念

可以把布料系统理解为特殊的刚体，像面料一样在碰撞后可以变化成任意形状（如图 1-544 所示），例如随风飘的红旗、飘动的窗帘等。

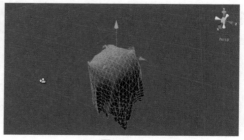

图 1-544

1.5.6　在 Unity 3D 中创建布料

在 Unity 中可以将任何模型体转换为布料对象，只需在模型上添加一个 Cloth（布料）组件即可。

操作方法是在 Hierarchy（层级视图）中选择模型体后，单击主菜单 Component（组件）→ Physics（物理）→ Cloth（布料）。

添加完成后，观察发现在 Inspector（检测视图）中该对象多出了 Skinned Mesh Renderer（蒙皮渲染）与 Cloth（布料）两个组件。

需要注意的是这两个组件缺一不可，想要实现布料效果，Cloth（布料）组件必须和 Skinned Mesh Renderer（蒙皮的网格渲染）组件搭配使用。

⏰ 注意

虽然 Cloth（布料）组件必须和 Skinned Mesh Renderer（蒙皮的网格渲染）组件搭配使用，但是这并不代表创建布料系统还必须在 3ds Max 中导出一个带有蒙皮信息的 fbx 文件。只需要在添加布料组件后赋予相应的布料 Mesh（网格体）即可。

接下来在 Inspector（检测视图）中查看 Cloth（布料）组件的相关设置项，如图 1-545 所示。

01 Stretching Stiffness（拉伸刚度）：数值范围为 0～1，值越大，越不容易拉伸。

02 Bending Stiffness（抗弯刚度）：数值范围为 0～1，值越大，越不容易弯曲。

03 Use Tethers（开启束缚）：默认开启，用于防止过度拉伸。

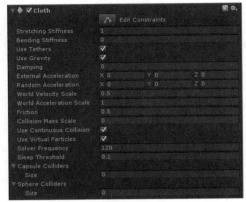

图 1-545

04 Use Gravity（开启重力）：布料模拟是否受重力影响。

05 Damping（阻尼值）：布料运动时产生的阻尼。将会应用于每个布料顶点（适当调节可以减少布料抖动）。

06 External Acceleration（外部加速度）：设置一个固定的外部加速度给布料。

07 Random Acceleration（随机加速度）：设置一个随机的外部加速度给布料。

08 World Velocity Scale（定义角色在世界空间的移动对布料顶点的影响）：值越大，布料对角色在世界移动的反应越剧烈。这个参数基本是用于定义蒙皮布料的空气阻力。

09 World Acceleration Scale（定义角色在世界空间的加速度对布料顶点的影响）：值越大，布料对角色在世界空间的加速度反应越剧烈。如果布料看起来很生硬，那么可试着将该值增加。当布料在角色加速时表现的不稳定时，那么可试着将该值减少。

10 Friction（摩擦系数）：数值范围为 0～1。当布料与其他对象碰撞时产生的摩擦力，只会影响到布料的模拟，并不会影响到刚体对象（单向模拟）。

11 Collision Mass Scale（碰撞质量缩放）：用来设置碰撞质量缩放。

12 Use Continuous Collision（开启连续碰撞）：用来设置开启连续碰撞。增加消耗，减少直接穿透碰撞的概率。

13 Use Virtual Particles（使用虚拟粒子）：优化参数，根据需求修改精确数值。

14 Sleep Threshold（静止阈值）：用来设置静止阈值。

15 Capsule Colliders（胶囊碰撞体）：要对布料产生交互的胶囊碰撞体。

Size（大小）：用来设置碰撞胶囊体的数量。

16 Sphere Colliders（球形碰撞体）：要对布料产生交互的球形碰撞体。

Size（大小）：用来设置碰撞球体的数量。

注意

（1）有两种碰撞组件可以对 Cloth（布料）组件产生碰撞影响。一种是 Sphere Collider（球形碰撞体）组件，另一种是 Capsule Collider（胶囊碰撞体）组件。

（2）使用 Sphere Colliders（球形碰撞体）允许用户同时使用两个球体作为碰撞体，可以依次设置 First（第一）、Second（第二）。通过组合两个球体可以构造出更多的碰撞体外形。

1.5.7　简单的布料系统案例

Step 01 首先单击菜单 GameObject → 3D Object → Plane（游戏对象→ 3D 对象→平面）创建一个平面，选择平面

后单击 Component → Physics → Cloth（组件→物理→布料）添加布料组件。

Step 02 然后在 Inspector（检测视图）中将一个材质球拖曳到 Materials（材质球）→ Element 0 位置（如图 1-546 所示）。再单击 Mesh（网格体）后的圆形图标（如下箭头位置），在 Select Mesh（选择网格体）窗口中选择 Plane（平面）。

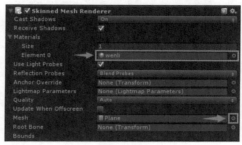

图 1-546

注意

需要移除 Plane（平面）自带的 Mesh Renderer（网格渲染器）组件，或者运行游戏也可以自动删除 Mesh Renderer（网格渲染器）组件。

Step 03 接着单击菜单 GameObject → 3D Object → Sphere（游戏对象→ 3D 对象→球形体）创建两个球形体（赋予纹理材质），并调节两个球形体与平面的位置，如图 1-547 所示。

图 1-547

Step 04 选 择 Plane（平 面）后，设置 Cloth（布料）系统组件中 Sphere Colliders（球形碰撞）的 Size（大小）为 1，分别将 Sphere、Sphere（1）拖曳到 First（第一）、Second（第二）位置中，如图 1-548 所示。

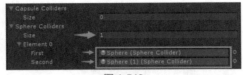

图 1-548

选择 Plane（平面）后，观察发现当前两个球体的"碰撞体形状"发生了融合（如图 1-549 所示的绿框）。

图 1-549

⏰ **注意**

利用 Cloth（布料）系统 Sphere Colliders（球形碰撞）选项中 First（第一）、Second（第二）两个碰撞体的融合特性，可以组合出多种碰撞体形状。如果不希望有融合效果，则只设置 First 一个碰撞体即可。

Step 05 最后运行游戏，就可以看到布料系统的解算效果了，如图 1-550 所示。

观察发现布料自然下落包裹住了下方的两个球体，可以通过修改 Cloth（布料）组件中的相关参数来调节效果。

图 1-550

⏰ **注意**

（1）在旧版本的 Unity 中（如 Unity 4.6.0）制作布料系统时需要对 Skinned Mesh Renderer（蒙皮网格渲染器）使用 Skinned Cloth（蒙皮布料），或者对 Cloth Renderer（布料渲染）使用 Interactive Cloth（交互布料）。而在 Unity 5.0 之后的版本中，Unity 官方将这些组件统一整合为 Cloth 组件，只需要单击菜单 Component → Physics → Cloth（组件→物理→布料）即可同时添加 Skinned Mesh Renderer（蒙皮网格渲染器）与 Cloth（布料）两个组件，而不需要再添加其他组件。

（2）布料系统的物理模拟是单向的，布料可以接受外部影响（自身发生形变），但是不会影响到其他刚体。

（3）示例效果为简单的功能演示，在实际应用时可以将角色的衣服等转换为布料系统。

● 1.6 绑定点的相关概念

本节将讲解绑定点的相关概念。

1.6.1 绑定点的定义 / 存在的意义

许多刚刚进入游戏行业的朋友对角色"绑定点"的概念并不理解。其实道理很简单，以"眩晕"效果为例，已知特效 Prefab（预设体）坐标为 X=0，Y=0，Z=0，那么在游戏中程序要如何判断这个特效的施放位置呢？总不能直接在世界坐标原点施放吧？绑定点实际上就是这个特效的释放位置，可以把它理解为一个"挂钩"，专门用来施放特效与展示信息。

01 绑定点的定义：在角色上添加的（一般位于骨骼子层级），用来释放特效的坐标点。

02 存在的意义：将特效与位置坐标绑定在一起，用来施放特效与展示信息。

游戏中（以魔兽为例）常见的一些绑定点位置如图 1-551 所示。

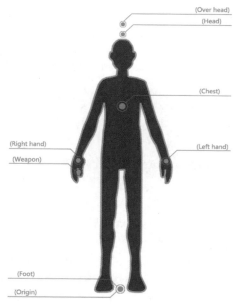

图 1-551

⏰ 注意

通过绑定点可以将游戏中不同"身高 / 体型"的角色适配同一个特效。例如，

"受击特效"可以在所有角色的"胸口绑定点"位置施放。

01 Overhead（头顶）：漂浮在角色的头顶上，但不随角色的动作而晃动（展示公会名称 / 角色名称等）。

02 Head（头）：头顶绑定点，在角色的头上，并随着角色头部的动作而晃动（眩晕效果等）。

03 Chest（胸部）：受击点，在角色的胸部，并随角色胸部动作而晃动（各种受击特效）。

04 Origin（预设）：就是在角色的正下位置，不会晃动，位置跟脚底位置基本相同，有时也会共用同一个（各种施法效果、Buff 都会用到）。

05 Left hand/Right hand（左右手）：左右手绑定点，会随手部运动而运动，有时会和武器挂点共用同一个绑定点（手部蓄力等效果）。

06 Foot（脚底）：脚底绑定点，跟随人物移动（脚底产生烟尘特效等）。

07 Weapon（武器）：武器绑定点，武器跟随手部的运动而运动（挂武器）。

⏰ 注意

（1）以上绑定点名称为示例命名，具体命名规则需要根据项目需求决定。

（2）除了这些常用的绑定点外，可能还会接触到其他的一些绑定点。例如，兽型的角色可能会有嘴部绑定点用来喷火，尾部绑定点放置一些着火效果等。

1.6.2　游戏中四种不同的释放特效方法

01 角色绑定点位置施放特效，如图 1-552 所示。

图 1-552

示例效果为头部绑定点的眩晕效果。

02 坐标位置施放（由程序设定施放位置，制作时特效位置为坐标原点），如图 1-553 所示。

图 1-553

03 飞行道具（子弹系统）移动过程中的效果，例如 A 扔一个魔法球打到 B，或者 A 扔一个龙卷风打到 B 等（点对点攻击，移动速度和方向由程序指定），如图 1-554 所示。

图 1-554

04 连线效果，例如消除游戏中多点连线效果（多点对点）等，如图 1-555 所示。

图 1-555

⏰ 注意

一般消除游戏中连线效果是由 Unity 中 Line Renderer（线性渲染器）功能制作的。可以通过菜单 Component → Effects → Line Renderer（组件 → 效果 → 线性渲染器）来添加连线功能组件。

Line Renderer（线性渲染器）的使用方法如下。

Line Renderer（线性渲染器）是由多个定位点连接绘制成的线，一个单独的 Line Renderer 组件可以绘制简单的平直线或者复杂的连续线段。

如果需要绘制两条或更多独立的线段，则需要使用多个游戏物体（GameObject）分别添加 Line Renderer 组件。

操作方法：

Step 01 单击菜单 GameObject → Create Empty（游戏对象 → 创建空对象）创建一个空对象。

Step 02 选择空对象，单击菜单 Component → Effects → Line Renderer（组件 → 效果 → 线性渲染器）。

Step 03 创建一个 Material（材质

球），并拖曳到 Line Renderer（线性渲染器）中的 Materials（材质组件）上。

组件相关属性，如图 1-556 所示。

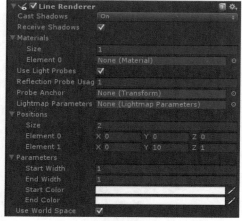

图 1-556

01 Cast Shadows（投射阴影）：可以用来投射阴影。

02 Receive Shadows（接收阴影）：是否接收阴影。

03 Materials（材质选项）：可以设置材质。

（1）Size：材质球数量。

（2）Element 0：第一个材质球名称。

（3）Element 1：第二个材质球名称。

04 Positions（坐标）：定位点的空间坐标。

（1）Size：定位点的数量。

（2）Element 0：第一个定位点名称。

（3）Element 1：第二个定位点名称。

05 Parameters（参数）：可以设置参数。

（1）Start Width：开始宽度。

（2）End Width：结束宽度。

（3）Start Color：开始颜色。

（4）End Color：结束颜色。

06 Use World Space（使用世界坐标）：如果设置为允许，则忽略物体自身位置，相对于世界原点来渲染线。

⏰ 注意

（1）Line Renderer（线性渲染器）始终朝向摄像机方向。

（2）默认 Use World Space（使用世界坐标）勾选状态下无法移动或者缩放线段，如果希望自由调节位置及缩放，则需要取消 Use World Space（使用世界坐标）选项。

1.6.3 绑定点特效命名技巧

一般在项目中特效都有指定的命名规则，大多需要根据公司及项目的要求来命名。

为了更直观地查看特效的绑定点位置，建议将绑定点名称写在特效名称的最后，方便程序查找调用，也便于后期修改。

下面以"战士技能 01"为例进行演示说明，如图 1-557 所示。

图 1-557

观察发现当前角色"技能 1"由四个特效组成，分别如下。

01 Effect_Zhanshi_Jineng01："战士技能 01"中的施法特效，不加后缀默认指的是预设绑点（Origin）。

02 Effect_Zhanshi_Jineng01_hit："战士技能 01"中的受击特效，绑定点位置在胸口（Chest）。

03 Effect_Zhanshi_Jineng01_Lhand：

"战士技能 01"中的左手特效,位置在左手。

04　Effect_Zhanshi_Jineng01_Rhand:"战士技能 01"中的右手特效,位置在右手。

以上命名规则为"Effect+ 角色职业 + 技能 ID+ 特效类型 / 绑点位置"。

这也是特效制作中常见的命名规则,通过合理的命名可以快速区分特效的类别 / 技能 ID/ 绑定点位置。

⏰ 注意

(1)从特效名称就可以看出该特效的功能性及释放位置,上例中 Lhand 指 Left Hand(左手绑定点),Rhand 指 Right Hand(右手绑定点)。

(2)如果对特效的各种类别感兴趣可以在 4.2 节中查看学习。

● 1.7　刀光的制作方法

制作刀光时,一般有很多种实现方法。常用的方法有:①使用粒子系统来实现刀光的效果;②使用动画系统来实现刀光的效果;③使用插件来制作刀光。在接下来的教学中将分别对这几种制作方式进行讲解。

1.7.1　使用粒子系统制作刀光

使用粒子系统制作刀光是项目制作中最常用的一种方法,只需要简单几个步骤就可以实现刀光效果。

Step 01 首先新建一个粒子系统,命名为"Effect_Daoguang",如图 1-558 所示。

图 1-558

Step 02 取消 Looping(持续播放)。将 Start Lifetime(粒子初始寿命)设置为 0.2(该参数表示刀光的存在时间,时间单位是秒,可以根据需求调节数值),设置 Start Speed(初始速度)为 0,如图 1-559 所示。

图 1-559

Step 03 设置 Start Size(粒子初始大小)为 2(该参数表示刀光的大小,可以根据需求调节数值),如图 1-560 所示。

图 1-560

Step 04 将发射器选项中的 Rate(发射速率)设置为 0,启用 Bursts(爆发)模式播放,0 秒时播放一个粒子,如图 1-561 所示。

图 1-561

Step 05 将粒子发射器 Shape(发射器形状)去选,如图 1-562 所示。

图 1-562

Step 06 开启 Color over Lifetime(生命周期颜色),设置刀光的透明过渡,如图 1-563 所示。

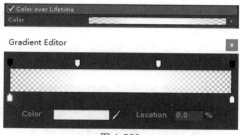

图 1-563

Step 07 开启 Rotation over Lifetime（生命周期旋转）、设置 Angular Velocity 为 800（在这可以设置刀光的旋转速度，可以根据需求调节数值），如图 1-564 所示。

图 1-564

⏰ **注意**

使用 Curve（曲线控制模式）调节旋转速度曲线效果更佳。

Step 08 将 Render Mode（粒子渲染模式）改为 Mesh（网格体），并选择 Mesh（网格体）为 Quad（四边形），如图 1-565 所示。

图 1-565

Step 09 给予一张刀光贴图，材质如图 1-566 所示。

图 1-566

Step 10 结合角色位置调整粒子系统坐标及旋转值，如图 1-567 所示。

图 1-567

Step 11 最后结合角色动作进行细调，一个简单的刀光效果就这样制作完成了，如图 1-568 所示。

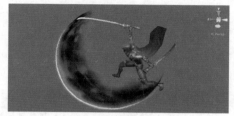

图 1-568

⏰ **注意**

课件资源中提供了刀光技能效果的案例教学演示，可以在附送教学视频中查找。

1.7.2 使用动画系统制作刀光

在本节中将学习使用面片动画来制作刀光效果的方法。

Step 01 首先创建两个空对象，分别命名为"Effect_daoguang""Animation"。然后创建一个 Quad（四边形）拖曳到子级别，如图 1-569 所示。

图 1-569

Step 02 接着选择 Animation（动画）层级，按 Ctrl+6 组合键创建一个动画文件。进入到 Animation（动画编辑窗口）

开启锁定选项，如图 1-570 所示。

图 1-570

Step 03 然后在场景中选择 Quad：Rotation（四边形：开启自动关键帧）制作旋转动画，如图 1-571 所示。

图 1-571

⏰ **注意**

通过 Curve（曲线控制模式）调节旋转速度曲线效果更佳。

Step 04 继续调节刀光的材质球过渡动画，使其旋转的同时过渡消失（到这一步，刀光旋转并消失的一个周期过程就完成了）。

Step 05 取消动画文件中 Loop Time（循环选项），如图 1-572 所示。

图 1-572

Step 06 最后根据角色，调节 Animation（动画）层级的旋转角度 / 位置及缩放值即可，最后效果如图 1-573 所示。

图 1-573

⏰ **注意**

使用面片动画制作刀光与使用粒子发射面片制作刀光效果整体相同，相比之下粒子系统制作刀光更为简便一些。

1.7.3 通过插件来制作刀光拖尾效果

根据武器运动路径实时产生刀光拖尾，见插件篇 Melee Weapon Trail（刀光插件）的用法。

⏰ **注意**

虽然 Unity 也内置了一套拖尾系统，不过由于它的朝向原因并不能作为刀光来使用。在之后的课程中将以插件 Melee Weapon Trail（刀光插件）为例，对拖尾类型的刀光进行制作讲解。

1.7.4 刀光 Mesh（网格体）与刀光贴图的两种常见情况

在游戏中有两种常见的刀光贴图类型，需要适配不同的 Mesh（网格体）。贴图与模型示例效果如下。

第一种，如图 1-574 所示。

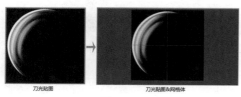

图 1-574

当贴图本身为完整刀光效果时，可以直接使用 Quad（四边形）网格体，如图 1-574 所示。

第二种，如图 1-575 所示。

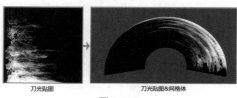

图 1-575

当贴图本身为拉伸形态时，则需要先在 3ds Max 中创建一个基本模型体（如图 1-575 所示）。

⏰ 注意

两种方式并无优劣之分，建议根据效果需求决定制作方案。

除了这两种情况外，还可以自行设计并制作刀光贴图与模型（以下为特殊形状刀光模型及贴图示例），如图 1-576 所示。

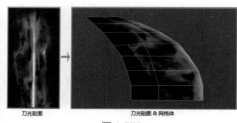

图 1-576

1.7.5　刀光在技能表现中的五点要素

01 整体节奏控制（适配动作调整效果最佳）；

02 刀光辉光效果（刀光划出后，会产生光晕停留在原地）；

03 效果残留（刀光划出后，残留刀痕 / 尖锐边线等效果）；

04 刀光的设计及配色（颜色亮暗及主次设计）；

05 模拟受击点（在刀光受击位置增加一个闪光效果可以增加打击感）。

● 1.8　Unity 特效颜色的选择与搭配

本节将讲解 Unity 特效颜色的选择与搭配。

1.8.1　配色基本知识

很多读者在制作特效时都在为配色所烦恼，其实配色是有一定规律可循的，只要按照这个规律，就能够配出令人满意的色彩来。

在生活中，无论身处在世界中的哪个角落，都充斥着种种不同的色彩。人们在接触这些色彩的时候，常常都会以为每个色彩是独立存在的。就像天空是蓝色的、森林绿色的、树上的葡萄是紫色的，其实每个色彩就像是天上的每颗星星一样，种种不同的星星构成了整个夜空。色彩也是一样，没有一个色彩是独立存在的，也不会有哪一种颜色本身是好看的颜色或是不好看的颜色，只有当它成为一组颜色中的其中之一的时候，才会说这个颜色在这里是协调或是不协调，适合或不适合。北极星固然美丽耀眼，但若是没有整个星空中点点繁星的映衬，它还会那么美丽耀眼吗？

1.8.1.1　三原色

三原色如图 1-577 所示。

图 1-577

三原色：指三种颜色中的任何一种色彩，都不能用另外两种原色混合产生，而其他色可由这三色按一定的比例混合出来。这三个独立的色，称为三原色（或三基色）。

色光的三原色是红、绿、蓝（RGB）。

颜料的三原色是红（品红）、黄（柠檬黄）、青（湖蓝）。

一般在油画等美术中三原色大部分指的都是红黄蓝，而计算机美术设计则会使用红绿蓝。

三间色：橙、绿、紫为三间色。三间色是三原色当中任何的两种原色以同等比例混合调制而形成的颜色，也叫第二次色。

色彩三大要素：色相、饱和度、明度，如图 1-578 所示。

图 1-578

01 色相，如图 1-579 所示。

图 1-579

色相指色彩的呈现。在自然界中，色相是指由光源辐射产生的光谱对肉眼产生的色觉。物体颜色的色相则是由光源和物体的光谱反射率的综合影响产生的效果。

02 饱和度，如图 1-580 所示。

图 1-580

通常"饱和度"指的是颜色的纯度，在颜色中混入白色的成分越多，颜色越不饱和。当饱和度为较低值时，颜色表现为灰白色。

03 明度，如图 1-581 所示。

图 1-581

明度的含义是指各种颜色的深浅差别，即明暗亮度差别，如淡蓝、纯蓝、深蓝、黑蓝之间的明暗差别。各色彩间的明暗度是不相同的，浅色明度强，深色明度弱，白色明度最高。

在了解三原色和色彩三要素的基础知识后，下面开始正式讲解常用的配色知识。首先在 Photoshop 中将颜色分解为 12 个基础色，然后按照"色相"依次排布在环形上，得到的图像称为"12 色环图"，如图 1-582 所示。

在色环中找到"三原色"的位置，会发现这三种颜色刚好组成了一个三角形。通过旋转这个三角形就可以得到多种不同的三色搭配，我们管其他三个颜色的组合搭配叫作"三色组"。

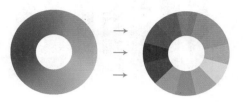

图 1-582

　　三色组是色环上等距离的任何三种颜色。在配色方案中使用三色组时，将给予观察者某种紧张感，这是因为这三种颜色均对比强烈。三原色和间色都是三色组。如图 1-583 所示，就是橙、紫、绿的三色组搭配。

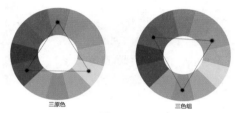

图 1-583

　　大家知道因为三原色对比强烈不适宜同时使用，而三色组和三原色具有同样的特性，如图 1-584 所示。

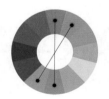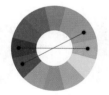

图 1-584

　　互补色：互补色在色环上相互正对，例如图 1-584 中的红色和绿色就是互补色。除了三原色 / 三色组外，互补色的对比也十分强烈。如果希望更鲜明地突出某些颜色时可以使用互补色。

　　相似色：指的是色环上相邻的几种颜色的搭配。可以在同一个色调中制造

丰富的质感和层次。即使在不同风格特效中使用相似色也不会有不协调的感觉，这种颜色组合是在特效配色中最常使用的配色方法，如图 1-585 所示的几种颜色组合，都是相似色的组合搭配。

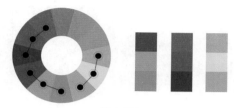

图 1-585

⏰ 注意

　　通过色环可以明显地看到任意一种颜色的几种相似色。

　　其实，即使不看色环也可以通过使用 Photoshop 快速得要任意一种颜色的相似色，从而方便配色。例如，当前在 Photoshop 之中画一个红色的方块，然后依次复制并修改它的"色相值"。（如图 1-586 所示，每个色块的色相偏移值为 20。）

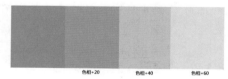

图 1-586

　　通过这种方法可以快速得到任意颜色的相似色来进行色彩搭配，具体操作方式如下。

　　Step 01 单击菜单"图像"→"调整"→"色相 / 饱和度"，如图 1-587 所示。

　　Step 02 修改色相（每个色块的色相偏移程度相同），如图 1-588 所示。

图 1-587

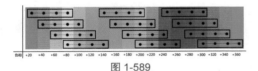

图 1-588

Step 03 通过分解色相可以得到四色组合搭配，如图 1-589 所示。

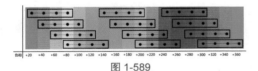

图 1-589

⏰ 注意

因为色环本身就是根据色相排布制定的，所以直接调节色相也可以得到相似色。

1.8.1.2 改变曝光度搭配颜色

颜色的曝光度也会直接影响颜色给人的感觉，在实际特效制作中，当需要采用单色配色方案时，可以通过改变颜色的曝光度来创建不同的感觉（尤其是暗黑风格特效时）。如图 1-590 所示的组合都是改变色彩曝光度来制作的色彩组合。

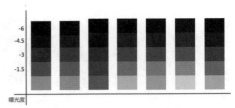

图 1-590

以红色块为例，同样在 Photoshop 中创建一个红色块，然后依次复制并修改它的曝光度（操作如下所示）。

Step 01 单击菜单"图像"→"调整"→"曝光度"，如图 1-591 所示。

图 1-591

Step 02 修改曝光度数值（每个色块的曝光度偏移数量相同），如图 1-592 所示。

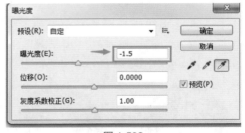

图 1-592

Step 03 最后得到的红色（单色）搭配如图 1-593 所示。

图 1-593

1.8.1.3 改变明度搭配颜色

通过调节颜色的明度值也可以形成很好的过渡效果，明度差异要足够大，不

然过渡效果会不明显。以下为明度差异为
20 的过渡效果示例，如图 1-594 所示。

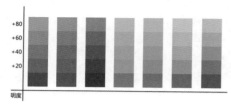

图 1-594

同样以红色块为例，在 Photoshop
中创建一个红色块，然后依次复制并修
改它的明度，操作如下所示。

Step 01 单击菜单"图像"→"调
整"→"色相/饱和度"，如图 1-595 所示。

图 1-595

Step 02 修改明度（每个色块的明
度偏移数量相同），如图 1-596 所示。

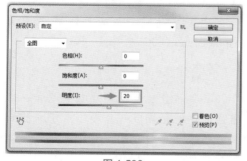

图 1-596

Step 03 最后得到的红色（单色）
搭配如图 1-597 所示。

图 1-597

⏰ 注意

色彩搭配声明：

在特效制作之中其实并不会有什么
禁忌色，也不会有什么绝对不能使用的
颜色搭配。大多数情况下都可以根据特
效设计风格直接对颜色进行修改调整，
没有不好看的颜色，只有不会配色的特
效师。俗话说一分耕耘一分收获，配色
经验多了自然会强化审美能力。

1.8.1.4　观察自然界中的配色

在生活中也可以看到很多的颜色搭
配，例如，天边的日出日落、秋天的落叶、
草丛中的花朵、夜空中的星星、晚霞出
现的火烧云等，只要有一双善于观察的
眼睛，一定会发现更多美妙的颜色搭配。

色性：色彩的"冷/暖"属性称为
色性。

冷暖其实是相对的概念，在绘画、
特效设计等领域中，冷/暖色调分别给
人以疏远/亲密、清凉/火热的不同感觉。
而成分复杂的颜色则需要根据具体元素
组成和外观来决定其色性。

在特效制作之中，往往需要根据自
身设计需求来选择自己需要选用的色系，
一般火属性、炎属性等明显属于暖色系，
而水、冰、风等属性特效则偏向冷色系。
需要结合特效的属性定义来选择搭配相
应的颜色色系来进行特效制作，切忌把
颜色的色系混淆。在色环中冷色系和暖
色系如图 1-598 所示。

从心理学上讲每种颜色都会给人一
种心理暗示。

暖色系给人热情洋溢的感觉，例
如制作男性狂暴战士特效，人物性格
就非常适合暖色配色。而女性魔法师

使用冷色系就可以给人一种清亮冷艳的感觉。

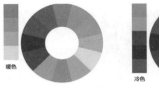

图 1-598

一些常见色给人的感受如下。

01 红色：红色是光谱色环中看起来最为激烈的颜色，让人感受到热情与能量。可以表现出活动力与肉体上的力量感。增加红色配色比可以发展为愤怒、激怒、反抗的心理。

02 橙色：常用于落叶／夕阳／火焰，给人轻快而温暖的感受，让人感受到自信、明朗与活力。

03 黄色：给人情绪高涨、精神饱满的感受，让人感受到光芒与希望。

04 绿色：表现出自然和谐，让人感受到生机、安全与自由。

05 蓝色：带给人神圣、寒冷、轻快、治愈的感觉。

06 紫色：给人一种傲慢、堕落、黑暗的感觉。

⏰ 注意

特效的初衷是吸引玩家眼球，增强画面表现力。而特效配色与原画等行业也不相同，原画配色可能会有各种禁忌（例如不能同时使用三原色／对比色等），而特效却没有什么硬性的要求，基本什么颜色都能用，只需要注意颜色之间的明暗／饱和度／灰度等几项搭配即可。

1.8.2　特效中光感的表现

大家都觉得"天空中的太阳和夜空中的星星"很闪耀，颇有光感，可同样是白色，看起来却一点儿光感也没有。众所周知，白色是高亮色，可如果只有白色一种，没有其他颜色的衬托，那它也不会有任何的光感可言。有亮才有暗，有黑暗才有光明，两者相辅相成。同样在特效制作中，有亮暗对比才会产生光感。

以图 1-599 为例，增加光感需要加入暗色、亮色、高光色、渐变色、阴影色。

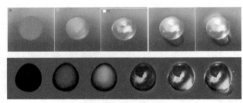

图 1-599

炒菜时，如果觉得淡了就需要加盐，如果觉得咸了就需要加水。同样，在制作特效时也需要学会合理搭配暗亮对比色。想要表现某一效果的高亮，不一定就需要往里加亮色，相反可以加入些暗色来搭配。例如，在特效背景中加入 Alpha Blend（阿尔法混合）模式的材质。

⏰ 注意

如果特效配色是一片亮色或者一片暗色，那就会糊成一片没法看了。可如果特效配色黑白分明、对比强烈，那么特效就一定会很吸引人。

示例：

单独的冰柱看起来颜色暗淡（如图 1-600 所示），需要加入亮色、渐变色以及暗色元素作为衬托。

图 1-600

在特效中加入蓝色、白色以及渐变色，然后将暗色元素放置在冰柱下方（如图 1-601 所示）。

图 1-601

将粒子赋予贴图材质，调节颜色后放置如图 1-601 所示。

同时也可以结合特效本身风格适当加入其他元素丰富细节。

再以一个旋转效果为例：

通过对比观察图 1-602 中的三张图可以看出，失去亮色或者暗色后整个特效看起来都灰蒙蒙的。这是由于缺少对比色，该亮的地方没有亮，该暗的地方没有暗下去，这同样也是造成结构和纹理不清晰的主要原因。

图 1-602

所以在实际制作时，如果觉得特效看起来没有光感，不要一味地去提高亮度，而是要考虑对比色的应用。如果是亮色太多则需要加入暗色，如果是暗色过多则需要加入亮色，这也是快速加强光感的方法，如图 1-603 所示。

观察图 1-603 可以发现，左图中缺少高光色。右图在合适位置加入亮色后，特效的光感明显加强了。

图 1-603

只要掌握亮色与暗色的合理搭配，然后应用于具体案例之中就可以了，如图 1-604 所示。

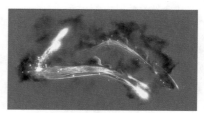

图 1-604

⏰ **注意**

特效中的高亮部分往往需要使用到纯白色，所以如果想要表现材质的高亮/通透，那么就一定不能把材质球透明度调得过高，否则白色部分就变成灰色了。

1.8.3　不同风格之间颜色的选择倾向

游戏美术的风格和画面质量是对玩家产生影响最直观的因素之一，也是前期宣传和广告推广吸引玩家的重要因素。在制作特效时要考虑种种不同风格下特效的差异，最终目的是为了使游戏世界观、角色、特效这三者紧密地结合起来，所以把握特效风格对于特效师来说尤为重要。

01 卡通风格：卡通风格的最大特点就是造型夸张以及色彩可爱活泼，为了使角色更加让人印象深刻，设计者会去特意强调某个特征，并且把特征放大。例如，《龙之谷》中在施放大招时会召唤出与身体比例不协调的巨大斧头。卡通风格的配色一般以亮色为主体颜色，并且纹理结构简单，色彩丰富。

02 写实风格：参照自然界中的颜色搭配，基本形体上并不追求夸张（可以将写实风格理解为"对真实事物的描绘"），一般写实风格的色彩会给人明亮干净的感觉。

03 暗黑风格：一般把近似于《暗黑破坏神》的游戏风格归类于暗黑风，参考《暗黑破坏神3》《火炬之光》《MU》。暗黑风格主要采用暗色为主体颜色，多采用黑红、黑蓝、黑紫等颜色搭配。

04 魔幻风格：部分魔幻题材游戏被称为魔幻风格（其中包含东方魔幻和西方魔幻），参考《泰坦之旅》《洛基》。魔幻风格配色透亮，并且色彩丰富清晰。

⏰ **注意**

要想了解不同风格特效间的区别，最简单、最直接的方法就是亲身体验不同类型的游戏，学会观察各种风格之间的差别，不过注意不要沉迷其中。

1.8.4 特效搭配参考

由于印刷原因书中颜色显示可能会有偏差，所以本节中每个示例颜色下方都标注了具体的 RGB 数值。读者可以通过在 Unity 颜色编辑器中输入具体的数值从而得到准确的颜色，例如，颜色 255-0-0 指的是 R=255，G=0，B=0。在 Unity 中输入数值就可以精确地得到纯红色了，如图 1-605 所示。

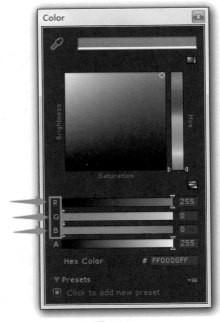

图 1-605

1.8.4.1 火系特效

一般火系特效的颜色组成如图 1-606 所示。

火焰作为暖色系的代表物，象征着光芒与希望。一般火焰的颜色主要由白、黄、橙、红几部分构成，当然除此之外，还有浓烟和火星的颜色，即黑与灰。在制作火系特效时，主要参照这几种暖色的搭配。

推荐的一些火系特效的搭配颜色如图 1-607 所示。

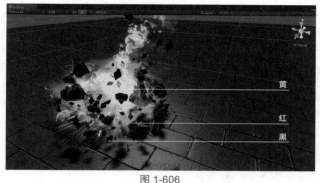

图 1-606

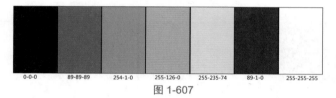

图 1-607

1.8.4.2　水系特效

一般水的颜色组成如图 1-608 所示。

图 1-608

一般水系法术颜色都比较清亮，水的表现真实与否主要看水的颜色和动态。在制作水效果时要尽量避免叠加过曝，适量加入 Alpha Blended（阿尔法混合）材质调暗放在水特效渲染层级后，可以使水的颜色纹理更加清晰，同时又可以避免叠加过曝。

以下为一些水属性特效的颜色搭配推荐，如图 1-609 所示。

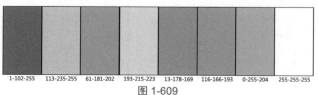

图 1-609

1.8.4.3 冰系特效

一般冰系特效的颜色组成如图 1-610 所示。

冰系特效的整体配色跟水系类似，在冰系特效中加入一些紫色元素可以给特效增加魔幻效果。在制作冰系特效的时候要记得不要把颜色叠加过曝，制作时适量加入一些 Alpha Blended（阿尔法混合）材质调暗放在冰的主体后面可以使冰的整体表现更加透亮，也能避免过曝造成的纹理不清晰。

以下为一些冰属性特效的颜色搭配推荐，如图 1-611 所示。

图 1-610

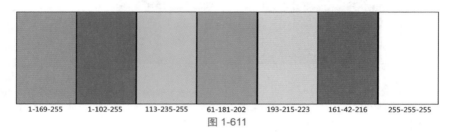

| 1-169-255 | 1-102-255 | 113-235-255 | 61-181-202 | 193-215-223 | 161-42-216 | 255-255-255 |

图 1-611

1.8.4.4 雷系特效

一般雷系特效的颜色组成如图 1-612 所示。

往往需要对效果夸张化处理，结合不同风格进行制作。例如，金色雷（有神圣的效果）、暗紫色雷（黑暗风格效果的处理）、红色雷（火属性雷电）等，雷属性的特效主要在于颜色和动态两个方面的表现。

图 1-612

在游戏中雷系特效颜色有时会跟自然界中的白蓝颜色不同，因为在游戏中

> ⏰ **注意**
>
> 特效整体的光感是由亮色、渐变色、暗色等共同配合表现的。很多光感十足的特效都会很巧妙地利用亮色与暗色。

以下为一些雷属性特效的颜色搭配推荐，如图 1-613 所示。

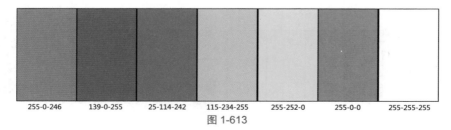

| 255-0-246 | 139-0-255 | 25-114-242 | 115-234-255 | 255-252-0 | 255-0-0 | 255-255-255 |

图 1-613

1.8.4.5 毒系特效

一般毒系特效的颜色都偏暗，常用的颜色有绿色、墨绿色、黑色等。有时还会根据特效风格加入其他颜色，如暗紫等。需要注意一般毒液除了需要在地面制作出液体痕迹外，上面的液体飞溅效果也尤为重要。上下设计都顾及才会有一个立体饱满的效果，如图 1-614 所示。

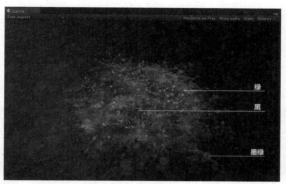

图 1-614

以下为一些毒系特效的颜色搭配推荐，如图 1-615 所示。

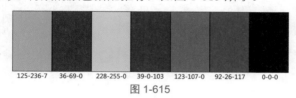

图 1-615

1.8.4.6 暗黑特效

暗黑风格游戏一般场景氛围都是阴暗的，特效也会偏暗色系。最经典的颜色搭配是黑红、黑紫。如图 1-616 所示就是黑红的颜色搭配示例。可以利用之前所学的曝光度颜色搭配方法来调节特效中需要的一些过渡色。

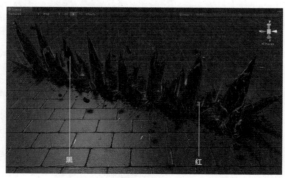

图 1-616

以下为一些常用的暗黑风格颜色搭配，如图 1-617 所示。

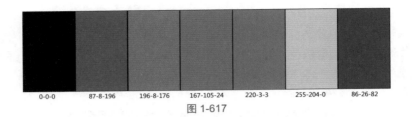

图 1-617

1.8.4.7　魔幻特效

　　魔幻风格的特效整体感觉清亮，不会有特别明显浓重的暗色。在进行颜色搭配时建议搭配白色一起使用，形成光感的同时提升特效整体的亮度。可以使用明度调节颜色搭配的方法增加一些过渡颜色，增加特效的层次感，如图 1-618 所示。

图 1-618

　　魔幻风格的特效推荐色搭配如图 1-619 所示。

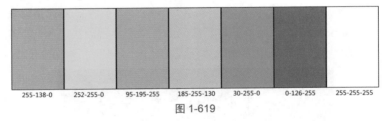

图 1-619

1.8.4.8　风系特效

　　在自然界中，风一般没有固定的形状和颜色，看不见也摸不着。那么在游戏中应当如何表现它呢？游戏特效中主要依靠风的主体、动态及颜色来共同表现，为了增加风的动感，会将风的形态设计为"弧形"，同时还会在风的最外层增加螺旋线纹理来丰富细节。其配色一般采用白色，目的是为了增加光感。但是需要注意不要一味地增加亮色，否则特效整体会过曝，适当增加暗色搭配才会有层次感，如图 1-620 所示。

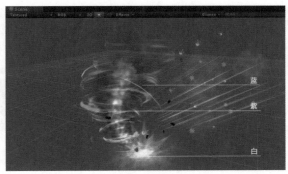

图 1-620

常见的风系特效颜色搭配如图 1-621 所示。

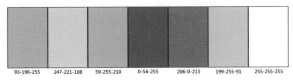

图 1-621

1.8.4.9　土系特效

　　土系特效的颜色基于自然界中的土色，颜色搭配也主要是基于土色的相似色，同时也会根据真实情况加入灰色、黑色、棕色等色。也可以结合之前所学的配色知识来丰富颜色搭配。如图 1-622 中加入灰尘、烟雾等元素可以明显增加特效整体的层次感，也可以进一步凸显主体。

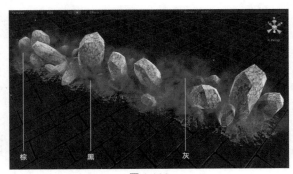

图 1-622

以下为土系特效的一些配色参考，如图 1-623 所示。

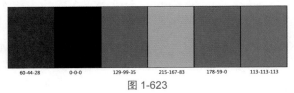

图 1-623

1.9 资源优化

在一款游戏当中，美术工作并非仅仅是艺术创造，同时还包含大量的技术环节。尤其在移动平台上，内存相对较小，如果不注意控制特效的性能损耗，则可能造成内存过载/手机过热等问题，导致程序无法启动甚至崩溃。所以，在注重画面效果的同时，还要注意如何优化美术资源，在相对节约的情况下表现出最好的效果。

特效资源的优化对于提高游戏的运行效率起到重要作用，毕竟特效再怎么绚丽，在游戏中无法使用也是徒劳。在本节中将学习特效优化中的一些注意事项。

1.9.1 控制粒子数量

如果特效中的粒子数量过多，在特效释放时就可能会造成卡顿，所以需要将粒子数量控制在合理的数量范围之内。一般在手游项目中，单个特效的粒子数量不超过 100 个，复杂的特效也争取控制在 150~200 个。单个粒子系统的最大粒子数不要设置为默认的 1000，需要多少设置多少，一般为 0 ~ 30。

1.9.2 去除阴影选项

如果"粒子系统/模型网格体"启用了"阴影"选项，那么在游戏运行时会对它进行实时的光照渲染，从而造成不必要的性能损耗。

如果它们并不需要受光照影响的话，则建议取消"阴影"选项。模型和粒子系统的"阴影"选项设置位置略有不同，以下分别进行讲解。

1. 模型体取消阴影选项

首先选择模型体，然后在 Inspector

（检测视图）中查看该物体的属性，找到 Mesh Renderer（网格渲染）组件中的阴影设置项，如图 1-624 所示。

图 1-624

然后把 Cast Shadows（投射阴影）修改为 Off，接着把下一个属性 Receive Shadows（接收阴影）后面的选项勾取消。

2. 粒子系统取消阴影选项

选择粒子系统后，在 Inspector（检测视图）中查看粒子的属性设置。在 Renderer（渲染）组件中找到粒子系统的阴影设置项，如图 1-625 所示。

图 1-625

然后同样把 Cast Shadows（投射阴影）修改为 Off，把下一个属性 Receive Shadows（接收阴影）后面的选项勾取消。

1.9.3 避免使用灯光系统

制作特效时，尽量不要使用灯光系统。虽然使用灯光可以产生很棒的实时光照效果，但是对性能的损耗也很大。

一般游戏场景中的光照阴影信息都是通过 Unity 烘焙的 Lightmaps（光照贴图）实现的，并不是直接使用实时灯光。

游戏中的很多光线照射效果都是由粒子系统模拟的，制作方法也很简单。

以下为效果示例，如图 1-626 所示。

图 1-626

⏰ 注意

（1）有关粒子系统的知识可以在 1.3 节粒子系统中学习。

（2）除了光线外，游戏中的光晕／光斑等效果都可以由粒子系统制作表现。

1.9.4　尽量避免使用粒子碰撞／尽量不使用物理系统

1. 尽量避免使用粒子碰撞

粒子系统开启碰撞功能后，Unity 将会记录每一次的粒子碰撞事件，而这些都是需要进行实时解算的。虽然在制作时播放查看可能不会有明显的卡顿感，但是我们知道在游戏场景中同时存在场景模型、动画、UI 界面、角色等多个资源，它们已经占用了大部分性能，这时如果播放特效，就很容易造成游戏卡顿或者游戏帧数下降等问题。

这些都不利于游戏的流畅运行并且会增加不必要的性能消耗，所以在特效制作时要尽量避免使用粒子碰撞。

2. 尽量不使用物理系统

Unity 中含有 2D/3D 物理系统，将模型体转换为 Rigidbody（刚体）或者 Cloth（布料）可以进行实时的物理碰撞解算。但是这种实时解算会造成较大的性能损耗，所以建议尽量避免使用物理

系统，以节省不必要的开销。如果不能避免的话，也需要尽量减少碰撞体的面数或者使用较少面数的模型体来代替复杂（高面数）模型体。

1.9.5　尽量减少使用 Sub Emitters（子发射器）

Sub Emitters（子发射器）可以使特效表现更加丰富，但是使用该系统同样会产生大量的粒子。以粒子与物体碰撞后产生粒子系统为例，由于粒子碰撞点位置及碰撞时间不确定，所以系统就需要实时地进行碰撞检测，并且碰撞后每个粒子又会产生新的粒子系统（瞬间产生大量粒子），由于系统需要用到"死亡检测""碰撞检测"等高损耗计算，过多地使用并不利于特效的整体优化。所以建议在实际制作中尽量避免或者减少使用该功能，如图 1-627 所示。

图 1-627

1.9.6　优化层级数量

特效层级一般控制在 8～10 层以内，特殊效果可以适当增加，如图 1-628 所示。

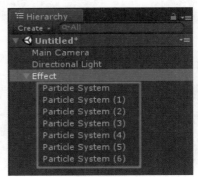

图 1-628

1.9.7 子层级数量控制

如非必要，不要有过多向下层级，如图 1-629 所示。

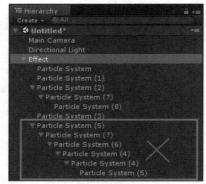

图 1-629

1.9.8 优化模型面数

新建模型时，面数需要控制在 300 面以下，特殊情况除外。图 1-630、图 1-631 为在 3ds Max 中预览多边形面数的方法，图 1-632 为在 Unity 中预览多边形面数的方法。

图 1-630

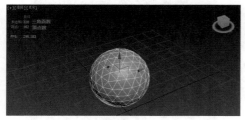

图 1-631

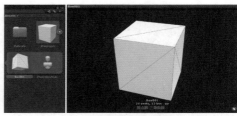

图 1-632

1.9.9 关闭模型阴影

如需在特效预制体中使用从 3ds Max 导入的模型时，需要在 Unity 中关闭生成和接受阴影，如图 1-633 所示。

图 1-633

1.9.10 修改动画帧数

创建动画文件时，需把默认 60 帧改为 30 帧，如图 1-634 所示。

图 1-634

1.9.11 优化动画组件

动画信息不能创建在最高层级，可在最高层级之下创建空挂点，在空挂点上增加动画组件。注意一个预制只输出一个动画信息（特殊情况除外）。将动画名称与特效预制体名称统一，方便后期查看与修改，如图 1-635 所示。

图 1-635

1.9.12　检查坐标位置

最高层级必须归零，如需局部偏移、旋转、缩放，可在第二层级进行坐标偏移、旋转等操作，如图 1-636 所示。

图 1-636

1.9.13　贴图尺寸及应用

本节讲解修改贴图尺寸、尽量一图多用及减少重复贴图。

1. 修改贴图尺寸

贴图尺寸的要求一般是够用就好，在显示效果差不多的情况下尽量使用较小尺寸的贴图。

一般贴图的像素尺寸在 128×128 到 256×256 之间，最大可以是 512×512，有特殊需求时也可以适当增加。

如果对纹理细节要求较高，那么建议使用贴图比例为 1：1 的正方形（不强制），使用不等边贴图制作特效时会对纹理清晰度造成一定的损失（引擎算法决定）。

2. 尽量一图多用

一图多用有助于减少文件内存，减少 Draw call（Unity 每次在准备数据并通知 GPU 渲染的过程），也有助于资源优化。合并纹理、统一调用可以大幅度减少贴图及材质球数量，在游戏中即使是不同特效之间也可以共用部分材质，如图 1-637 所示的贴图。

图 1-637

⏰ 注意

以上贴图使用方法在本书 1.2.10 节"Unity 中特殊纹理贴图的使用"中学习。

3. 减少重复贴图

重复贴图会增加不必要的内存，白白浪费空间。如果项目中文件过多也可以借用软件来查找当前项目文件夹中的重复资源，例如 FindDupFile（磁盘文件管理软件）等工具（附送资源中提供），但是切忌不要直接在 Windows 资源浏览器中删除，所有有关删除、移动资源路径、重命名等操作都需要在 Unity 项目工程中执行。

⏰ 注意

可以利用 FindDupFile（磁盘文件管理软件）查找重复资源，然后在 Unity 中将重复贴图的关联材质球修正，最后在 Unity 工程中删除多余的重复贴图。

1.9.14 将不需要移动的物体标记为 Static

根据静止模型制作特效时（例如场景物件），建议将静态模型属性中的 Static（静态修饰符）选项勾选上。

以一个场景门效果为例，根据模型将特效制作完成后，在层级视图中选择该模型体，然后在 Inspector（检测视图）中查看它的属性，如图 1-638 所示。

图 1-638

勾选图 1-638 中的 Static（静态修饰符）选项即可（红框位置）。

⏰ 注意

（1）勾选 Static（静态修饰符）后模型将被 Unity 处理为静止状态，若对象需要移动，则一定不要勾选该项。

（2）Unity 在运行时会对带有 Static（静态修饰符）标签的对象进行静态批处理从而减少渲染消耗。一般来说，Unity 批处理的物体越多，最后渲染性能也会越好。

1.9.15 尽量避免使用高能耗材质

在特效制作中，有时为了完成更丰富、更绚丽的效果，可能会添加一些高级 Shader（着色器），例如扭曲、溶解，这些 Shader（着色器）往往需要用到显卡的部分功能，会造成较大的性能损耗。为了避免这种情况，除了需要程序的优化外，在制作特效时也需要注意尽量避免使用这些高能耗 Shader（着色器）。

那么高能耗 Shader（着色器）有哪些特点呢？以下是高耗能材质的部分功能特点：反射 / 折射、动态纹理解算、发光 / 辉光、摄像机渲染。

例如，扭曲材质包含折射效果，溶解材质包含动态纹理解算效果，发光材质包含摄像机渲染效果，以上这三种材质都属于典型的高能耗材质 Shader（着色器）。

⏰ 注意

自行编写 Shader（着色器）时，建议尽量避免使用浮点数。

1.9.16 将贴图类型修改为 Advanced

更改图片类型可以减少内存吗？下面来测试下。以图片 Texture001 为例，复制得到一个新的复制体 Texture002。将 Texture002 的 Texture Type（图片类型）修改为 Advanced（高级），取消勾选 Generate Mip Maps （纹理映射）选项后，单击 Apply（应用）按钮，操作如图 1-639 所示。

图 1-639

对比 Texture001 与 Texture002，如图 1-640 所示。

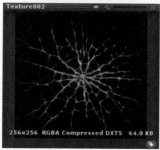

图 1-640

通过对比观察可以发现 Texture002 在图像质量几乎没有损失的前提下减少了 21KB 的内存。

图像内存减小的原因如下。

在开启 Generate Mip Maps（纹理映射）选项后，Unity 会为同一张纹理创建出很多不同尺寸的纹理，构成一个纹理金字塔，从而实现在游戏中根据距离物体的远近，来动态选择使用哪一个纹理。例如，当摄像机在距离物体较远的时候，使用模糊的纹理，在距离物体较近的时候则调用精细的纹理。因为当摄像机离物体距离远时，即使使用了非常精细的纹理，肉眼也是分辨不出来的，所以这时完全可以使用更小、更模糊的纹理来代替。而它的缺点就是会增加很多内存，不过在 Unity 项目中（尤其是手游项目中）一般不需要开启该功能，

所以就可以通过取消该选项来达到减少内存的目的。

> 🕐 注意
>
> （1）不同图片之间处理结果不一定相同，图片类型切换为 Advanced（高级）后内存不一定会变小。
>
> （2）贴图文件在 Unity 中显示的内存数值和在 Windows 资源浏览器中的内存大小不相同，这是因为 Unity 计算的是内部处理后的结果。Unity 项目中的所有图片，包括 png/tga 等最后都会由 Unity 统一压缩处理后再打包发布。

1.9.17　尽量使用 8 位通道图片代替 16 位通道图片

以一张刀光贴图 Daoguang.png 为例，将该贴图导入到 Photoshop 中，单击菜单"图像"→"模式"→"8 位/通道"。

操作如图 1-641 所示。

图 1-641

然后单击"文件"→"存储为"，选择路径并设置导出格式为 png，将导出文件命名为"Daoguang_8bit.png"。

然后在 Photoshop 中同样单击菜单"图像"→"模式"→"16 位/通道"再次导出图片命名为"Daoguang_16bit.png"。

对比 Daoguang_16bit.png 和 Daoguang_8bit.Png，如图 1-642 所示。

图 1-642

发现图像显示效果几近相同，但是 8 位图像明显比 16 位内存占用少很多，所以建议大家在实际制作时尽量使用 8 位图像。

⏰ **注意**

（1）该方法仅适用于 png 格式的贴图。

（2）当项目中含有多个 png 贴图文件时，建议使用"批量修改 png 命令符"来一键批量修改（附送资源中提供文件与使用方法）。

第

2

章

Shader（着色器）材质

　　在前面的章节中，介绍了 Unity 的基本知识、特效制作的工作流程、粒子系统，以及动画系统的制作技巧，相信读者已经能够独立制作部分效果了。除此之外，游戏中的那些特殊效果（例如扭曲和溶解等）要如何实现呢？

　　这时就需要使用到 Unity 材质系统了，Unity 材质系统的核心内容也就是本章节中讲解的 Shader（着色器）系统。

2.1　认识 Shader（着色器）

本节先来认识一下 Shader（着色器）。

2.1.1　什么是 Shader（着色器）

　　Shader（着色器）实际上是一小段程序代码，它负责将输入的 Mesh（网格）以指定的方式和输入的贴图或者颜色等进行组合，然后输出。绘图单元可以依据这个输出来将图像绘制到屏幕上。输入的贴图或者颜色等，结合相应的 Shader（着色器）以及 Shader（着色器）的特定参数设置，将这些内容打包并存储在一起，得到的就是一个 Material（材质）系统。之后便可以将材质赋予到合适的游戏物体来进行效果的预览了。

　　它的作用是可以通过 Shader（着色器）的一些属性参数设定，通过修改这些属性，从而改变模型渲染到屏幕上的效果，也可以结合使用 Unity 自身的动画系统，动态地更改材质属性来完善、丰富特效的画面效果，增强画面的丰富度和表现力。

2.1.2　在 Unity 中创建 Shader（着色器）文件

1. 第一种方法

　　首先需要在 Project（工程视图）中选择一个路径来创建 Shader（着色器）文件，例如当前选择路径为 Assets → Shaders（资源→着色器），接着单击 Project（工程视图）下的 Create（创建），依次选择 Create → Shader → Standard Surface Shader

（创建→着色器→标准表面着色材质），如图 2-1 所示。

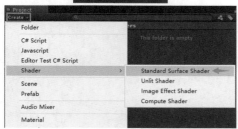

图 2-1

　　然后在之前所选择的路径 Assets（资源）→ Shaders（着色器）之中就可以看见新创建的 Shader（着色器）文件了。新创建的 Shader（着色器）文件默认名称为 "NewSurfaceShader"，如图 2-2 所示。

图 2-2

2. 第二种方法

　　也可以直接选择 Assets（资源）之中的任意路径，在所选择的目标路径空白处单击鼠标右键，在弹出的菜单框中选择 Create → Shader → Standard Surface Shader（创建→着色器→标准表面着色材质），同样也可以创建一个 Shader（着色器）文件。操作如图 2-3 所示。

图 2-3

最后在路径之中同样也会创建一个新的 Shader（着色器）文件，如图 2-4 所示。

图 2-4

⏰ 注意

双击 Shader（着色器）文件名可以打开 Unity 的 MonoDevelop（内置编辑器），可以在编辑器之中修改 Shader（着色器）的内容。

2.1.3　Shader（着色器）文件的导入方法和使用说明

一般导入 Shader（着色器）时有两种情况：一种是导入资源包，格式为"*.unitypackage"；另一种情况是导入单个或多个的"*.shader"文件。

01 第一种：导入 Shader（着色器）资源包。

操作方法跟导入其他资源包方法相同，首先单击菜单栏 Assets → Import Package → Custom Package（资源→导入包→自定义包），如图 2-5 所示。然后在弹出的窗口中选择".unitypackage（资源包）"文件单击"打开"，在导入窗口中查看需要导入的文件，确认无误后单击 Import（导入）按钮即可。

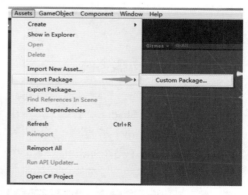

图 2-5

02 第二种：Shader（着色器）文件的导入。

如果文件后缀是 ".shader"，那么导入的方法更加简单。操作方法是，选择 ".shader" 文件（可以单选也可以是多选），然后直接拖到任意 Unity 工程目录中即可，操作如图 2-6 所示。

图 2-6

🕐 注意

只需要将 Shader 文件导入项目任意路径中，Unity 即可自动识别，并不需要额外的手动激活。

2.1.4　新版着色器系统

Unity 5.0 中推出了新版着色器系统（Physically Based Shading，PBS），其中一个名为 "Standard（标准着色器）"，另一个名为 "Standard（Specular Setup）（标准着色器高光版）"，如图 2-7 所示。

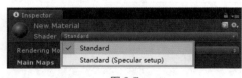

图 2-7

它们主要是针对硬质表面（也就是建筑材质）而设计的，可以处理大多数现实世界中的材料（例如石头、陶瓷、玻璃、铜器、银器或橡胶等），同时还可以优秀地处理一些非硬质表面的材质（如皮肤、头发或布料等）。它们共同组成

了一个完整的 PBS 光照系统且非常简单易用。

这套全新的着色器系统的设计初衷是化繁为简，Unity 团队想通过这样的一个多功能着色器对之前的旧版材质进行整合。在这套全新的着色器系统中将不再需要选用不同的着色器来改变纹理通道，不再需要通过切换着色器来改变混合模式，也不会再出现 "texture unused, please choose another shader（纹理被使用，请选择其他着色器）" 等。该着色器中的所有纹理通道都是以备选形式出现的，无须强制使用，任何一个闲置通道的相关代码都会在编译时被优化掉，因此不必担心效率方面的问题。Unity 会根据输入到编辑器中的数据来生成正确的代码，并使整个过程保持高效。

🕐 注意

在实际特效制作中 Standard（标准着色器）系统并不常用，本章节主要目的是介绍 "法线贴图" "高度图" "AO贴图" "自发光" 等美术知识。

2.1.4.1　Standard（标准着色器）面板

首先创建一个材质球，将材质类型设置为 Standard（标准着色器），如图 2-8 所示。

01 Rendering Mode（渲染模式）

（1）Opaque（不透明）：默认类型，适合没有透明区域的固体对象（建筑体、石块等）。

（2）Cutout（抠图/遮挡）：允许用户创建一个含有透明通道的效果，但是在 "透明部分" 与 "不透明部分" 交界处生硬（呈现硬边，无过渡效果）。

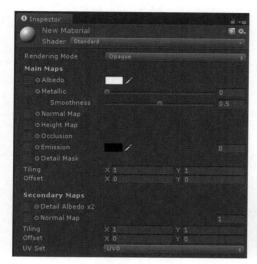

图 2-8

Albedo（反照率）是物体表面的基本颜色（相当于模型表面的散射颜色），类似于旧版材质系统中 Main Color（主色调）与 Base（RGB）的混合体，可以在该属性中设置纹理的颜色和透明度。

选择贴图直接拖曳到 Albedo（反照率）前面的空白处即可赋予贴图（操作如图 2-10 所示）。

图 2-10

🕐 **注意**

在这种模式下没有半透明区域，所有纹理都是完全透明或完全不透明（在制作一些树叶、碎块、孔洞等效果时会用到）。

（3）Fade（褪色）：允许材质完全透明，并且不受环境高光和反射值的影响。

制作特效时，可以在该模式下制作一些透明渐变动画。（由于该模式不受环境高光和反射影响，所以并不适合呈现真实透明的材料，如塑料、玻璃等。）

（4）Transparent（透明）：适合呈现现实中的透明塑料或玻璃等材料。在这种模式下，材料将保持本身的透明度信息（基于纹理 Alpha 通道），同时还会受到环境反射和高光的影响。

02 Main Maps（主贴图）

（1）Albedo（反照率），如图 2-9 所示。

○ Albedo

图 2-9

🕐 **注意**

① 其他材质贴图的赋予方法相同，操作以后不再重复。

② Standard（标准着色器）默认包含基本参数，但不预置纹理。

可以使用快捷键 Ctrl+ 单击纹理的方式来预览大图，并且还可以分别查看颜色和 Alpha 通道，如图 2-11 所示。

图 2-11

通过单击图 2-12 的红框位置可查看图像 Alpha 通道。

图 2-12

（2）Metallic（金属属性 / 金属感），如图 2-13 所示。

图 2-13

金属材料的参数决定了物体表面的外观，其中包含 Metallic（金属属性）及 Smoothness（平滑参数）两个设定项。

① Metallic（金属感）。

Metallic（金属感）相当于物理模型中的 F（0），即物体表面和视线一致的面对光线反射的能量，金属物体通常超过 50%，大部分在 90%，而非金属集中在 20% 以下，自然界中的物质很少有在 20% ~ 40% 的（除非一些人造物体），

正因为如此，这个属性被形象地称为 Metallic（金属感）。

设置 Metallic（金属感）值从 0 到 1（依次调节），并设置 Smoothness（平滑参数）为固定数值 0.8。对比如图 2-14 所示。

图 2-14

② Smoothness（平滑参数）。

Smoothness（平滑参数）相当于物理模型与实现一致的面占所有微面的比例，比例越大，物体表面越光滑，反之越粗糙，一定要区分这个参数和 Metallic（金属感）的区别。Metallic（金属感）表示能量反射的强弱，Smoothness（平滑参数）则表示物体表面的光滑程度。大多数情况下金属材质的 Smoothness（平滑参数）值都很高，该参数也决定了金属表面的镜面反射强度（范围为 0 ~ 1），数值越大则镜面效果越明显。

设置 Smoothness（平滑参数）值从 0 到 1（依次调节）效果如图 2-15 所示。

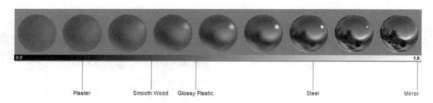

图 2-15

观察发现 Smoothness（平滑参数）数值越大，则物体表面越光滑。极端情况下（数值为 1）会像镜子一样反射光线。

比较"低""中""高"三种数值强度下，物体表面的反射角度。

图 2-16 中"黄线"表示光线触及不同平滑程度平面时，光线的反射角度。

图 2-16

比较场景内"低""中""高"三种 Smoothness（平滑参数）的光线反射效果，如图 2-17 所示。

图 2-17

⏰ 注意

图 2-17 中"红线"表示光线触及不同平滑程度平面时，光线的反射角度。

观察发现，当 Smoothness（平滑参数）较低时（适合模拟粗糙表面），物体表面每一点的效果都来自一个广阔区域内的反射光（物体表面没有清晰映射周围环境）。

当 Smoothness（平滑参数）较高时（适合模拟光滑表面），物体表面每一点的效果都来自一个集中区域内的反射光（物体表面清晰映射了周围环境）。

（3）Normal Map（法线贴图），如图 2-18 所示。

○ Normal Map

图 2-18

Normal Map（法线贴图）是记录了一个需要进行光影变换的模型体上各个点凹凸情况的贴图，Unity 根据这个贴图的内容来生成新的光影变化，从而实现立体效果。

优势：Normal Map（法线贴图）的优势就是可以利用较少的资源来实现非常好的凹凸效果。

Normal Map（法线贴图）大多用于动画及游戏画面制作上，将具有高细节的模型通过映射烘焙出法线贴图，然后贴在低面模型的法线贴图通道上，使其拥有高细节模型的凹凸光影效果。这样处理不但大大降低了损耗，还可以起到优化渲染效果的作用。

例如，当前需要制作一个富含细节的金属板，如果完全由几何体来实现，如图 2-19 所示。

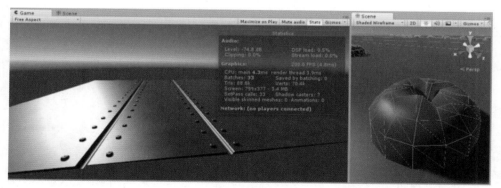

图 2-19

当前模型中所有细节（包含螺丝钉、凹槽等）都是由真实模型来实现的，这会造成非常多的多边形面数。

为了解决高面数造成的效率降低、资源量增加等问题，那么这时候 Normal Map（法线贴图）就应运而生了，通过法线贴图可以让模型使用较少的面数来表现更多的细节。

示例如下：

将一个 Quad（四边形）赋予 Normal Map（法线贴图）后，同样也可以模拟出"裂痕""凹槽""螺丝钉"等细节，如图 2-20 所示。

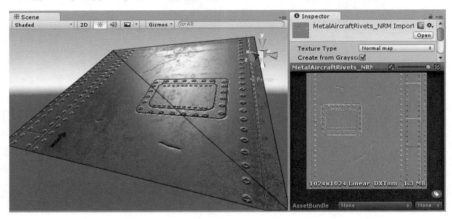

图 2-20

观察发现，其实模型体本身并没有发生真实的凹凸变化，Normal Map（法线贴图）只是用来模拟光影的。

⏰ **注意**

Normal Map（法线贴图）一般是通过 3ds Max、Maya、Zbrush 等建模 / 雕刻软件中的"高模"（高面数模型）直接渲染烘焙出的，或者也可以使用 Photoshop、Crazy Bump 等软件生成。

2.1.4.2　Normal Map（法线贴图）的作用原理

我们知道，人之所以能够对周边景物看出立体感的主要原因是因为人有两只眼睛。两只眼睛看的景象是不同的，所以人们才能分辨出立体感来。但是由于计算机屏幕是一个平面，所以分辨 3D 效果就只能通过模拟光影来实现了。

举个简单的例子，就像画素描时为了让一个球体看起来像是一个真实存在的物体，就必须让球体的受光部分是亮的，背光部分是暗的，而且从亮部转向暗部的时候是一个均匀的、按照物理模型特点的规则过渡，这样画出来的球体才会有立体感，在计算机中渲染物体表面光影信息时也是一样。

Normal Map（法线贴图）其实并不是真正的"纹理信息贴图"，所以也不会直接贴到物体的表面上。它所起的作用就是记录每个模型点上的法线方向，所以看起来也会比较诡异，经常呈现一种偏蓝紫色的样子，如图 2-21 所示为 Normal Map（法线贴图）示例。

1. 法线方向

首先在 3ds Max 中创建一个带有弧度的平面体作为示例，如图 2-22 所示。

图 2-21

图 2-22

分析其"切面示意图"（当前黄色箭头表示法线方向），如图 2-23 所示。

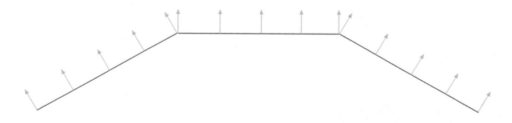

图 2-23

默认模型体的法线方向十分规则（垂直于物体表面）。

接下来赋予模型体一张 Normal Map（法线贴图）后，变化如图 2-24 所示。

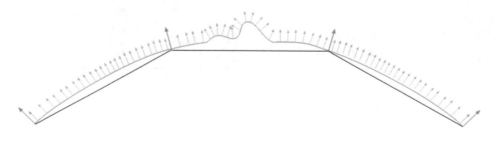

图 2-24

赋予 Normal Map（法线贴图）后，平面体的法线方向发生了变化，同时这也是 Normal Map（法线贴图）的作用原理。

2. 凹凸效果

对比 Texture（漫反射贴图）与 Normal Map（法线贴图），示例如图 2-25 所示。

图 2-25

接下来在 Unity 中将 Texture（漫反射贴图）与 Normal Map（法线贴图）赋予模型体，对比如下。

（1）Texture（漫反射贴图），如图 2-26 所示。

图 2-26

（2）Texture（漫反射贴图）+Normal Map（法线贴图），如图 2-27 所示。

图 2-27

观察发现赋予 Normal Map（法线贴图）后，模型的"凹凸感"和"表面细节程度"大大提高了。

⏰ 注意

在 Unity 中可以将任何贴图纹理转换为法线贴图，只需要修改其 Texture Type（漫反射贴图类型）选项即可。具体操作方法请参照 1.2 节中"贴图类型之间的切换"。

（1）Height Map（高度图）：也称为视差映射，用于在法线贴图的基础上表现高低信息。法线贴图只能表现光影上的凹凸效果，而高度图则可以直接改变模型体本身（改变模型布线），增加物理上的位置前后，如图 2-28 所示。

⊙ Height Map

图 2-28

这种技术更加复杂，因此损耗也更高。通常 Height Map（高度图）会与 Normal Maps（法线贴图）一起使用，一个负责重定义物体表面，另一个负责渲染光影的凹凸感。

通常 Height Map（高度图）是一个灰度图（由黑白灰构成），白色区域表示"高度较高"，而黑色区域则表示"高度较低"，示例如图 2-29 所示。

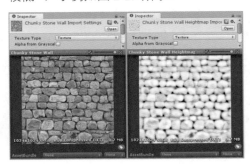

图 2-29

将这几种类别的贴图分别赋予 Plane（平面），效果对比如图 2-30 所示。

(a) Albedo

(b) Albedo+Normal Map

(c) Albedo+Normal Map+Height Map

图 2-30

图 2-30（a）：仅赋予 Albedo（基本颜色），模型体并无凹凸效果。

图 2-30（b）：赋予 Albedo（基本颜色）和 Normal Map（法线贴图）后，模型体的凹凸感增加，但是物理结构（布线）未发生变化。

图 2-30（c）：赋予 Albedo（基本颜色）、Normal Map（法线贴图）和 Height Map（高度图）后，模型体不但有了凹凸上的光影效果，同时还发生了形变。

（2）Occlusion：全称 Ambient Occlusion（AO 贴图 / 环境阻塞贴图），用于模拟 GI（全局光），常用于次时代级别游戏中，如图 2-31 所示。

◎ Occlusion

图 2-31

通过该贴图来表现模型体受到间接照明的强弱，例如，物体在凹槽处由于受到的光线较少而显得暗（由自遮挡造成的），所以"AO 贴图"在边缘部分等

比较密集的结构中产生了深色。

Occlusion（AO 贴图）同样是一个灰度图像，白色部分表示该区域得到了完整的间接照明，而黑色则表示没有间接照明。该贴图通常由 3D 建模工具烘焙渲染制作，或者由第三方软件生成。

在 Unity 中有两个地方可以调整 AO，一个是在光照贴图渲染器中（有一个调整 AO 的参数），另一个是通过摄像机特效，其中有一个屏幕空间环境阻塞特效 Screen Speace Ambient Occlusion（SSAO）（屏幕空间环境阻塞）。

（3）Emission（自发光）：通过它可以实现物体表面的发光效果，并且可以控制发光的颜色和强度。对象将出现"自我照亮"，类似一个可见光源，如图 2-32 所示。

◎ Emission　　　　　　　　　　　　　　0

图 2-32

Emission（自发光）常用来模拟显示器屏幕、发光的按钮、仪表盘等。

（4）Detail Mask（细节遮挡）：作用于 Secondary Maps（第二道贴图），通过该选项可以对第二道贴图造成额外的遮挡效果，如图 2-33 所示。

◎ Detail Mask

图 2-33

图 2-34 中两个选项，是针对于 Main Maps（函数贴图）中的纹理排列调整。

Tiling　　　　X 1　　　　　　Y 1
Offset　　　　X 0　　　　　　Y 0

图 2-34

① Tiling：设置 X、Y 两个方向的纹理排列数量。

② Offset：设置 X、Y 两个方向的偏移值。

（5）Secondary Maps（第二道贴图 / 二级贴图）：该选项允许添加额外的 Detail Albedo（基本颜色）和 Normal Maps（法线贴图），第二套材质将直接覆盖在原有 Main Map（函数贴图）材质上（两者同时存在），如图 2-35 所示。

图 2-35

图 2-36 中的三个选项，是针对于 Secondary Maps（第二道贴图）中的纹理排列调整。

图 2-36

① Tiling：设置 X、Y 两个方向的纹理排列数量。

② Offset：设置 X、Y 两个方向的偏移值。

③ UV Set：UV 排列方式切换。

除了以上 Standard Shader（标准着色器）以外，Unity 5.3.0 还提供了一个 Standard（Specular Setup）即标准着色器高光版。两者主要区别在于标准着色器高光版将 Metallic（金属属性）替换成了 Specular（高光）。

2.1.5 常用 Shader（着色器）说明

制作特效时，有些材质是很常用的。本节中总结了一些常用的特效 Shader（着色器）类型。这些 Shader（着色器）足以应对大多数效果，除了 Unity 内置的预设 Shader（着色器）以外，同时还会有一些特殊的 Shader（着色器）也进行了整理，

下面是具体的内容列表和使用说明。

首先在 Unity 中选择一个资源路径后，鼠标右键单击 Creat → Material（创建→材质）。操作如图 2-37 所示。

图 2-37

那么在项目对应路径之中就会产生一个新材质球（默认名称"New Material"），可以通过使用快捷键 F2 进行快速重命名，自定义新建材质球名称，如图 2-38 所示。

图 2-38

材质球创建完成后，选择材质球并在 Inspector（检测视图）中查看材质球的属性。

接下来单击材质球 Shader（着色器）选框，进行材质类型切换，如图 2-39 所示。

图 2-39

然后找到 Particles（粒子）下的三个材质，这些材质在特效制作中使用频率是非常高的，如图 2-40 所示。

它们分别是：

01 Additive（亮度叠加材质）：用来设置亮度叠加材质。

图 2-40

02 Additive（Soft）（柔和亮度叠加材质）：用来设置柔和亮度叠加材质。

03 Alpha Blended（阿尔法混合材质）：用来设置阿尔法混合材质。

然后是适用于移动设备 Mobile（移动平台）/Particles（粒子）下的粒子材质，如图 2-41 所示。

图 2-41

01 Additive（亮度叠加材质）：用来设置亮度叠加材质。

02 Alpha Blended（阿尔法混合材质）：用来设置阿尔法混合材质。

接下来是 Legacy Shaders/Self-Illumin（传统着色器 / 自发光）下的自发光材质，如图 2-42 所示。

图 2-42

01 Bumped Diffuse（法线自发光材质）：用来设置法线自发光材质。

02 Bumped Specular（法线高亮自发光材质）：用来设置法线高亮自发光材质。

03 Diffuse（漫反射自发光材质）：用来设置漫反射自发光材质。

最后是特殊 Shader（着色器）材质效果包，如图 2-43 所示。

图 2-43

将材质 Shader（着色器）类型切换为 Jingyu，从上至下依次是：叠加材质层级 1、叠加材质层级 2、叠加材质层级 3、遮罩叠加 、动态遮罩叠加、遮罩纹理扭曲、阿尔法混合层级 1、阿尔法混合层级 2、阿尔法混合层级 3、卡通外边、卡通外边（仅）、亮边、亮边材质（仅）、模型序列播放、扭曲、动态扭曲、溶解。

2.1.6　用于移动设备的材质 Shader（着色器）说明

在做一些适配移动端游戏项目的时候，往往一些高级材质（如溶解、扭曲、发光等）Shader（着色器）会造成相对较大的性能损耗，不利于对后期进行优化处理。所以在移动端项目中建议尽量避免使用这种高损耗材质。

那么有哪些材质是低损耗（高效）材质呢？

其实从名称就可以看出，Mobile（移动平台）就是专门为移动端所设立的，在 Shader（着色器）列表中找到 Mobile（移动平台）下的着色器列表，如图 2-44 所示。

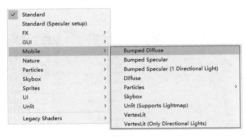

图 2-44

这些 Mobile（移动平台）下的材质专门针对移动平台进行优化处理过，因此可以在保证效果的前提下大幅度减少性能的损耗开销。

特效中常用的 Particle（粒子）等材质都可以使用 Mobile（移动平台）→ Particles（粒子）下的材质替代，只需将 Shader（着色器）类型切换为 Mobile（移动平台）→ Particles（粒子）即可。

以下为 Mobile（移动平台）→ Particles（粒子）材质列表，如图 2-45 所示。

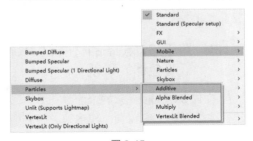

图 2-45

01 Additive（亮度叠加模式）：用来设置亮度叠加模式，同 Particles（粒子）→ Additive（亮度叠加材质）下的材质效果相同。

02 Alpha Blended（阿尔法混合模式）：用来设置阿尔法混合模式，同 Particles（粒子）→ Blended（混合）下的材质效果相同。

03 Multiply（乘模式）：用来设置乘模式。

04 VertexLit Blended（顶点混合模式）：用来设置顶点混合模式，可以通过内置属性 Emissive Color（漫反射色）来调节纹理材质亮度。

● 2.2 运用 Shader（着色器）来实现一些特殊效果

在 2.1 节已经学习了 Unity 中常用 Shader（着色器）类型和基础知识，本节将依次讲解这些 Shader（着色器）的具体使用方法。

以下 Shader（着色器）文件均来自本书附赠课件资源。

2.2.1 Additive（叠加材质）的显示级别控制

导入 Shader（着色器）资源包后，任意创建一个材质球，切换 Shader（着色器）类型如图 2-46 所示。

图 2-46

首先从亮度叠加材质 Additive Lv1（叠加材质层级 1）、Additive Lv2（叠加材质层级 2）、Additive Lv3（叠加材质层级 3）开始了解。

这几个材质与常用的 Particles（粒子）→ Additive（叠加材质）的区别就在于多了显示级别的控制，级别越高将越优先显示（Lv3>Lv2>Lv1）如图 2-47 所示。

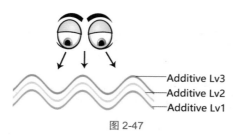

图 2-47

注意

（1）同一个特效中，即使位置相同也会按照 Lv3>Lv2>Lv1 的顺序依次渲染显示。

（2）Additive Lv1（叠加材质层级 1）、Additive Lv2（叠加材质层级 2）、Additive Lv3（叠加材质层级 3）这三种 Shader（着色器）同样适用于粒子系统，可以支持粒子系统的 Start Color（粒子颜色）、Color Over Lifetime（生命周期颜色）等各类内置参数。

2.2.2　Additive_mask（遮罩叠加）材质

这次把 Shader（着色器）类型切换为 Jingyu → Additive_mask（遮罩叠加），列表中含有"mask（叠加）"字符的都是遮罩材质，如图 2-48 所示。

图 2-48

之后的教学将按照 Shader（着色器）列表顺序依次进行讲解，操作不再重复。

注意

Additive_mask（遮罩叠加）材质仅适用于模型体，将该材质赋予粒子系统时，不能支持粒子系统的 Start Color（粒子颜色）、Color Over Lifetime（生命周期颜色）等各类内置参数。

以下为效果示例。

Step 01 首先创建一个 Plane（平面），再创建一个材质球赋予平面对象，将材质球 Shader（着色器）类型修改为 Jingyu → Addtive_mask（遮罩叠加）。

Step 02 选择一张贴图，赋予当前材质球 Base（RGB）（RGB 基础色）选项中，操作如图 2-49 所示。

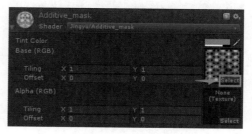

图 2-49

注意

可以通过单击空白窗口右下角的 Select（选择）（红框位置）来拾取一张纹理贴图。

显示效果如图 2-50 所示。

材质球相关设置项：

01 Tint Color（色调）：可以在这一栏修改材质的着色信息。

图 2-50

02 Base（RGB）（RGB 基础色）：在这一栏中可以赋予纹理贴图，配合 Tiling（排布数量）、Offset（偏移）属性来修改材质 UV 的单位排布数量以及偏移值。

03 Alpha（RGB）：添加一张黑白图来控制当前材质纹理透明通道部分（黑色部分表示透明，白色部分表示不透明）。

Step 03 选择一张黑白图，赋予到当前材质球 Alpha（RGB）选项中，操作如图 2-51 所示。

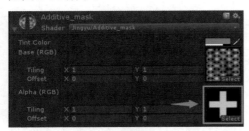

图 2-51

效果显示如图 2-52 所示。

图 2-52

Step 04 观察发现白色部分被显示，而黑色部分被隐藏。

⏰ 注意

该 Shader（着色器）中由 Alpha（RGB）控制纹理的显示范围，通过修改 Tint Color（色调）透明度则可以控制纹理的显示强度。

2.2.3 Additive_mask_animation （动态遮罩叠加）材质

将 Shader（着色器）类型更改为 Jingyu → Addtive_mask_animation（动态遮罩叠加），如图 2-53 所示。

图 2-53

它与 Additive_mask（遮罩叠加）材质的区别在于多了一个控制遮罩图流动的功能。

以下为效果示例。

Step 01 首先创建一个平面体，再创建一个材质球赋予平面对象，将材质球 Shader（着色器）类型修改为 Jingyu → Addtive_mask_animation（动态遮罩叠加）。

Step 02 选择一张贴图，赋予当前材质球 Main Texture（主纹理贴图）中，再选择一张贴图赋予 Mask（R）中，如图 2-54 所示。

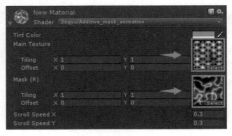

图 2-54

效果如图 2-55 所示。

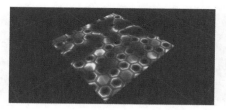

图 2-55

Step 03 然后修改 Shader 属性中的设置选项 Scroll Speed X、Scroll Speed Y，如图 2-56 所示。

图 2-56

01 Scroll Speed X（X 轴滚动速度）：用来控制 Mask（R）遮罩贴图向 X 轴滚动。

02 Scroll Speed Y（Y 轴滚动速度）：用来控制 Mask（R）遮罩贴图向 Y 轴滚动。

Step 04 设置完成后，运行游戏就可以看到相应的效果了。

🕐 注意

（1）该 Shader（着色器）同样适用于粒子系统，可以支持粒子系统的 Start Color（粒子颜色）、Color over Lifetime（生命周期颜色）等各类内置参数。

（2）如果图像没有正常按照设定滚动，请先确认贴图类型以及 Wrap Mode（循环模式）类型。操作方法是在项目中选择贴图文件后，在 Inspector（检测视图）中把 Texture Type（图像类型）修改为 Texture（纹理），把 Wrap Mode（循环模式）修改为 Repeat（重复模式），单击 Apply（应用）按钮即可，如图 2-57 所示。

图 2-57

Wrap Mode（循环模式）贴图分为 Repeat（首尾相接重复循环）和 Clamp（不循环）。

🕐 注意

该 Shader（着色器）需要在运行状态下才能够查看到最终的 UV 滚动效果。

2.2.4 Additive_mask_niuqu（遮罩纹理扭曲）材质

把 Shader（着色器）类型更改为 Jingyu → Addtive_mask_niuqu（遮罩纹理扭曲），如图 2-58 所示。

图 2-58

它与其他遮罩叠加材质的区别在于多了一个纹理扭曲的控制功能。

以下为效果示例。

Step 01 首先创建一个平面体，再创建一个材质球赋予平面对象，将材质球 Shader（着色器）类型修改为 Jingyu → Addtive_mask_niuqu（遮罩纹理扭曲）。

Step 02 选择一张贴图，然后赋予当前材质球 Main Texture（主纹理贴图）中，再选择一张贴图赋予 Mask（R），如图 2-59 所示。

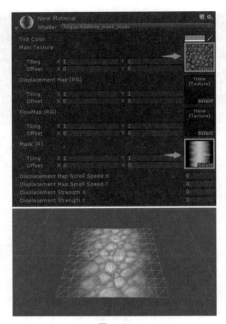

图 2-59

现在看来跟之前的 Shader（着色器）没什么区别，那是因为现在还没有设定扭曲贴图以及扭曲运动属性，这个 Shader（着色器）的最大特点就是可以设置纹理扭曲。

Step 03 接下来赋予 Displacement Map（RG）一张贴图，然后修改其他属性值，如图 2-60 所示。

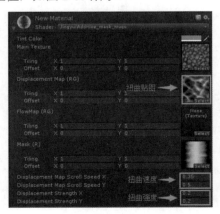

图 2-60

⏰ 注意

需要在运行状态下才能看到最终的动态渲染效果。

01 Tint Color（色调）：用来设置色调（可以在这一栏修改材质的着色信息）。

02 Main Texture（主要颜色信息贴图）：用来设置主要颜色信息贴图。

03 Displacement Map（RG）（扭曲贴图）：用来设置扭曲贴图。

04 FlowMap（RG）（流动扭曲图）：用来设置流动扭曲图。

05 Mask（R）（遮罩/黑白图）：用来设置遮罩/黑白图（黑色透明，白色不透明）。

06 Displacement Map Scroll Speed X（X 轴方向的纹理扭曲运动速度）：用来设置 X 轴方向的纹理扭曲运动速度。

07 Displacement Map Scroll Speed Y（Y 轴方向的纹理扭曲运动速度）：用来设置 Y 轴方向的纹理扭曲运动速度。

08 Displacement Strength X（X 轴方向的扭曲强度）：用来设置 X 轴方向的扭曲强度。

09 Displacement Strength Y（Y 轴方向的扭曲强度）：用来设置 Y 轴方向的扭曲强度。

场景内效果如图 2-61 所示。

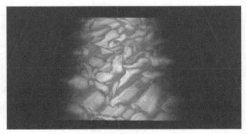

图 2-61

Step 04 最后运行游戏就可以看到纹理的动态扭曲效果了。

⏰ **注意**

（1）该 Shader（着色器）同样适用于粒子系统，可以支持粒子系统的 Start Color（粒子颜色）、Color over Lifetime（生命周期颜色）等各类内置参数。

（2）该 Shader（着色器）的扭曲效果仅作用于 Main Texture（主要颜色信息贴图），通过简单的参数调节就可以实现较好的纹理扭曲效果，但是同样对性能的损耗也较大，移动端项目慎用。

2.2.5　Alpha Blend（阿尔法混合材质）的显示级别控制

把 Shader（着色器）类型更改为 Jingyu → Alpha Blend（阿尔法混合材质），如图 2-62 所示。

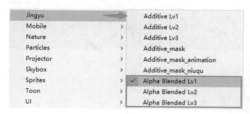

图 2-62

以上三种阿尔法混合材质分别为 Alpha Blended Lv1（阿尔法混合层级 1）、Alpha Blended Lv2（阿尔法混合层级 2）、Alpha Blended Lv3（阿尔法混合层级 3）。

那么它们与常用的 Particles（粒子）→ Alpha Blended（阿尔法混合材质）的区别就在于它多了显示级别的控制，级别越高将越优先显示（Lv3>Lv2>Lv1），如图 2-63 所示。

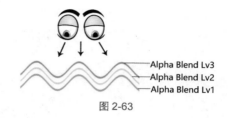

图 2-63

⏰ **注意**

同一个特效中，即使位置相同也会按照 Lv3>Lv2>Lv1 的顺序依次渲染显示。

以下为效果示例。

Step 01 首先在 Scene（场景视图）中创建三个 Plane（平面），将它们放置在相同位置。

Step 02 然后创建三个材质球，分别将 Shader（着色器）切换为 Alpha Blended Lv1（阿尔法混合层级 1）、Alpha Blended Lv2（阿尔法混合层级 2）、Alpha Blended Lv3（阿尔法混合层级 3），接着将这三个材质球分别赋予三个平面体。

Step 03 选择三张不同的纹理贴图分别赋予材质球，如图 2-64 所示。

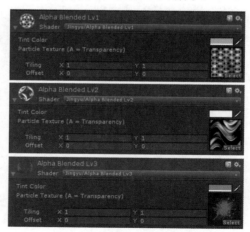

图 2-64

Step 04 显示结果如图 2-65 所示。

图 2-65

Step 05 观察发现 Alpha Blended Lv3（阿尔法混合层级 3）的材质纹理显示在最上层，其次是 Alpha Blended Lv2（阿尔法混合层级 2），最下层的纹理是 Alpha Blended Lv1（阿尔法混合层级 1）。

⏰ 注意

（1）该 Shader（着色器）同样适用于粒子系统，可以支持粒子系统的 Start Color（粒子颜色）、Color over Lifetime（生命周期颜色）等各类内置参数。

（2）通过该 Shader（着色器）的渲染特性，可以在同一物体上使用多个材质球，通过切换不同的 Shader Lv（显示级别）来决定纹理的渲染优先级。

2.2.6 Katongbian（卡通外边）材质

在许多 Q 版游戏中经常会看到各类型的卡通外边效果，那么在 Unity 中是如何实现这种效果的呢？

本书提供了两种材质来实现这种特殊效果。

以下为示例。

Step 01 首先，任意导入一个角色并赋予它贴图，显示效果如图 2-66 所示。

图 2-66

Step 02 接下来选择材质球，将其材质 Shader（着色器）类型修改为 Jingyu → Katongbian（卡通外边），修改材质属性如图 2-67 所示。

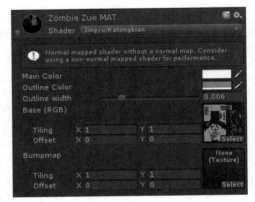

图 2-67

01 Main Color（主要颜色）：用来设置材质纹理的色调（默认为白色）。

02 Outline Color（卡通外边的颜色）：用来设置卡通外边的颜色。

03 Outline Width（卡通外边的宽度）：用来设置卡通外边的宽度。

04 Base（RGB）（基础颜色贴图）：用来设置基础颜色贴图。

05 Bumpmap（法线贴图）：用来设置法线贴图（如果没有法线贴图可以不添加）。

Step 03 修改后效果如图 2-68 所示。

图 2-68

Step 04 可以通过修改 Outline Color（外边颜色）、Outline Width（外边宽度）来调整最终效果。

如图 2-69 所示为其他效果示例。

图 2-69

2.2.7　Katongbian_only（卡通外边单独显示）材质

Katongbian_only（卡通外边单独显示）与 Katongbian（卡通外边）的区别在于，它可以单独显示卡通外边效果。

以下为示例。

Step 01 首先任意导入一个角色，然后赋予它贴图，显示效果如图 2-70 所示。

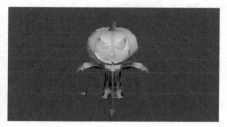

图 2-70

Step 02 接着选择材质球，将其材质 Shader（着色器）类型修改为 Jingyu → Katongbian_only（卡通外边单独显示），修改材质属性如图 2-71 所示。

图 2-71

01　Outline Color（卡通外边的颜色）：用来设置卡通外边的颜色。

02　Outline Width（卡通外边的宽度）：用来设置卡通外边的宽度。

显示效果如图 2-72 所示。

图 2-72

观察发现当前模型体的卡通边效果被单独显示，该 Shader（着色器）的优势在于可以单独控制卡通边而不影响本身材质效果。

⏰ **注意**

Katongbian_only（卡通外边单独显示）并不能设定图像的 Main Texture（本身固有色材质贴图），只能显示卡通外边框本身。

Step 03 可以通过修改 Outline Color（外边颜色）、Outline Width（外边宽度）来调整最终效果。

2.2.8　Liangbian（亮边）材质

在制作一些特效时，如果需要让物体边缘内发光，那么就需要使用到亮边材质了。

把 Shader（着色器）类型更改为 Jingyu → Liangbian（亮边），如图 2-73 所示。

图 2-73

以下为示例。

Step 01 首先导入一个角色，然后赋予它贴图，显示效果如图 2-74 所示。

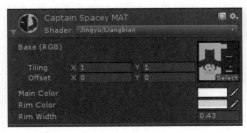

图 2-74

Step 02 将 Shader（着色器）类型切换为 Jingyu → liangbian（亮边），设置如图 2-75 所示。

图 2-75

01 Base（RGB）（基础颜色贴图）：用来设置基础颜色贴图。

02 Main Color（主要颜色）：用来设置主要颜色。

03 Rim Color（亮边颜色）：用来设置亮边颜色。

04 Rim Width（亮边宽度）：用来设置亮边宽度。

Step 03 效果显示如图 2-76 所示。

图 2-76

Step 04 可以通过调节 Rim Color（亮边颜色）、Rim Width（亮边宽度）来调节最终效果。

⏰ 注意

亮边效果可应用于强化状态的表现，角色属性加强后边缘发亮表示能力升级。

以下为其他效果示例，如图 2-77 所示。

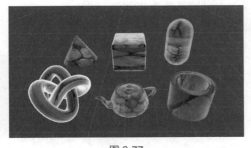

图 2-77

2.2.9　Liangbian_only（亮边单独显示）材质

Liangbian_only（亮边单独显示）与 Liangbian（亮边）的区别在于它可以单独显示边缘内发光效果。

直接将上一案例中人物的材质切换为 Jingyu → Liangbian_only（亮边单独显示），设置如图 2-78 所示。

图 2-78

01 Rim Color（边缘颜色）：用来设置边缘颜色。

02 Inner Color（边缘内部颜色）：用来设置边缘内部颜色。

03 Inner Color Power（边缘内部颜色强度）：用来设置边缘内部颜色强度。

04 Rim Power（边缘强度值）：用来设置边缘强度值。

05 Alpha Rim Power（边缘厚度）：用来设置边缘厚度。

06 All Power（整体强度值）：用来设置整体强度值。

效果显示如图 2-79 所示。

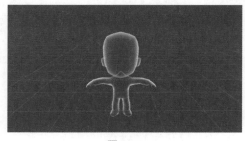

图 2-79

观察发现当前模型体的亮边效果被单独显示，使用该 Shader（着色器）的优点是可以单独控制亮边材质而不影响本身材质效果。

2.2.10　Model_xulie（模型序列播放）材质

把 Shader（着色器）类型更改为 Jingyu → Model_xulie（模型序列播放），如图 2-80 所示。

图 2-80

通过该材质 Shader（着色器）可以实现简单的序列动画效果，不过它的播放顺序并不准确，不适合播放连续性很强的序列图。

以下为示例。

Step 01 创建一个平面体，然后赋予一张序列图。

Step 02 切换 Shader（着色器）为 Jingyu → Model_xulie（模型序列播放），设置如图 2-81 所示。

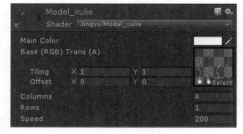

图 2-81

01 Main Color（主要颜色）：用来设置主要颜色。

02 Base（RGB）Trans（A）（基本颜色贴图）：用来设置基本颜色贴图（支持透明通道）。

03 Columns（列数）：用来设置列数。

04 Rows（行数）：用来设置行数。

05 Speed（播放速度）：用来设置序列播放速度。

Step 03 运行游戏即可查看效果，如图 2-82 所示。

图 2-82

⏰ **注意**

推荐读者使用脚本来实现模型序列播放功能（顺序正确），在之后的教学之中会具体讲解使用脚本控制模型播放序列的方法。

2.2.11　Niuqu（扭曲）材质

在制作一些高级效果时，经常需要使用扭曲效果来丰富画面，增加表现力。

扭曲 Shader（着色器）非常适合制作例如刀光、火焰燃烧、爆炸等高级效果。

把 Shader（着色器）类型更改为 Jingyu → Niuqu（扭曲），如图 2-83 所示。

✓ **Niuqu**

图 2-83

以下为示例。

Step 01 首先创建一个 Plane（平面），赋予材质，切换 Shader（着色器）类型为 Jingyu → Niuqu（扭曲）。

设置如图 2-84 所示。

图 2-84

01　Distortion（扭曲强度）：用来设置扭曲强度。

02　Tint Color（着色贴图）：用来设置着色贴图（如不需要，可以不指定）。

03　Normalmap（法线贴图）：用来设置法线贴图（影响到扭曲范围和扭曲形状）。

Step 02 显示效果如图 2-85 所示。

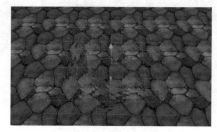

图 2-85

观察发现当前地面已经按照 Normalmap（法线贴图）的范围扭曲了。

Step 03 可以通过修改 Distortion（扭曲强度）和 Normalmap（法线贴图）来共同调整最终效果。

⏰ **注意**

（1）该 Shader（着色器）可以实现静态的扭曲效果，适合搭配刀光等效果进行制作。

（2）Unity 中可以将任何贴图转换为法线贴图，制作方法在 1.2.4 节贴图类型之间的切换。

2.2.12　Niuqu_animation（动态扭曲）材质

Niuqu_animation（动态扭曲）与 Niuqu（扭曲）的区别在于多了遮罩范围控制，同时它还可以实现动态的扭曲效果。以下为示例。

Step 01 首先创建一个 Plane（平面），赋予材质，切换 Shader（着色器）类型为 Jingyu → Niuqu_animation（动态扭曲）。设置如图 2-86 所示。

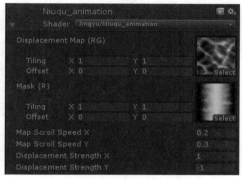

图 2-86

01　Displacement Map（RG）（扭曲贴图）：用来设置扭曲贴图。

02　Mask（R）（扭曲遮罩贴图）：用来设置扭曲遮罩贴图。

03　Map Scroll Speed X（X 轴方向扭曲滚动速度）：用来设置 X 轴方向扭曲滚动速度。

04　Map Scroll Speed Y（Y 轴方向扭曲滚动速度）：用来设置 Y 轴方向扭曲滚动速度。

05　Displacement Strength X（X 轴方向扭曲滚动强度）：用来设置 X 轴方向扭曲滚动强度。

06　Displacement Strength Y（Y 轴方向扭曲滚动强度）：用来设置 Y 轴方向扭曲滚动强度。

Step 02 效果显示如图 2-87 所示。

Step 03 可以通过修改 Mask（扭曲遮罩贴图）、Map Scroll Speed（扭曲滚动速度）、Displacement Strength（扭曲滚动强度）等数值来调节最终效果。

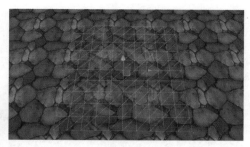

图 2-87

⏰ **注意**

（1）该 Shader（着色器）跟上一个 Shader（着色器）的最大不同点在于多了一个遮罩控制，通过遮罩可以自定义扭曲贴图的实际影响范围。

（2）建议使用贴图前先将贴图纹理 Texture Type（贴图类型）中的 Wrap Mode（循环模式）设置为 Repeat（重复）。

（3）该 Shader（着色器）同样适用于粒子系统，可以支持粒子系统的 Start Color（粒子颜色）、Color over Lifetime（生命周期颜色）等各类内置参数。

2.2.13　Rongjie（溶解）材质

使用溶解材质可以丰富物体出现或者消失的过程，让效果过渡更加自然。

⏰ **注意**

在溶解材质中，可以通过对 Amount（溶解程度）K 帧来制作溶解产生或者消失动画。

在 Shader（着色器）列表中找到 Jingyu → Rongjie（溶解），如图 2-88 所示。

图 2-88

以下为效果示例。

Step 01 首先创建一个 Cube（正方体），赋予溶解材质球，查看 Shader（着色器）选项如图 2-89 所示。

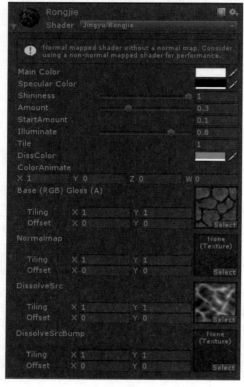

图 2-89

01 Main Color（主要颜色）：用来设置主要颜色。

02 Specular Color（高光色）：用来设置高光色。

03 Shininess（反光）：用来设置反光。

04 Amount（溶解程度）：用来设置溶解程度控制（数值范围为 0 ～ 1，0 不发生溶解，1 完全溶解消失）。

05 StartAmount（溶解边缘颜色范围）：用来设置溶解边缘颜色范围控

制。通过该数值可以修改溶解纹理边缘的过渡控制。数值小于等于 0 时参数 ColorAnimate（颜色变换动画）失效。

06 Illuminate（照亮）：用来设置溶解边缘纹理亮度控制，该数值需要结合参数 StartAmount（溶解边缘颜色范围）来控制（数值范围为 0 ～ 1，数值为 0 时不影响，设置为 1 时边缘全白）。

07 Tile（磁贴）：用来设置溶解纹理排布。

08 DissColor（溶解颜色）：溶解边缘颜色控制，需要结合参数 ColorAnimate（颜色动画）控制。

⏰ **注意**

设置 DissColor（溶解边缘颜色）时，发现修改颜色并无效果。这时需要找到 ColorAnimate（颜色动画）属性，将其参数设置为 x=1、y=0、z=0、w=0，就可以正确显示了。

09 ColorAnimate（颜色动画）：用来设置颜色动画（建议将其设置为 x=1、y=0、z=0、w=0）。

10 Base（RGB）Gloss（A）（基础色光泽）：设置纹理贴图。

11 Normalmap（法线贴图）：设置法线贴图（如不需要，可以不指定）。

12 DissolveSrc（溶解纹理贴图）：设置溶解纹理贴图。

13 DissolveSccBump（设置溶解法线贴图）：设置溶解法线贴图（如不需要，可以不指定）。

⏰ **注意**

（1）溶解材质属性中的各项参数都可以结合 Animator（动画系统）进行动

态调节，通过对 Amount（溶解程度）参数 K 帧可以制作溶解动画。

（2）这类特殊效果类型的 Shader（着色器）会增加渲染运算负荷并导致运行效率降低，需要根据项目实际需求决定是否使用。

（3）在移动端设备中使用这些高级类型 Shader（着色器）制作特效时，由于渲染和游戏发布设置原因可能会导致效果失效，如果仍然希望使用该效果则需要程序对渲染进行修改优化。

Step 02 将 Cube（正方体）材质设置如图 2-89 所示，然后调节属性 Amount（溶解程度）效果对比如图 2-90 所示。

Step 03 可以通过修改 Amount（溶解程度）、Illuminate（照亮）等数值来调整最终效果。

其他效果示例如图 2-91 所示。

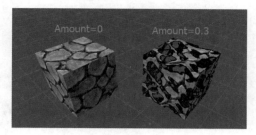

图 2-90

图 2-91

215

第

3

章

插件 / 脚本

在进行特效制作的时候，除了使用自带的粒子系统 / 动画系统之外，偶尔还会用到一些插件或者脚本来辅助制作。

使用插件和脚本可以实现一些 Unity 默认无法实现的功能以及效果，正确合理地使用脚本 / 插件同样也可以提高工作效率。需要注意的是，在项目中使用插件或者脚本之前一定要跟程序人员及时沟通，听取意见。如果程序无法适配、调用，或者无法与游戏程序兼容，那么切记不要加入。

现在也有很多公司为了避免后期出 Bug（报错），在特效制作时不允许添加脚本及插件。这就需要根据公司项目要求来决定是否使用了，总之一定要记得先跟相关人员沟通好。

3.1　常用的脚本

本节将讲解 Unity 中的常用脚本。

3.1.1　脚本使用方法

1. 方法一

导入脚本后，将脚本拖曳到"被控制对象"的属性组件中，操作如图 3-1 所示。

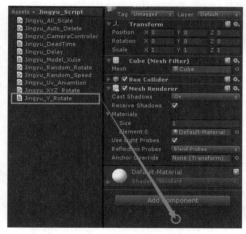

图 3-1

然后组件中会新增一个对应的脚本控制组件，修改其参数，运行游戏即可参看效果。

2. 方法二

导入脚本后，选择"被控制对象"，在其检测视图中单击 Add Component（添加组件）添加脚本组件，如图 3-2 所示。

然后组件中会新增一个对应的脚本控制组件，修改其参数，运行游戏即可参看效果。

⏰ 注意

（1）本节内所有脚本都会在附送资源中提供。

（2）之后的脚本都可以使用这两种方法调用，操作不再重复。

图 3-2

3.1.2　Y 轴旋转脚本

使用 Y 轴旋转脚本 Jingyu_Y_Rotate（Y 轴旋转脚本）可以控制对象沿着 Y 轴方向旋转（并不需要添加动画组件）。

以下为脚本界面，如图 3-3 所示。

图 3-3

Rot（转向率）：每秒沿 Y 轴旋转角度（控制旋转速度）。

以 Cube（正方体）为例，赋予脚本后，其旋转方向如图 3-4 所示。

图 3-4

3.1.3　全轴向旋转脚本

使用全轴向旋转脚本 Jingyu_XYZ_

Rotate 可以控制对象沿着 X、Y、Z 三个轴向旋转（并不需要添加动画组件）。

以下为脚本界面，如图 3-5 所示。

图 3-5

01　X：X 轴方向旋转速度（数值越大，旋转速度越快）。

02　Y：Y 轴方向旋转速度（数值越大，旋转速度越快）。

03　Z：Z 轴方向旋转速度（数值越大，旋转速度越快）。

⏰ 注意

旋转脚本可以作用于模型体，也可以作用于粒子系统。

3.1.4　随机旋转脚本

使用随机旋转脚本 Jingyu_Random_Rotate 可以控制对象沿着 X、Y、Z 三个轴向随机旋转（并不需要添加动画组件）。

以下为脚本界面，如图 3-6 所示。

图 3-6

01　Is Rotate（开启旋转）：用来开启旋转。

02　Fps（内置函数）：内置函数不需要修改。

03　X：X 轴方向最大随机旋转值。

04　Y：Y 轴方向最大随机旋转值。

05　Z：Z 轴方向最大随机旋转值。

⏰ 注意

随机旋转脚本可以作用于模型体，也可以作用于粒子系统。

3.1.5　UV 动画脚本

使用 UV 动画脚本 Jingyu_Uv_Animation 可以快速制作 UV 偏移动画（并不需要添加动画组件）。

以下为脚本界面，如图 3-7 所示。

图 3-7

01　X 1speed（X 轴方向 UV 偏移速度）：设置 X 轴方向 UV 偏移速度。

02　Y 1speed（Y 轴方向 UV 偏移速度）：设置 Y 轴方向 UV 偏移速度。

⏰ 注意

该脚本可以作用于模型体，也可以作用于粒子系统。

3.1.6　延迟产生脚本

使用延迟产生脚本 Jingyu_Delay 可以将一个特效整体延后播放，可以自定义延迟时间。

以下为脚本界面，如图 3-8 所示。

图 3-8

Delay Time（延迟时间）：用来设置延迟时间（单位为秒）。

⏰ 注意

（1）延迟产生脚本会影响到它的同层级与子级所有物体。

（2）如果程序需要在原地反复 Active（激活）同一个特效，则不能使用该脚本。

3.1.7　死亡脚本

在项目制作中为了提高游戏运行效率，往往需要让特效在播放后自动删除（自毁），这时就可以利用"死亡脚本"来实现这一功能。

使用死亡脚本 Jingyu_Dead Time 可以让特效在自定义时间点自动销毁。

以下为脚本界面，如图 3-9 所示。

图 3-9

时间设置为 2 时，特效将在播放两秒后被删除。

Dead Time（死亡时间）：设置死亡时间（单位为秒），到达指定时间特效自动删除。

⏰ 注意

死亡脚本会影响到它的同层级及子级所有对象，死亡脚本所在层级以上物体不受脚本影响。

3.1.8　自动销毁脚本

自动销毁脚本与死亡脚本原理相同，相比之下自动销毁脚本更为"智能"一些。

使用自动销毁脚本 Jingyu_Auto_Delete（删除）可以自动判断删除时间。

以下为脚本界面，如图 3-10 所示。

图 3-10

①1 Destroy（销毁）：销毁时间（单位为秒）与死亡脚本中 Dead Time（死亡时间）相同。

②2 Destroy Root（销毁根级）：勾选后，脚本作用时会连带根级别特效一同删除。

③3 Autodes Ps（开启自动销毁）：勾选后程序将自动判断删除时间，Destroy（销毁）数值将失效。

⏰ 注意

当不勾选 Autodes Ps（开启自动销毁）时，该脚本与死亡脚本相同，需要用户自行设置死亡时间。当勾选 Autodes Ps（开启自动销毁）后，程序将会自动判断删除时间（在粒子系统中使用该脚本时，程序会自动判断粒子是否发射完成，确认没有粒子产生后，程序会删除粒子发射器）。

3.1.9　模型序列动画脚本

Unity 中模型体默认无法播放序列帧，如果是使用 Unity 5.3.0 之后的版本、则可以由粒子系统发射模型体，设置参数 Texture Sheet Animation（纹理篇动画模块）来播放序列图。除此之外，使用脚本也可以快速实现模型的序列动画效果。

使用模型序列动画脚本 Jingyu_Model_Xulie 可以实现在模型体上播放序列图。

以下为脚本界面，如图 3-11 所示。

图 3-11

01 Scroll Speed（播放速度）：用来设置播放速度（数值越大播放越快）。

02 Count X（X 轴方向纹理排布数量）：指 X 轴方向纹理排布数量。

03 Count Y（Y 轴方向纹理排布数量）：指 Y 轴方向纹理排布数量。

以如图 3-12 所示为例，需要将 Count X（X 轴方向纹理排布数量）设置为 4，Count Y（Y 轴方向纹理排布数量）设置为 4。

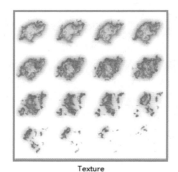

Texture

图 3-12

⏰ **注意**

该脚本不但适用于模型体，同样也适用于粒子系统。

3.1.10　全局缩放脚本

在 Unity 5.3.0 之后的粒子系统版本中加入了全新的 Scaling Mode（缩放模式）缩放属性控制，可以自由地切换缩放模式。那么除了使用该参数调节外，是否还有其他简便修改粒子以及特效整体大小的方法呢？

使用全局缩放脚本 Jingyu_All_Scale 可以快速对特效整体进行缩放操作。

以下为脚本界面，如图 3-13 所示。

图 3-13

01 Particle Scale（缩放数值）：用来设置缩放数值控制。

02 Also Scale Gameobject（同时缩放层级下的物体）：用来设置同时缩放层级下的物体。

⏰ **注意**

（1）只要将该脚本放置在特效根层级中，就可以同步缩放其内部的模型／动画／粒子。

（2）可以通过对该脚本内部参数 Particle Scale（缩放数值）K 帧，从而制作特效的整体缩放动画，目前脚本支持 Unity 全部版本。

（3）使用脚本将特效大小修改完成后，移除脚本并不会对缩放结果造成影响。

3.1.11　动画播放速度随机脚本

制作特效时可能会遇到需要重复调用同一个动画文件的情况，但是如果多个对象重复使用同一个动画文件，往往会使特效看起来特别生硬、死板。那么应该如何去避免这种情况呢？

使用动画播放速度随机脚本 Jingyu → Random → Speed（Jingyu →随机→速度），可以轻松实现动画播放速度的随机控制。

以下为脚本界面，如图 3-14 所示。

图 3-14

注意

Jingyu_Random_Speed 脚本需要与 Animator（动画组件）在同一对象层级，否则会失效或者报错。

01 Min Speed（最小播放速度百分比）：设置最小播放速度百分比（1 表示 1 倍速度，2 表示 2 倍速度）。

02 Max Speed（最大播放速度百分比）：设置最大播放速度百分比（速度最大值）。

每次运行后，动画将取 Min Speed（最小播放速度百分比）与 Max Speed（最大播放速度百分比）范围内的任意随机值。

注意

（1）当 Min Speed 与 Max Speed 数值相同时，动画播放速率将固定。

（2）该脚本仅适用于 Animator（新版动画系统）。

3.1.12 摄像机控制脚本

在 Scene（场景视图）中可以通过使用鼠标自由控制变换观察角度，那么运行游戏后，能否在 Game（游戏视图）中也通过鼠标控制观察角度呢？

使用摄像机控制脚本 Jingyu → Camera Controller，可以在游戏运行后，通过鼠标操作 Game（游戏视图）观察视角。

以下为脚本界面，如图 3-15 所示。

图 3-15

该脚本的使用方法与其他脚本略有不同，它必须添加到摄像机组件中（直接控制摄像机）。

操作方法：

Step 01 首先将脚本 Jingyu → Camera Controller 拖曳到场景中的 Main Camera（主摄像机）上。

Step 02 然后创建一个 GameObject（空对象），设置为 Target（观察目标）。

注意

操作方法是直接将空对象拖曳到 Target（观察目标）栏中。

如图 3-16 所示。

图 3-16

注意

摄像机将以 Target（观察目标）为中心进行推进 / 拉远 / 旋转操作。

Step 03 运行游戏，在 Game（游戏视图）中用鼠标控制摄像机。

拖动鼠标左键进行旋转操作，滚动鼠标中键进行视图推进或拉远。

注意

可以将观察目标更改为任意对象，如"特效 Prefab（特效预设体）""角色模型"等。

● 3.2　常用插件

本节讲解 Unity 中的常用插件。

3.2.1　Xffect 插件介绍

Xffect Editor Pro 是一款专为 Unity 开发的特效插件，完全集成于 Unity 编辑器，可以在编辑器内实时更新展现效果。它不但内置了一套全新的粒子系统，同时还附送了各种各样的专业特效案例。其内置的粒子系统支持碰撞检测，可由气流、引力、旋涡、动荡等力场控制，并且 Xffect 的粒子更为多样化，包含 Sprite（精灵粒子）、RibbonTrail（飘带拖尾）、Cone（圆锥体）等常用游戏特效元件。它的模块架构也非常简单，通过一个粒子发射器提供粒子，每个粒子都有各种各样的可供选择的修改器来影响它的各种属性（如旋转、大小、速度、颜色、贴图坐标等）。

3.2.1.1　产品特点

01 完全集成于 Unity 编辑器；

02 可以在编辑器内更新，实时展现效果；

03 完全独立于 Unity 自带粒子系统，并提供了一套全新的粒子系统；

04 粒子系统支持碰撞检测；

05 集成了非常多的粒子修改器，如气流、引力、旋涡、动荡等常用粒子修改器；

06 非常好的性能；

07 提供了非常多的专业特效例子，直接拖曳到工程中即可使用；

08 新版本支持消息系统，配合使用可以达到次世代游戏的效果；

09 支持 Mobile（移动平台）；

10 版本持续更新。

3.2.1.2　下载 Xffect Editor Pro

首先单击菜单 Window → Asset Store（菜单→资源商店）进入 Unity 内置的资源商店中，搜索"Xffect（插件）"，如图 3-17 所示。

图 3-17

然后单击 Xffect Editor Pro 即可进入插件的介绍窗口中，如图 3-18 所示。

图 3-18

单击付费后即可在线下载。

3.2.1.3 导入 Xffect 插件到 Unity 项目中

一般情况下，通过 Asset Store（资源商店）下载的插件默认都会自动载入安装。如果已经有 Xffect 插件的资源包（默认名称是 "Xffect Editor Pro.unitypackage"），只需打开 Unity 工程后，双击 ".unitypackage" 文件，默认就会将插件自动载入到 Unity 中（在弹出框单击 "确定" 按钮即可载入）。

除此之外，单击菜单 Assets → Import package → Custom package（资源→导入资源包→自定义资源包），在弹出框路径选择该插件的 ".unitypackage" 文件也可导入。

当前示例所使用的插件版本是 Xffect Editor Pro v5.0.3。如果插件不能正确导入，请先检查当前插件版本是否支持 Unity 版本。如果导入时插件版本低于 Unity 版本，Unity 可能会（报错）弹出框，如图 3-19 所示，建议单击 I Made a Backup. GO Ahead！（已建立备份，继续！）按钮。

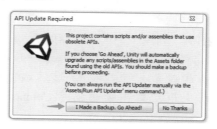

图 3-19

⏰ **注意**

如果单击 I Made a Backup. GO Ahead！（已建立备份，继续！）按钮后，仍然报错不能运行场景，说明当前插件版本与 Unity 版本不兼容，那么建议重新下载最新版本的插件重新导入。

导入 Xffect 插件之后，可以在 Project（工程视图）之中找到 Xffect 文件夹之中的 Demo（样片）示例场景，双击打开这个场景，然后运行 Unity，操作如图 3-20 所示。

图 3-20

在 Demo（样片）场景中可以查看到它的一些示例效果，方便了解该插件的各个功能以及具体的运用方法。

如果想分析这些效果的制作方法和实现方式，还可以直接在 Hierarchy（层级视图）中找到这些特效文件。

3.2.1.4 创建一个 Xffect 特效

首先单击菜单栏 GameObject → Empty（游戏对象→空对象），然后选中该空对象再次单击菜单命令 Component → Xffect → Xffect Component（组件→ Xffect → Xffect 特效组）就可以创建一个基本的 Xffect 特效组了。

3.2.1.5 Xffect 的播放控制

选择之前所创建的 GameObject（游戏体）发现在操作视窗中多了一个控制器窗口，如图 3-21 所示。

图 3-21

<u>01</u> Update in editor（开启后特效会在编辑视图更新显示）。

<u>02</u> Playback time（播放时间控制）：默认 1 是正常速度播放，设置 2 是 2 倍速播放。

<u>03</u> Pause（暂停特效）。

<u>04</u> Reset（重置播放）。

3.2.1.6 Xffect 粒子系统的参数控制器

在 Xffect 种有四中数值设置方法。

<u>01</u> Fixed（固定数值）。

<u>02</u> Random（数值内随机）：Xmin（最小值）～ Xmax（最大值）。

<u>03</u> 普通曲线控制器：该曲线可以指定任意数值，但是操作修改比较麻烦，如图 3-22 所示。

图 3-22

<u>04</u> 曲线编辑器（Curve01）。

该曲线的 Curve 数值被控制在 0 ～ 1 范围内，只需要编辑曲线形状，然后指定 X 轴的最大值 time length（最大值）与 Y 轴最大值 max value（最大值）就可以了，如图 3-23 所示。

图 3-23

3.2.1.7 Xffect 粒子系统中的渐变坡度控制

以颜色编辑器为例，如图 3-24 所示。

图 3-24

<u>01</u> time（颜色的渐变周期）：-1 指粒子的本身生命周期。

<u>02</u> wrap mode（默认循环模式）：循环模式的切换修改。

如图 3-25 所示。

图 3-25

单击上边栏可以添加一个阿尔法节点，单击下边栏可以增加一个颜色控制节点。

3.2.1.8　Xffect Component 特效组件

Xffect Component 特效组件负责管理所有的 Effect Layer（特效层）的更新和渲染，如图 3-26 所示。

图 3-26

01 update in editor（更新编辑）：开启后可以让该 Xffect 直接在 Unity 编辑器内部更新。

⏰ 注意

当不需要持续更新该 Xffect 时建议暂时关闭该选项，因为当更改了 Effect Layer（特效层）的某些参数时，可能会因为这个选项没有关闭而无法及时更新。

02 life（生命周期）：指定该 Xffect 的生命周期，−1 为默认值，表示周期由 Effect Layer（特效层）控制。

⏰ 注意

一般不需要设置该选项，因为 Xffect 的生命周期一般都是在 Effect Layer 中通过设置粒子周期来控制的。

03 ignore time scale（忽视时间控制）：开启后则 Xffect 的更新不受 Unity 内置函数 Time.timeScale 控制。

04 auto destroy（自动摧毁）：开启后，当该 Xffect 更新完毕后，该 Xffect Object（Xffect 对象）会自动销毁。

⏰ 注意

该选项只有在运行模式下才有效。

05 merge same mesh（合并相同网格体）：开启后，如果子 Effect Layer（特效层）有使用相同的 material（材质），则会合并它们的 mesh（网格体），这样可减少 drawcall（Unity 每次在准备数据并通知 GPU 渲染的过程）。

06 scale（大小）：控制 Xffect 特效整体的大小，由于该选项只是简单地改变 mesh（网格体）的大小，对于复杂特效可能会不适用。

⏰ 注意

建议通过修改粒子参数来调节特效大小，使用 scale 选项调节特效大小时可能会引起报错。

07 Add Layer（添加特效层）：单击后会在子节点下新建一个 Effect Layer（特效层）。可以选择按快捷键 F2 来修改它的名称。

08 Add Event（添加事件）：单击后会在子节点下新建一个事件。

⏰ 注意

Xffect 中的 Effect Layer（特效层）相当于粒子系统。

通过 Add Event（添加事件）可以在特效中添加震屏或者音效等。

3.2.1.9　Effect Layer（特效层）

Effect Layer（特效层）相当于 Unity

中默认的粒子系统，Xffect 的粒子系统相关参数都在这里设置。

3.2.1.10 Main Config（主要配置）

Main Config（主要配置）面板如图 3-27 所示。

图 3-27

01 material（材质）：指定该特效的材质。

02 depth（深层）：细调该特效的 RenderQueue（渲染序列）。实际 RenderQueue（渲染序列）为 material：RenderQueue + depth（材质：渲染序列 + 深层）。

⏰ **注意**

如果开启了 Xffect Component 特效组件下的 merge same mesh（合并相同网格），则该选项只对不同 material 的 Effect Layer（特效层）生效。

03 render type（渲染原件）：选择该特效的渲染元件。

04 delay（延迟）：可以指定该特效延迟多久后开始更新。

05 debug color（调试颜色）：指定该特效在编辑器内显示的 Gizmos（可视化调节工具）的颜色。

06 client（父节点）：指定该特效的父节点，一般不需要更改。

07 sync pos to client（与父节点同步）：开启后，则该特效的位置会与父节点同步，也即是说移动父节点则该特效

也会跟着移动。

08 inherit client rotation：开启后则方向会受父节点旋转的影响。

3.2.1.11 Advance Shader Control（高级着色器控制）

Advance Shader Control（高级着色器控制）编辑栏只有当使用了含有高级 Shader（着色器）的 material（材质）时才会显示。例如，如果使用的是 Xffect → Displacement（Xffect → 置换）下的 Shader（着色器），可以在这里控制每个粒子的扭曲强度。

3.2.1.12 Sprite（精灵粒子）

Sprite（精灵粒子）面板如图 3-28 所示。

图 3-28

01 BILLBOARD（布告板）：是永远面向摄像机的面片，这和 Unity 默认粒子系统的 Billboard 模式一样。

02 BILLBOARD_SELF（自布告板）：BILLBOARD_SELF（自布告板）的方向由 direction（方向）指定，如图 3-29 所示。

图 3-29

03 pivot（中心轴）：指定该粒子中心轴位置，如图 3-30 所示。

图 3-30

04 width/height（宽度 / 高度）：指定该布告板的宽度和长度。

可以把 BILLBOARD_SELF（自布告板）理解为有方向的 Billboard（布告板），它只绕着 direction（方向）旋转来面向摄像机，它可以实现以下效果，如图 3-31 所示。

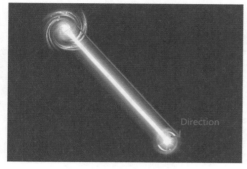

图 3-31

XY（XY 平面）：在 XY 平面内的面片，方向也由 direction（方向）控制。

BILLBOARD_Y（布告板 _Y）：可以把它理解为只绕着 Y 轴旋转来面向摄像机的 Billboard（布告板）。

3.2.1.13　Ribbon Trail（飘带拖尾）

Ribbon Trail（飘带拖尾）面板如图 3-32 所示。

图 3-32

01 random start size（随机的起始长度）：开启后可以给予每个发射的 Ribbon Trail（飘带拖尾）一些随机的起始长度。

02 width（宽度）：拖尾的宽度。

03 trail length（拖尾长度）：表示拖尾的最大长度。

04 max elements（最大数值）：数值越大则拖尾越平滑。

05 uv direction（uv 贴图方向）：指定贴图方向，Vertical（垂直）则表示拖尾由贴图的上方到下方构成，Horizontal（水平）则表示拖尾由贴图的左边到右边构成。

06 slash trail（刀光拖尾）：默认Ribbon Trail（飘带拖尾）是永远面向摄像机的，如果要制作刀光这类拖尾效果就需要指定它面向一个垂直于刀面的Object（对象）。

⏰ **注意**

不推荐使用 slash trial（刀光拖尾）来制作刀光效果，Xffect 内置有刀光插件，使用非常简单，如图 3-33 所示。

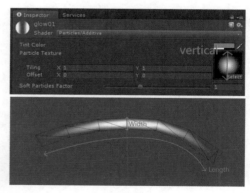

图 3-33

⏰ **注意**

如要需在编辑器内拖动 Ribbon Trail（飘带拖尾），需要勾选上 sync pos to client（同步父节点），然后拖动 Effect Layer（特效层）即可。

3.2.1.14 Cone（圆锥体）

Cone（圆锥体）面板如图 3-34 所示。

图 3-34

01 size（大小）：指定该圆锥渲染元件的大小，X 代表底部半径，Y 表示高度。

02 segment（分割值）：值越大则越光滑。

03 angle change（角变位）：可以让该圆锥的扩散角度动态改变。

04 angle（角度）：指定该圆锥的扩散角度。

例如，如图 3-35 所示，圆锥的 size 中 X=1、Y=4，segment（分割值）是 12，angle（角度）是 30。

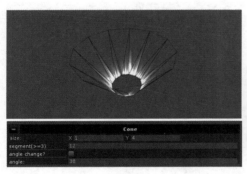

图 3-35

3.2.1.15 CustomMesh Config（自定义模型体）

CustomMesh Config（自定义模型体）面板如图 3-36 所示。

图 3-36

01 custom mesh（自定义网格体）：指定渲染元件为自定义的 mesh（网格体）。

02 mesh axis（网格体轴向）：指定自定义 mesh（网格体）的轴向，用于旋转、改变大小用。

3.2.1.16 Rope（绳索）

Rope（绳索）面板如图 3-37 所示。

图 3-37

01 width（宽度）：指定绳子的宽度。

02 fixed uv length（UV 长度固定）：强制绳子的 UV 在贴图范围内。

🕐 注意

绳子的长度由所有节点共同决定。

3.2.1.17 Emitter Config（发射器配置）

01 POINT（点）：发射器由 emit pos 处开始发射，如图 3-38 所示。

图 3-38

02 BOX（盒子）：发射器在 box（盒子）范围内发射，如图 3-39 所示。

图 3-39

03 SPHERE（球形）：发射器在球

形表面上发射，sphere radius（球形半径）
为球形的半径，如图 3-40 所示。

图 3-40

04　CIRCLE（环形）：发射器在环
形上发射，如图 3-41 所示。

图 3-41

（1）random radius（随机大小）：开
启后可以给予圆环一些随机大小。

（2）circle radius（圆环半径）：指定
圆环半径。

（3）emit uniformly（均匀发射）：开
启后，所有粒子在环上按顺序均匀发射。

05　LINE（线条）：发射器在线条
上发射，start pos 与 end pos 表示线条的
两个端点，如图 3-42 所示。

图 3-42

06　Mesh（网格体）：发射器在
Mesh（网格体）表面上发射，如图 3-43
所示。

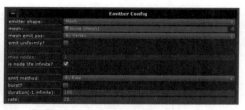

图 3-43

（1）max nodes（最大节点）：指定
可以发射粒子的最大量。

（2）is node life infinite（节点生命
无限）：取消勾选后可以调节每个粒子
的生命周期。

07　emit method（发射类型）：通
过速率发射，如图 3-44 所示。

图 3-44

（1）burst（爆裂）：让发射器瞬间发
射出指定数量的粒子。

（2）duration（持续时间）：指定发
射器发射的时间。

（3）rate（速率）：指定发射器的发
射速率。

08　emit method（发射类型）：通
过 Client（父节点）移动距离发射，如
图 3-45 所示。

图 3-45

当 Client 移动 diff distance 的距离后
才发射一个粒子。

09　emit method（发射类型）：发射
器的发射速率由 curve 控制，如图 3-46
所示。

图 3-46

3.2.1.18 Direction Config（方向设置）

Direction Config（方向设置）面板如图 3-47 所示。

图 3-47

01 random speed（随机速度）：开启后给予每个粒子一个随机的初始速度。

02 original speed（初始速度）：指定每个粒子的初始速度。

⏰ **注意**

粒子系统速度方向类型（Direction Type）各种发射方向如图 3-48 所示。

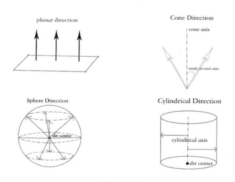

图 3-48

3.2.1.19 UV Config（UV 配置）

UV Config（UV 配置）面板如图 3-49 所示。

图 3-49

01 top left uv（UV 左上角）：指定 UV 的左上角坐标。

02 uv dimensions（UV 的范围）：指定 UV 的范围。

UV 的排布方向如图 3-50 所示。

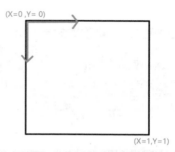

图 3-50

03 Texture Sheet Animation（播放单张动画序列图）：播放单张动画序列图。

（1）x tile（横轴方向分布数量）：横轴方向上划分为多少块。

（2）y tile（竖轴方向分布数量）：竖轴方向上划分为多少块。

（3）time（时间）：Sprite 动画的播放时间长度，−1 表示粒子生命周期。

（4）loop（循环）：表示动画播放的循环次数，−1 表示无数次。

（5）random start frame（起始帧随机）：指定起始帧为随机的。

04 UV Scroll（UV 滚动）：指定 UV 沿着 X、Y 轴方向上滚动，如图 3-51 所示。

图 3-51

注意

如果需要让该材质贴图 UV 正常滚动，需要先将图片的 wrap mode（默认循环模式）修改为 Repeat（重复），如图 3-52 所示。

图 3-52

3.2.1.20　Rotation Config（旋转配置）

Rotation Config（旋转配置）面板如图 3-53 所示。

图 3-53

[01]　random start rotation（随机的初始旋转）：给予每个粒子一个随机的初始旋转。

[02]　start rotation（初始旋转）：指定粒子的初始旋转。

[03]　rotation change type（改变旋转量）：非 NONE 类型的话则可以动态改变粒子的旋转量。

3.2.1.21　Scale Config（缩放配置）

Scale Config（缩放配置）面板如图 3-54 所示。

图 3-54

[01]　random start scale（随机的初始缩放）：给予每个粒子一个随机的初始缩放。

[02]　start scale x（起始 X 轴缩放值）：粒子的起始 X 轴缩放值。

[03]　start scale y（起始 Y 轴缩放值）：粒子的起始 Y 轴缩放值。

[04]　scale change type（改变缩放）：非 NONE 类型的话则可以动态改变粒子的缩放。

注意

scale（缩放）曲线编辑可启用 same curve（相同曲线）来同时编辑 X、Y 曲线。

3.2.1.22　Color Config（颜色配置）

Color Config（颜色配置）面板如图 3-55 所示。

图 3-55

[01]　random start color（随机初始颜色）：可以给予每个粒子一个随机的初始颜色。

[02]　color change type（改变粒子颜色）：非 Constant 类型的话则可以动态改变粒子颜色。

3.2.1.23　Collision（碰撞设定）

Collision（碰撞设定）面板如图 3-56 所示。

图 3-56

[01]　node radius（指定粒子半径）。

[02]　auto destroy（自动销毁）：开启后当粒子碰撞后会自动销毁。

03 collision type（碰撞类型）：设置 Sphere（球形碰撞）。

04 collision goal（指定目标）。

05 goal radius（目标半径）。

06 Collision Layer（碰撞层）：指定粒子将与具有该 Layer（层）的 Collider（碰撞机）碰撞。

07 Plane（平面）：指定粒子与一个平面碰撞。

08 event receiver（事件接收者）：当粒子碰撞后，会向该 receiver（接收者）发送消息。

09 event handle function（事件处理函数）：指定 receiver（接收者）处理碰撞的函数。

3.2.1.24 Sub Emitters（子粒子系统）

Sub Emitters（子粒子系统）面板如图 3-57 所示。

图 3-57

01 xffect cache（指定特效池）：所有子特效全部由 xffect cache 生成。

02 Birth（产生）：当新粒子产生时，将它换成特效池内的指定特效。

03 Death（死亡）：当粒子死亡时，将它换成特效池内的指定特效。

04 Collision（碰撞）：当粒子碰撞时，将它换成特效池内的指定特效。

3.2.1.25 Gravity Modifier（重力调节器）

Gravity Modifier（重力调节器）面板及效果如图 3-58 所示。

01 magnitude（量级）：指定受力大小，可使用曲线编辑器。

02 apply to velocity（应用到速度）：

开启后受力将直接作用于 Veocity（速率），这与物理上的受力原理相同。但是有时希望受力直接改变 position（位置），这时可以取消勾选它。

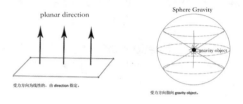

图 3-58

3.2.1.26 Bomb Modifier（爆炸调节器）

Bomb Modifier（爆炸调节器）面板如图 3-59 所示。

图 3-59

给予每个粒子一个爆炸力场，力场方向示意如图 3-60 所示。

图 3-60

01 magnitude（量级）：指定爆炸力度的大小。

02 decay type（衰减型）：指定随距离衰减的强度。

3.2.1.27 Air Modifier（气流调节器）

Air Modifier（气流调节器）面板如图 3-61 所示。

图 3-61

01 air object（气流对象）：指定 air（气流）的位置。

02 air direction（气流方向）：指定 air（气流）方向。

03 magnitude（量级）：指定 air（气流）强度，可使用曲线编辑器。

04 limit in distance（距离限制）：指定 air（气流）是否被限制在有限距离内。

05 attenuation（衰减）：指定 air（气流）衰减强度。

06 enable spread（扩散）：指定 air（气流）方向是否扩散。

07 inherit velocity（速度继承）：指定 air object（气流对象）的速度影响粒子速度的强度。

08 inherit rotation（旋转继承）：指定 air（气流）方向是否受 air object（气流对象）的 rotation（旋转）影响。

3.2.1.28 Vortex Modifier（旋涡调节器）

Vortex Modifier（旋涡调节器）如图 3-62 所示。

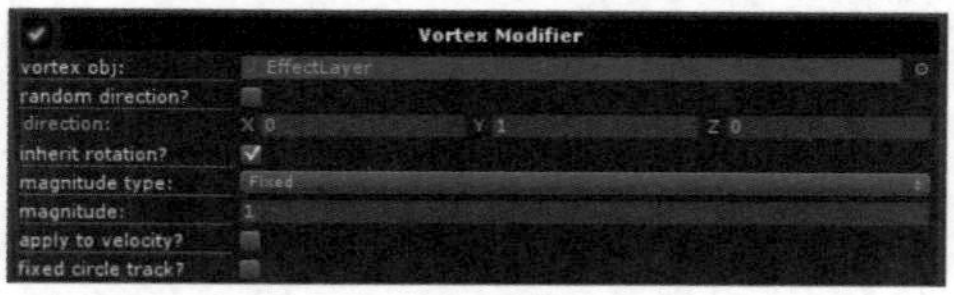

图 3-62

01 random direction（随机方向）：给予 direction（方向）一个随机值。

02 inherit rotation（方向继承）：

选中后，direction（方向）会受 vortex object rotation（涡流旋转对象）的影响。

03 magnitude（量级）：指定 vortex（涡流）的强度。

04 apply to velocity（应用到速度）：开启后 vortex（涡流）的受力将改变 velocity（速率），否则将直接改变 position（位置）。

05 fixed circle track（固定的环形）：开启后，所有粒子的运动将被约束在固定的环形内。

粒子受旋涡力影响如图 3-63 所示。

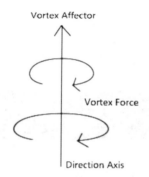

图 3-63

3.2.1.29 Acceleration Modifier（加速度调节器）

Acceleration Modifier（加速度调节器）面板如图 3-64 所示。

图 3-64

Magnitude（强度）：指定加速度强度，可用曲线编辑器。

3.2.1.30 Turbulence Modifier（扰乱场力度控制）

Turbulence Modifier（扰乱场力度控制）面板如图 3-65 所示。

图 3-65

[01] force dimension（受力范围）：指定粒子将在哪个维度上受力。

[02] magnitude（量级）：指定受力大小，可以使用曲线编辑器。

[03] use max distance（使用最大距离）：限定受力在一定距离内。

[04] attenuation（衰减）：指定受力衰减强度。

3.2.1.31 Drag Modifier（拖曳力场调节器）

Drag Modifier（拖曳力场调节器）面板如图 3-66 所示。

图 3-66

该 Modifier（调节器）以 position（位置）为中心，将所有粒子拖住。开启 use direction（使用方向）则可以只在 direction（方向）上将粒子拖住。

3.2.1.32 Sine Modifier（正弦受力调节器）

Sine Modifier（正弦受力调节器）面板如图 3-67 所示。

图 3-67

3.2.1.33 Event System（事件系统）

Event System（事件系统）面板如图 3-68 所示。

图 3-68

Event System（事件系统）是 Xffect 的一个扩展功能，添加一个 Event（事件）后，该 Event（事件）会在 start time（开始时间）触发，在 end time（结束时间）关闭。

⏰ 注意

一般 end time（结束时间）设置为 −1，由 Xffect 本身的生命周期控制 Event（事件）的生命周期。

3.2.1.34 Camera Shake（屏幕震动）

Camera Shake（屏幕震动）面板如图 3-69 所示。

图 3-69

[01] position stiffness（位置摇晃的硬度）：指定位置摇晃的硬度。

[02] position damping（位置摇晃的衰减）：指定位置摇晃的衰减。

[03] rotation stiffness（旋转摇晃的硬度）：指定旋转摇晃的硬度。

[04] rotation damping（旋转摇晃的衰减）：指定旋转摇晃的衰减。

[05] position force（位置摇晃的受力）：指定位置摇晃的受力方向和强度。

[06] rotation force（旋转摇晃的受力）：指定旋转摇晃的受力方向和强度。

[07] use earthquake（使用持续受力）：开启后会给予摄像机一个持续的受力。

3.2.1.35　Sound（声音）

Sound（声音）面板如图 3-70 所示。

图 3-70

01　audio clip（音频文件）：指定需要播放的音频文件。

02　volume（播放的音量）：指定播放的音量大小。

03　pitch（播放的频率）：指定播放的频率大小。

04　looping：指定是否循环播放。

3.2.1.36　Light（灯光）

Light（灯光）设定面板如图 3-71 所示。

图 3-71

01　light（灯光）：指定需要激活的光源。

02　intensity type（强度类型）：光源强度，可使用曲线编辑。

03　range type（范围类型）：光源范围，可使用曲线编辑。

3.2.1.37　Camera Effect（镜头特效）

Camera Effect（镜头特效）面板如图 3-72 所示。

图 3-72

01　Radial Blur（径向模糊）：用作设置径向模糊。

02　Radial Blur Mask（径向模糊）：也是径向模糊，但是效果由 Mask 控制，可以用于手机。

03　Glow（发光）：与 Unity 内置 Glow 一样。

04　Glow Per Obj（对象发光）：只让指定 Object 发光。

05　Color Inverse（颜色反色）：让屏幕颜色反色。

06　Glitch（跳动）：屏幕跳动。

⏰ 注意

有些 Camera Effect（镜头特效）需要 Unity pro（专业版）的支持才能正常显示。

3.2.1.38　Time Scale（时间缩放）

Time Scale（时间缩放）面板如图 3-73 所示。

图 3-73

01　time scale（时间缩放）：改变时间缩放的速度。

02　duration（持续时间）。

3.2.1.39　Xffect 内置材质说明

01　Displacement Screen（屏幕扭曲材质），如图 3-74 所示。

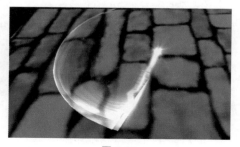

图 3-74

使用该 Shader（着色器）可以扭曲屏幕，设置项如图 3-75 所示。

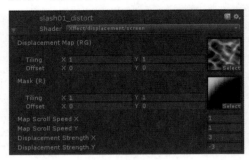

图 3-75

（1）Displacement Map（RG）：扭曲贴图。

（2）Mask（R）：遮罩贴图。

（3）Map Scroll Speed X（贴图在 X 方向的滚动速度）：控制 Displacement Map（扭曲贴图）在 X 方向的滚动速度。

（4）Map Scroll Speed Y（贴图在 Y 方向的滚动速度）：控制 Displacement Map（扭曲贴图）在 Y 方向的滚动速度。

（5）Displacement Strength X：X 轴横向的扭曲强度。

（6）Displacement Strength Y：Y 轴纵向的扭曲强度。

Limitation（限制）只适用于 Unity Pro 并且手机上性能损耗较大的情况（参考 Xffect 内置特效示例 phantom_sword_pro）。

⏰ 注意

扭曲强度会受到粒子颜色 Alpha（阿尔法）值的影响，通过调节粒子颜色可以控制扭曲强度。除此之外，还可以通过 Advance Shader Control（高级着色控制）来动态改变扭曲强度。

02 Displacement Additive（亮度叠加扭曲材质），如图 3-76 所示。

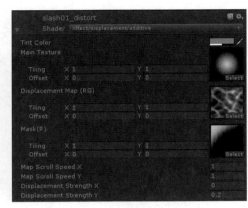

图 3-76

所有参数与 Displacement Screen（屏幕扭曲）相同，但是该 Shader（着色器）仅对 Main Tex（主纹理）生效，不会扭曲屏幕。参考 Xffect 中示例 suckblood.prefab。

该 Shader 适用于 Unity Personal（个人版），性能高，可用于手机。

可以通过使用 Advance Shader Control（高级着色控制）来动态改变扭曲强度。

03 Mask Blend（遮罩混合材质），如图 3-77 所示。

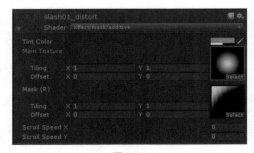

图 3-77

（1）Main Texture（材质贴图）：设置材质贴图。

（2）Mask Texture（遮罩贴图）：设置遮罩贴图。

（3）Scroll Speed X（横向滚动速度）：控制 Mask 的横向滚动速度。

（4）Scroll Speed Y（纵向滚动速度）：控制 Mask 的纵向滚动速度。

该 Shader（着色器）适用于 Unity Personal（个人版），性能高，可用于手机。

参考 Xffect 中示例 window_light.prefab。

04 Displacement Dissolve（位移溶解材质），如图 3-78 所示。

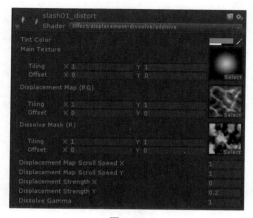

图 3-78

（1）Displacement Map Scroll Speed X/Y（贴图的横向／纵向滚动速度）：控制 Displacement Map（扭曲贴图）的横向／纵向滚动速度。

（2）Displacement Strength X/Y（贴图的横向／纵向扭曲强度）：控制 Dissolve Mask（溶解遮罩）的横向／纵向扭曲强度。

（3）Dissolve Gamma（溶解伽马）：表示 Dissolve（溶解）色阶的 Gamma（伽马）值。

参考 Xffect 中示例 stem.prefab。

05 Dissolve（溶解）原理。

Dissolve Mask（溶解遮罩）决定了 Main Texture（材质贴图）的可见性，所以只要让 Dissolve Map（溶解贴图）逐渐变为黑色就行了。Photoshop 里的色阶编辑器就可以达到这个效果，如图 3-79 所示。

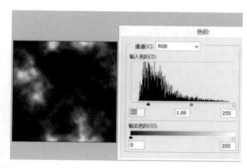

图 3-79

通过在 Shader（着色器）里动态改变 Dissolve Mask（溶解遮罩）的色阶就可达到逐渐消失的效果。

色阶的动态改变必须通过 Advance Shader（提前着色器）下的 dissolve power（溶解力）曲线来改变。

也可以通过 Advance Shader（高级着色器）下的 Control Displacement（位移控制）来动态改变扭曲强度。

该 Shader（着色器）适用于 Unity Personal（个人版），性能一般，可用于手机。

⏰ **注意**

所有 Shader（着色器）都需要运行后才能看到实际效果。

3.2.2　FX Maker 插件介绍

FX Maker 是由开发商 IGSoft 制作的一款特效工具，它包括 300 种 Prefab（预设体）特效、300 种纹理结构、100 种网格、100 种曲线效果，并且支持英文和韩文。其优点是资源库大，默认提供了非常多的粒子效果，同时还可以将特效转换为帧动画效果。FX Maker 专门为移动操作系统做了优化，所以非常适合移动平台，是 Unity 中一款强大的特效制作工具。

3.2.2.1 导入插件 FX Maker

导入 FX Maker 的方式跟导入其他资源包的方式相同，需要先打开 Unity 主窗口，有如下三种导入方式。

（1）可以双击 .unitypackage 文件载入。

（2）使用菜单 Assets → Import Package → Custom Package（资源→导入资源包→自定义资源包）导入。

（3）或者直接将它拖曳到 Project → Assets（工程视图→资源）工程路径中。

FX Maker 的导入窗口如图 3-80 所示。

图 3-80

Step 01 单击 Import（导入）按钮即可导入，导入资源需要加载一会儿。

Step 02 如果导入时 FX Maker 版本低于 Unity 版本，Unity 可能会有弹出框（报错），建议单击 I Made a Backup. GO Ahead！（我创建了备份。继续）按钮，如图 3-81 所示。

图 3-81

🕐 **注意**

如果单击 I Made a Backup. GO Ahead！（我创建了备份。继续）按钮后，仍然报错不能运行场景，说明插件版本与 Unity 版本不兼容，那么建议重新下载最新版本的插件重新导入。

Step 03 导入成功后，在 Project 面板中就可以看到载入的 FX Maker 资源了，如图 3-82 所示。

图 3-82

Step 04 若想要打开 FX Maker 操作界面，则需要先打开它对应的操作场景。FX Maker 的默认操作场景位于路径 Assets-IGSoft_tools 中，找到场景后双击打开，如图 3-83 所示。

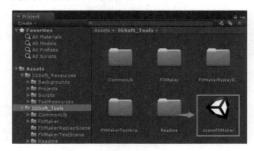

图 3-83

Step 05 打开 SceneFX Maker 场景后，运行游戏就可以在 Game（游戏视图）中看见 FX Maker 的操作界面了，如图 3-84 所示。

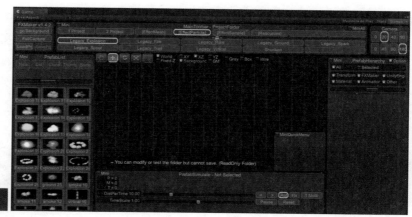

图 3-84

　　建议读者不要将 Game 视图最大化显示，将其他视图保留可以很方便地修改和查看预设特效。

⏰ 注意

　　（1）本节中将以 FX Maker V1.4.2 为例进行演示，其他版本的操作方法基本相同，可以参照本节中的教学内容。如果在导入插件后发生报错，可能是插件版本与 Unity 版本不符，则需要根据 Unity 版本选择对应的插件版本。

　　（2）如果打开 FX Maker 界面后，发现菜单显示不全，或者没有正确地显示界面（报错等），有可能是在资源导入时用到了中文路径，则需要在英文路径下重新导入即可。

3.2.2.2　FX Maker 菜单栏

　　01 1Project/2 Project（1 工程 /2 工程）：工程文件夹，默认文件夹中有 5 个空组（方便自定义修改 / 存放特效），如图 3-85 所示。

图 3-85

　　02 EffectMesh（网格动画）：网格动画（通过动态修改模型体制作的特效元素）默认分为六类存放，如图 3-86 所示。

图 3-86

　　（1）Mesh_Flare（闪光效果）；
　　（2）Mesh_Ground（地面效果）；

（3）Mesh_Line（线形效果）；

（4）Mesh_Ring（环形效果）；

（5）Mesh_Virtical（垂直效果）；

（6）Mesh_Weapon（武器类效果）。

03　EffectParticle（粒子特效）：默认分为九种类别，并且进行了分别存放。其中前八种都是使用旧版粒子系统制作的，最后一种 Shuriken 文件夹内存放的是新版粒子制作的效果集合，如图 3-87 所示。

图 3-87

（1）Legacy_Explosion（爆炸效果）；

（2）Legacy_Fire（火焰效果）；

（3）Legacy_Flare（闪光效果）；

（4）Legacy_Ground（地面效果）；

（5）Legacy_Spark（火花效果）；

（6）Legacy_Spout（喷出效果）；

（7）Legacy_Trail（拖尾效果，移动特效时才会看到拖尾效果）；

（8）Legacy_Virtical（垂直效果）；

（9）Shuriken（新版粒子特效效果）。

04　EffectSample（效果样例演示）分为四种类别，如图 3-88 所示。

图 3-88

（1）Preview（预览效果）；

（2）Sample（特效样品）；

（3）SampleParts（示例效果）；

（4）ScriptExample（脚本样例）：运用脚本的效果样例。

05　Resources（资源）：包含 FX Maker 示例效果中的部分资源，其中包含六种资源类型，如图 3-89 所示。

图 3-89

（1）Animation（动画）；

（2）Curve（曲线）；

（3）Mesh（网格体）；

（4）Sound（音效）；

（5）Sprite（精灵粒子）；

（6）Texture（贴图）。

3.2.2.3　导出 FX Maker 特效

在 FX Maker 分类列表中查看各类特效后，如何才能把自己需要的特效导出呢？下面以一个爆炸效果的导出为例进行演示。

Step 01 首先选择菜单 EffectSample → Sample（效果样本→样本），在列表中找到效果 explosion 12（爆炸 12），在视图中查看效果，如图 3-90 所示。

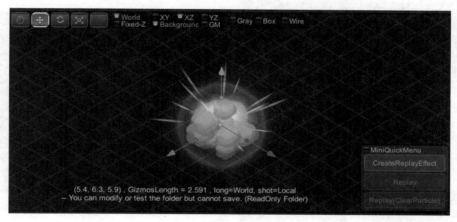

图 3-90

Step 02 效果确认无误后，在 Prefab List（预设列表）中选择该特效名称，右击选择 Export（导出）选择导出路径，设置对应名称后即可导出，操作如图 3-91 所示。

Step 03 在弹出框中选择路径导出即可。

⏰ 注意

（1）特效文件导出格式是".unitypackage"标准资源包格式。

（2）导出时需要把跟资源相关联的全部脚本也进行导出，否则导入其他项目中时会报错。

图 3-91

3.2.2.4　使用 FX Maker 导出序列图

Step 01 首先需要在菜单中选择一个 Group（组）创建一个特效 Prefab（预设体），例如当前选择 1 Project（1 工程）中的 Group 1（组 1），然后单击 New → Empty（新建→空对象）创建一个空 Prefab 特效预设体，如图 3-92 所示。

图 3-92

创建后就会在视图中增加一个 NewEffect（新特效），可以在视图右侧查看它的内容及具体设定（新建预设体默认内容为空），如图 3-93 所示。

图 3-93

Step 02 接下来在示例效果中任意选择一个效果，右击选择 Copy（复制），如图 3-94 所示。

Step 03 复制之后，回到之前创建 NewEffect（新特效）的路径，再次单击选择之前创建的空 Prefab（预设体）单击右键选择 Paste（粘贴），如图 3-95 所示。

图 3-94

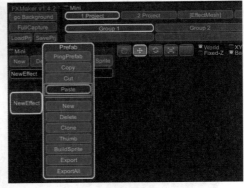

图 3-95

Step 04 粘贴之后，在 PrefabList（预设列表）窗口中就会看到之前复制的特效名称及效果了。然后在选择该名称后，右击选择 BuildSprite（建立精灵粒子）打开输出序列设置面板，如图 3-96 所示。

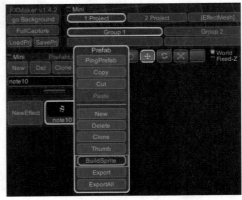

图 3-96

图 3-96（续）

　　当前窗口正中心看到的红色框为
输出特效图的记录范围，可以在左侧的
Build Sprite（建立精灵粒子）窗口进行
具体的序列图渲染输出设置，设置完成
后单击左下方的 Build Sprite（建立精灵
粒子）按钮即可开始。

　　Build Sprite（建立精灵粒子）窗口
设置说明如图 3-97 所示。

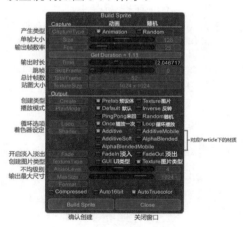

图 3-97

图 3-98

　　Step 06　选择新生成的名称（如
note10_1），单击右键选择 Export（导出）
就可以将新建的序列特效进行 Unitypackage
资源包导出了，默认导出的资源包含当前
效果中的所有资源，操作如图 3-99 所示。

图 3-99

　　Step 05　当单击 Build Sprite（建立
精灵粒子）之后，会自动生成一个新的
Prefab（预设体），默认名字是"原名称
_1"，如图 3-98 所示。

可以在路径 Assets → IGSoft_Resources → Projects → [Resources] → [Sprite] → User Sprite（资源→ IG 软资源→工程视图→资源→ [资源]→ [精灵粒子]→用户的精灵粒子）中查看新生成的序列图，如图 3-100 所示。

下可以看到刚才新建的 NewEffect（新效果）层级。

图 3-101

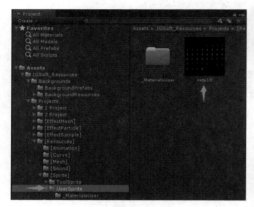

图 3-100

注意

FX Maker 中的序列图生成原理与截图 / 录屏原理基本相同，并不会记录图片的 Alpha（阿尔法）透明通道信息，如果需要图片的透明通道信息，可以在 AE 等后期软件中通过使用 UnMult（一键去黑插件）等抠黑插件来实现。

除了将 FX Maker 自带效果进行输出序列外，同样也可以将自己制作的特效通过 FX Maker 输出序列，那么具体要如何操作呢？

Step 01 和之前类似，这次同样需要先创建一个空的 Prefab（预设体）。在 1 Project → Group 1 → New Prefab 中右击选择 Empty（空对象），操作如图 3-101 所示。

当创建 NewEffect（新效果）完成后，层级视图中 CurrentObject（当前对象）

Step 02 接着选择自己创建的特效预设体（以 Fire 为例）拖曳到 NewEffect（新效果）下，如图 3-102 所示。

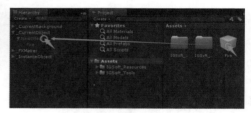

图 3-102

Step 03 现在在场景中就可以看到特效加入后的效果了。可以在操作视图中调整特效到合适的位置。位置调节完毕后，在 NewEffect（新效果）上右击选择 BuildSprite（建立精灵粒子），如图 3-103 所示。其他操作和之前预置效果的处理方法相同。

图 3-103

3.2.2.5　FX Maker 脚本介绍

在 FX Maker 中很多效果都是由脚本来进行控制的，除了 FX Maker 内置的效果外，同样也可以自行创建一个多边形由 FX Maker 脚本控制。

例如，在 Unity 中单击菜单 GameObject → 3D Object → Plane（游戏对象 → 3D 对象 → 平面）创建一个平面，然后在层级面板中选择 Plane（平面），在 Inspector（检测视图）最下方单击 Add Component（添加组件），搜索栏中输入"nc"，所有 Nc 开头的脚本都是 FX Maker 内置的特效控制脚本。Nc 脚本列表如图 3-104 所示。

图 3-104

其中一些常用的脚本功能如下。

01 Nc Add Force（添加外部力场控制）：需要先单击脚本属性面板中的 Add RigidBody Component（添加刚体组件）将网格体转换为刚体。

02 Nc Attach Prefab（附加一个特效预设）：通过单击脚本属性面板中的 Select Prefab（选择预设体）附加一个 FX Maker 内置的效果。

03 Nc Attach Sound（附加一个音效）：附加一个音效，需要将音效拖曳到脚本属性中的 Audio Clip（音频片段）。

04 Nc Auto Deactive/Destruct（自动销毁脚本）：可以设定脚本属性中的 fLifeTime（生命周期）来决定效果的存留时间，当时间到达指定的 fLifeTime（生命周期）后特效将会在场景中自动删除。fLifeTime（生命周期）单位为秒。

05 Nc Billboard（布告板）：设置面片始终朝向摄像机，跟粒子的 Billboard（布告板）类型相同。可以在脚本属性面板中的 FrontAxis（前方轴）设置轴朝向。

06 Nc Change Alpha（改变阿尔法值）：通过该脚本设置网格体的透明度过渡动画，可以在脚本属性面板中 fDelay Time（延迟时间）设置特效延迟时间，通过 fChange Time（修改时间）修改透明过渡持续时长。

07 Nc Curve Aniamtion（曲线设定网格体动画）：通过曲线设定网格体动画，单击脚本属性面板中 Add Empty Curve（添加曲线）可以增加一个控制曲线。每种属性类型由单独的曲线控制，共有 Position（位置）、Rotation（旋转）、Scale（缩放）、MaterialColor（材质球颜色）、TextureUV（贴图 UV）、MeshColor（网格颜色）六种属性。颜色属性可以分别控制"R 红色""G 绿色""B 蓝色""A 透明度"。

08 Nc Particle System（粒子系统脚本）：脚本属性面板中有 Add Shuriken Components（添加一个新版粒子系统）、Add Legacy Components（添加一个旧版粒子系统）、Add Legacy Componenets（添加一个旧版粒子系统，并且粒子由当前网格体发射）。

09 Nc Rotation（旋转脚本）：可以分别控制 X、Y、Z 三个轴向的旋转速度。

10 Nc Sprite Animation（序列动画播放控制脚本）：可以使用网格体播放序列 UV 图，原理跟粒子系统相同。可以在脚本属性面板中的 nTilingX（X 轴的平铺数量）、nTilingY（Y 轴的平铺数量）设置 X、Y 两个轴向的排布数，通过 fDelayTime（延迟时间）设置延迟时间，nStartFrame 设置起始帧，nFrameCount 设置帧总数（如果 X 方向排布为 4、Y 方向排布为 5，则帧总数为 20），并设置 bLoop（循环选项）、fFps（播放速率）、Duration Time（播放持续时间）、Remove AlphaChannel（移除透明通道）。

11 Nc Tiling Texture：调节 X、Y 方向的纹理排布数量，fTilingX、fTilingY（设置 X、Y 方向的纹理排布数量），fOffsetX、fOffsetY（设置 X、Y 方向的纹理偏移值）。

12 Nc Trail Texture（添加一个拖尾效果）：与 Unity 自带的 Trail Renderer（拖尾效果）效果近似，需要拖动该物体或者制作动画才能看到拖尾效果（默认拖尾效果材质与原物体材质相同）。fDelayTime 设置拖尾延迟出现的时间（单位秒），fEmitTime 设置持续产生拖尾的时间（例如设置为 1，则 1 秒后不会再产生拖尾效果，默认为 0 时会一直产生拖尾），fLifeTime 设置拖尾存在时长（当移动速度相同时，设置 fLifeTime 数值越大，拖尾越长），fMinVetexDistance 设置拖尾产生的最小距离，距离越小效果越自然，性能损耗也越大，fMaxVetexDistance 设置拖尾产生的最大距离，fMaxAngle 设置最大角度，bAutoDestruct 设置自动销毁。

13 Nc Uv Animation（脚本控制 UV 动画）：fScrollSpeedX 和 fScrollSpeedY 设置 X、Y 方向纹理移动速度，fTilingX 和 fTilingY 设置 X、Y 方向的纹理排布数量，fOffsetX 和 fOffsetY 设置 X、Y 方向的偏移值，bRepeat 设置纹理重复，bAutoDestruct 设置自动销毁。当取消勾选 bRepeat（纹理重复）时才会看到 bAutoDestruct（自动销毁）选项。

⏰ 注意

（1）所有脚本需运行后生效，可以在编辑状态下修改脚本参数，运行后查看效果。

（2）将 FX Maker 中的内置特效导出时会发现在导出窗口中默认关联上了大部分脚本，那是因为 FX Maker 内置脚本间都有关联关系，不能单独导出使用。如果只导出部分脚本，那么在载入到其他工程中运行时会报错。

3.2.3 Melee Weapon Trail（刀光插件）介绍

Melee Weapon Trail（刀光插件）是 Unity Asset Store（资源商店）中的一个免费插件，主要用于显示武器的轨迹。它功能强大，操作简单，体积小巧。非常适合制作项目中的刀光效果。

3.2.3.1 下载 Melee Weapon Trail（刀光插件）

首先单击 Unity 菜单 Window → Asset Store（窗口→资源商店）打开资源商店，在最上方搜索条件处输入插件名"Melee Weapon Trail"后单击"搜索"，如图 3-105 所示。

图 3-105

单击插件名称即可进入插件说明页，单击说明页中的 Download（下载）即可下载。

⏰ **注意**

需要事先登录 Unity 账户才能进行下载操作。

3.2.3.2 导入插件 Melee Weapon Trail（刀光插件）到项目

如果并不是通过资源商店下载的资源，则需要手动导入其资源包到项目中。Melee Weapon Trail（刀光插件）的导入方式与其他资源包相同，有以下几种常规方法。

Step 01 双击 ".unitypackage" 文件自动载入。

Step 02 单击菜单 Assets → Import Package → Custom Package（资源→导入资源包→自定义资源包）进行导入。

Step 03 直接将 ".unitypackage" 文件拖曳到 Project-Assets（项目工程目录）中。

Melee Weapon Trail 导入窗口如图 3-106 所示。

在导入窗口确认资源无误后，单击 Import（导入）按钮即可完成导入。

如果导入时插件版本低于 Unity 版本，则可能会有弹出框，建议单击 I Made a Backup. GO Ahead!（我建立了备份，继续！）按钮，如图 3-107 所示。

图 3-106

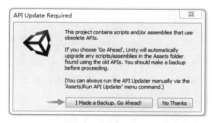

图 3-107

⏰ **注意**

如果单击 I Made a Backup. GO Ahead!（我建立了备份，继续！）按钮导入资源运行游戏后依然发生报错，说明当前插件无法支持 Unity 版本，需要在资源商店下载最新版插件。

3.2.3.3 Melee Weapon Trail（刀光插件）的使用方法

在实际刀光效果制作中，虽然使用粒子发射面片已经可以满足大部分的技能需求，但是在某些情况下仍然需要使用拖尾来制作刀光。

Unity 虽然默认含有 Trail Renderer 拖尾组件，但是由于该组件的朝向是错误的（始终朝向摄像机），所以就需要使用刀光插件来进行刀光拖尾的制作。

本节中以一个挥剑动作的刀光拖尾特效制作为例进行讲解。

Step 01 首先找到角色使用武器的手部骨骼（例如右手拿刀就使用右手骨骼），并在骨骼下面创建两个 GameObject（空对象），分别命名为"Base""Tip"（这两个点分别表示刀光轨迹的起始点位置和结束点位置），如图 3-108 所示。

图 3-108

Step 02 将 Base 和 Tip 放置在右手骨骼下方（作为骨骼子级别），然后在Scene（操作视图）中将 Base 放置在刀柄位置偏上部分，Tip 放置到刀光的刀尖位置，如图 3-109 所示。

图 3-109

Step 03 选择右手骨骼 Bip001 R Hand加入脚本组件 Melee Weapon Trail（刀光插件），设置脚本的相关参数，赋予材质球，调整刀光效果，操作示例如图 3-110所示。

01 Emit（发出）：是否启用。

02 Emit Time（启用时间）：设置启用时间。

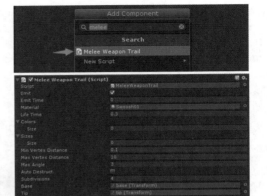

图 3-110

03 Material（材质球）：刀光的纹理效果。

04 Life Time（生命周期）：拖尾寿命（单位为秒，数值越大刀光停留时间越长，数值越小刀光越短），默认数值为 0.25。

05 Color（颜色）：颜色设置。设置刀光过渡颜色数量，之后通过 Element（要素）设置颜色及阿尔法透明度信息。

如图 3-111 所示，刀光为两个颜色过渡，由白色到红色（如运行后没有看见刀光，请先检查它的透明度控制）。

图 3-111

06 Sizes（大小）：大小变化节点数量设定（用于制作刀光大小过渡动画）。

07 Min Vertex Distance（刀光最小间距）。

08 Max Vertex Distance（刀光最大间距）。

09 Max Angle（最大角度设定）。

10 Auto Destruct（自动销毁）：播放完成后自动删除刀光及组件。

11 Subdivisions（刀光网格体细分级别）。

12 Base（设置刀光结尾位置）。

13 Tip（设置刀光起始位置）。

⏰ 注意

使用 Sizes（大小）选项可以实现动态刀光效果，例如，设置 Size（大小）为 2、Element0 为 0、Element1 为 0.2，则刀光会根据设定的数值由小变大。

Step 04 将"Base""Tip"两个（空对象）定位点分别拖曳到脚本位置（方便程序识别位置信息），如图 3-112 所示。

图 3-112

Step 05 主模型根目录加入 Swoosh Test（旋风试验）脚本组件，如图 3-113 所示。

图 3-113

Step 06 然后在 Swoosh Test（旋风实验）相应位置拖入骨骼动画文件（JiNeng01），设置刀光开始 / 结束帧，将含有 Melee Weapon Trail（刀光插件）脚本的右手骨骼拖曳到 Trail（追踪）后的空白栏中。

设置如图 3-114 所示。

01 Animation（动画）：在脚本中置入模型的动画文件（示例中骨骼动画文件名称为"JiNeng01"）。

02 Start（开始）：刀光开始帧。

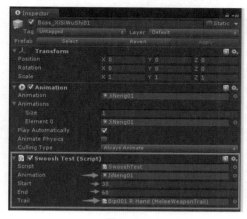

图 3-114

03 End（结束）：刀光结束帧。

⏰ 注意

根据模型动作设置产生刀光的起始帧与结束帧，例如，案例中动作产生刀光的起始帧数是第 30 帧，结束刀光的帧数是第 60 帧。

04 Trail（追踪）：置入含有 Melee Weapon Trail（刀光插件）脚本的挂件，示例中脚本在右手骨骼 Bip001 R Hand 上，所以直接将 Bip001 R Hand 拖入 Trail（拖尾）后的空白栏即可。

Step 07 设置完成之后，运行游戏就可以看到刀光拖尾效果了，如图 3-115 所示。

图 3-115

默认脚本中不含有材质，需要在 Melee Weapon Trail（刀光插件）脚本 Material（材质栏）中指定，图3-115为指定材质后的效果。

可以通过修改刀光贴图来完成不同风格效果的制作。

如果不清楚刀光纹理方向的话，可以打开插件目录 Assets → MeleeWeaponTrail → Example → Scenes（资源→刀光插件→样例→场景）中的预设场景Example（样例），在示例场景中可以看到预设效果中材质球纹理方向，参照它的方向来制作刀光贴图即可。

示例场景路径及刀光纹理方向如图3-116所示。

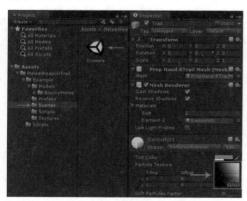

图 3-116

⏰ 注意

观察发现预设刀光纹理方向是由右向左，所以只需要按照该朝向自行设计、创建刀光材质即可。

3.2.4 破碎插件 RayFire 介绍

RayFire Tool 是一个在业界非常知名的 3ds Max 破碎插件，它能够制作非常棒的破碎效果（如物体碎裂、毁灭、拆毁、毁坏、分解、炸毁、爆破、爆炸、引爆等）。

RayFire 可以很好地支持 nVIDIA PhysX（英伟达物理加速），如果用户的显卡是 N 卡并且支持硬件加速的话，RayFire 能以惊人的速度进行物理动力学解算。

由 RayFire 参与制作的电影非常多（如《复仇者联盟》《2012》《变形金刚3》），除了在电影方面的运用外，RayFire 在游戏特效制作中也起到了非常重要的作用。

3.2.4.1 RayFire 下载 / 安装说明

RayFire 官网地址为 http://rayfirestudios.com，可以通过单击主页上方的 DOWNLOAD（下载）进入到下载页面，如图3-117所示。

图 3-117

然后在下载页面中（根据 3ds Max 版本）选择相应的 RayFire 版本进行下载，如图3-118所示。

图 3-118

下载完成后，解压文件运行安装即可。

需要注意的是，RayFire 的破碎功能需要用到 N 卡的解算功能，如果计算机显卡并不是 nVIDIA（英伟达显卡），则需要事先安装 PhysX 的相关驱动才可以正常使用。

在下载页面最下方有 PhysX 驱动的下载链接，如图 3-119 所示。

图 3-119

⏰ **注意**

（1）RayFire 安装后如果无法使用，建议更新显卡驱动，然后再下载 PhysX 驱动程序重试。

（2）在本节之中将以 RayFire 1.63 为例进行制作演示。

3.2.4.2　RayFire 菜单栏介绍

RayFire 插件安装完成后，在工具面板下拉窗口中选择 RayFire（爆炸插件），然后单击 RayFire 即可调出主界面，操作如图 3-120 所示。

图 3-120

观察发现 RayFire 工具栏窗口中有四项，分别是 RF Cache（缓存）、RF Trace（痕迹）、RayFire（功能主面板）、Shooting（射击系统）。

⏰ **注意**

（1）Shooting 是在 RayFire 1.58 版本后单独设立的面板，用于模拟射击破碎。

RF Trace 面板同样也是在 RayFire 1.58 后新增的功能，用于模拟裂纹效果。

（2）本节主要学习 RayFire 主面板的使用，其他模块基本不会被使用到。

首先在工具栏面板中单击 RayFire（爆炸插件）调出 RayFire 主面板。在主面板中有 4 个功能性模块，分别为 Object（物体）、Physics（动力学）、Fragments（碎片）、Layers（层级）面板。

1. Object（物体）面板

该面板的主要功能是拾取并标记需要进行解算的物体。可以通过使用这里的几个列表区域来定义所要处理的物体以及它们所具有的物理属性。在这个区域里出现的几组参数以及对它们概念的理解对于整个 RayFire（爆炸插件）操作过程来说都十分重要，如图 3-121 所示。

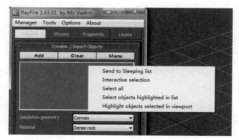

图 3-121

01 Dynamic/Impact Objects（动态 / 影响物体）：在这个面板中可以定义解算对象和物理影响对象，从而为后续的动力学模拟计算做好准备。

每个分面板的最上方都有三个按钮，分别是"添加""清除"和"菜单"。

（1）Add（添加）：选择物体后，单击 Add 按钮，即可添加物体到列表（或者也可以鼠标右键单击 Add 按钮，在"选择面板"中选择对象名称）。

（2）Clear（清除）：清除列表中的对象。

（3）Menu（菜单）：一些快捷的选择操作方式。

① Send to Sleeping list（发送到睡眠列表）：将列表文件目录发送到 Sleeping Object（睡眠对象）窗口。

② Interactive selection（交互式选择）：开启后列表中将会始终显示所选择的对象。

③ Select all（选中全部）：在操作视图中选中列表对象。

④ Select object highlighted in list（选择列表中突出显示的对象）：选择列表对象后操作该命令，物体会在操作视图中被选择。

⑤ Highlight objects selected in viewport（选择视图中突出显示的对象）：在操作视图中选择物体后操作该命令，可以在列表中选中显示。

（4）Simulation geometry（几何仿真运算）：Box（盒子）、Sphere（球体）、Convex（凸面体）、Concave（凹面体）。

（5）Material（材质）：插件自带的预设材质，使用这些预设可以快速给破碎对象分配密度、摩擦力和反弹程度。

① Heavy metal（重合金）；

② Light metal（轻金属）；

③ Dense rock（致密岩石）；

④ Porous rock（松质岩石）；

⑤ Concrete（混凝土）；

⑥ Brick（砖块）；

⑦ Glass（玻璃）；

⑧ Rubber（橡胶）；

⑨ Ice（冰）；

⑩ Wood（木材）。

⏰ **注意**

这些其实都是碰撞物体的预设材质类型，也就是说，这里的材质是碰撞物体在进行碰撞解算时物体的属性，例如设定它为 Glass（玻璃）材质或者 Metal（金属）材质的物体。

02 Static & Kinematic Objects（静态物体）：在这个面板中可以定义静态物体对象，如图 3-122 所示。

图 3-122

经常用于模拟地面和墙壁等静止物体，菜单下拉栏中参数与之前基本相同。

（1）Select all（选择全部）：在操作视图中选中列表对象。

（2）Select objects highlighted in list（选择列表中突出显示的对象）：选择列表对象后操作该命令，物体会在操作视图中被选择。

（3）Highlight objects selected in viewport（选择视图中突出显示的对象）：在操作视图中选择物体后操作该命令，可以在列表中选中显示。

（4）Simulation geometry（几何仿真运算）：Box（盒子）、Sphere（球体）、Convex（凸面体）、Concave（凹面体）。

（5）Material（材质）：预设材质，使用这些可快速分配密度、摩擦力和反弹程度。

① Heavy metal（重合金）；

② Light metal（轻金属）；

③ Dense rock（致密岩石）；

④ Porous rock（松质岩石）；

⑤ Concrete（混凝土）；

⑥ Brick（砖块）；

⑦ Glass（玻璃）；

⑧ Rubber（橡胶）；

⑨ Ice（冰）；

⑩ Wood（木材）。

03　Sleeping Objects（睡眠物体）：在这个窗口可以定义睡眠对象和物理特性，如图 3-123 所示。

图 3-123

经常用于模拟碰撞对象（发生碰撞之前为静止状态，碰撞后才受到物理系统的影响）。

菜单下拉栏中参数与之前 Static & Kinematic Objects（静态 & 动态物体）相同。

（1）Select all（选中所有）：在操作视图中选中列表对象。

（2）Select objects highlighted in list（选择列表中突出显示的对象）：选择列表对象后操作该命令，物体会在操作视图中被选择。

（3）Highlight objects selected in viewport（选择视图中突出显示的对象）：在操作视图中选择物体后操作该命令，可以在列表中选中显示。

（4）Simulation geometry（几何仿真运算）：Box（盒子）、Sphere（球体）、Convex（凸面体）、Concave（凹面体）。

（5）Material（材质）：预设材质，使用这些可快速分配密度、摩擦力和反弹程度。

① Heavy metal（重合金）；

② Light metal（轻金属）；

③ Dense rock（致密岩石）；

④ Porous rock（松质岩石）；

⑤ Concrete（混凝土）；

⑥ Brick（砖块）；

⑦ Glass（玻璃）；

⑧ Rubber（橡胶）；

⑨ Ice（冰）；

⑩ Wood（木材）。

04　Material Presets（材质预设）：窗口之中有很多官方自带的预设，它们的相关属性参数已经根据不同的分类设置好了，只需要选择想要的材质属性即可。当然也可以自定义材质属性，如图 3-124 所示。

图 3-124

（1）Density（密度）；

（2）Friction（摩擦力）；

（3）Bounciness（反弹性）；

（4）Interactive Demolition（交互式拆除开关）；

（5）Transparent Material（透明材质）；

（6）Solidity（坚固度）。

2. Physic（动力学）面板

该面板的卷展栏都是用于记录和控制动力学模拟计算设置和参数的。可以通过它们来全局控制动力学引擎类型，计算精度以及动力学模拟时要考虑的影响力、破坏属性等因素。

01 Physical Options（动力学模拟选项）如图 3-125 所示。

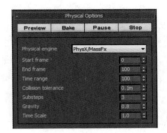

图 3-125

在这个窗口中，可以定义物理属性，选择解算引擎，设置开始、暂停、停止模拟，如图 3-126 所示。

图 3-126

（1）Preview（预览）：单击这个按钮开始模拟预览模式。在模拟完成后所有模拟对象将恢复它们原来的位置（不会对原物体做任何修改）。

（2）Bake（烘焙动画）：单击模拟后，物体将会记录上关键帧（模拟结果直接烘焙上关键帧动画）。

（3）Pause（暂停）：暂停模拟，方便中途做一些调整。

（4）Stop（停止）：单击这个按钮停止模拟和保存当前的结果。

（5）Physical engine（物理引擎）：定义插件的引擎算法支持。目前 RayFire 提供了两种，分别是 PhysX 和 Bullet（Beta）。

（6）Start frame（开始帧）：定义物理模拟开始帧。

（7）End frame（结束帧）：定义物理模拟结束帧。改变结束帧自动调节将调整时间范围内。

（8）Time range（时间范围）：定义物理解算的总时间（单位为"帧"）。

（9）Collision tolerance（碰撞距离）：模仿物体之间的碰撞距离，刚体允许部分重叠。

（10）Substeps（子步值）：为物理引擎定义了仿真子步骤。保持它在 2 ～ 10。

（11）Gravity（重力）：默认重力值为 0.8（仿自然界重力）。

（12）Time Scale（时间缩放）：默认 1 为正常速度。（设置为 0.1 时，速度为正常速度的 10%；设置为 2 时，速度为正常速度的 200%。）

02 Simulation Properties（仿真模拟属性），如图 3-127 所示。

图 3-127

（1）Deactivate Static Dynamic objects（关闭静态力学对象）。

（2）Deactivate Animated Dynamic objects（关闭动态力学对象）：影响物体动画选项，当 Dynamic → Impact Objects（影响物体栏）中物体本身带有动画时，开启该选项可以保留原有动画，否则将忽略。

（3）Activate by Force（激活力场）：通过力场激活失效的物体。

（4）Activate by Geometry（激活几何体）：它可以激活对象中解算无效的几何体对象。

（5）Activate by Mouse（SHIFT pressed）：激活鼠标，按住 Shift 键。

（6）Other options（其他选项）。

① Home grid as ground（网格作为地面）：把 Max 的默认网格线作为地面。

② Force strength by mass（根据质量决定力的强度）：力的强度根据物体的质量决定。

③ Force strength multiplier（力的强度倍增值）。

④ Stick to Mouse strength（附着鼠标的强度）：定义附着鼠标点击的强度值。

⑤ Collision damping（碰撞阻力）。

⑥ Motion inheritance（运动继承）。

⑦ Max linear velocity（最大直线速率）。

⑧ Max angular velocity（最大角度速率）。

03 Demolition Properties（破坏属性），如图 3-128 所示。

（1）Demolish geometry（拆毁几何体）：激活互动拆除几何对象（决定了是否开启二次破碎）。

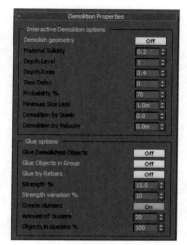

图 3-128

（2）Material Solidity（材质硬度）。

（3）Depth Level（破碎次数）：设置为 1 时，表示对象会破碎一次；设置为 2 时，表示对象在发生一次破碎后，每个子碎片还会再破碎一次。

（4）Depth Ratio（深度比例）：定义了碎片的重复数。

（5）Time Delay（延时）：时间延迟属性。

（6）Probability（概率）：物体相互之间破碎的概率。当设置概率为 50% 时，则会有一半的碎片会相互破碎。

（7）Minimum Size Limit（最小尺寸范围）：如果碎片的尺寸小于最小值，则对象不会破碎。

（8）Demolition by Bomb（作用于炸弹的破坏）：当使用了 RF-Bomb 或 Pbomb（粒子爆炸）时起作用。

（9）Demolition by Velocity（以速度决定破坏强度）：该数值设置为 0 是关闭状态。

（10）Glue options（胶合物选项）。

① Glue Demolished Objects（胶破坏

的物体对象）：破坏对象会粘合在一起。

② Glue Objects in Group（粘合在组里的对象）。

③ Glue by Rebars（通过钢筋胶合）。

④ Strength（强度）：定义了胶的黏性强度。强度低时，容易打破粘合对象。设置为 100 时，碎片不可打开。

⑤ Create clusters（产生集群）。

⑥ Amount of clusters（集群数量）。

⑦ Object in clusters %（对象在集群中）。

3. Fragments（碎片）面板

该面板的主要作用是对拾取到的 Dynamic/Impact Objects（影响物体栏）对象进行破碎计算，另外，在 RayFire 中进行任何实时破碎计算时，实际的破碎效果参数都是通过这个面板中的参数来最终确定的。可以通过这个面板实现多种破碎效果，例如随机生成的破碎效果，或者通过鼠标移动轨迹追踪的破碎效果，又或者根据其他参考物体而定的破碎效果等。同时破碎卷展栏也是在 RayFire 中使用率最高的，为什么呢？原因很简单，不管是静态的碎裂效果还是基于物理的动画化碎裂效果，它们最开始的计算"元素"都将会是这个卷展栏计算的结果，也就是基础的物体碎块。这个卷展栏虽然不大，但是功能却非常强大。

Fragment Options（碎片选项）如图 3-129 所示。

（1）Fragment（碎片）：确认破碎按钮。

（2）Fragmentation type（破碎类型）。

以下为 RayFire 中内置的一些破碎类型，如图 3-130 所示。

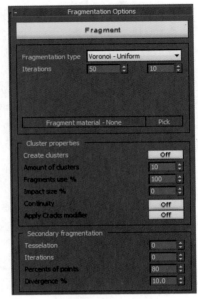

图 3-129

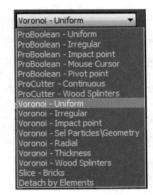

图 3-130

观察发现，在破碎类型的名称前有 ProBoolean/Voronoi 等前缀，这些前缀指的是不同的计算引擎。（所有 ProBoolean/ProCutter 开头的碎片类型都有相同的碎片属性。）

以下为各个破碎类型属性的说明。

1）ProBoolean-Uniform（规则型）

该模式产生的碎片大小相似，如图 3-131 所示。

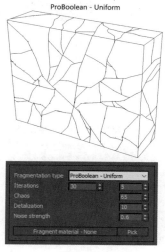

图 3-131

图 3-132

（1）Iterations（破碎块数）：后面的数值为碎块随机数量。

（2）Chaos（混乱值）：定义了随机切割角度。

（3）Detalization（细节程度）：细节，定义生成的碎片表面分段数。

（4）Noise strengh（噪波强度值）。

（5）Fragment material-None（碎片材质）：可以通过单击 Fragment material（碎片材质）按钮自定义一个碎片材质，或者单击 Pick（拾取）按钮拾取一个碎片材质。

⏰ 注意

解算后的碎块断面都可以赋予新的材质，否则它们将继承原始物体的材质。Pick（拾取）按钮是用于拾取破碎参考物体或者场景材质的。

2）ProBoolean-Irregular（不规则型）

该模式产生的碎片大小变化较大，如图 3-132 所示。

（1）Iterations（破碎块数）：后面的数值为碎块随机数量。

（2）Chaos（混乱值）：定义了随机切割角度。

（3）Detalization（细节程度）：细节，定义生成的碎片表面分段数。

（4）Noise strengh（噪波强度值）。

（5）Fragment material-None（碎片材质）：可以通过单击 Fragment material（碎片材质）按钮自定义一个碎片材质，或者单击 Pick（拾取）按钮拾取一个碎片材质。

3）ProBoolean-Impact point（碰撞点）

该碰撞类型将会在物体间的碰撞点位置产生碎片，如图 3-133 所示。

⏰ 注意

解算时需要将一个模型体（例如球体）放置在待碰撞对象的碰撞点位置，单击 Fragment（破碎）按钮即可。

ProBoolean-Impact point（碰撞点）参数如图 3-134 所示。

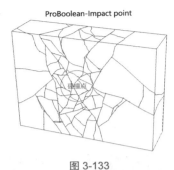

图 3-133

图 3-134

（1）Iterations（破碎块数）：后面的数值为碎块随机数量。

（2）Chaos（混乱值）：定义了随机切割角度。

（3）Detalization（细节程度）：细节，定义生成的碎片表面分段数。

（4）Noise strengh（噪波强度值）。

（5）Fragment material-None（碎片材质）：可以通过单击 Fragment material（碎片材质）按钮自定义一个碎片材质，或者单击 Pick（拾取）按钮拾取一个碎片材质。

4）ProBoolean-Mouse Cursor（滑动鼠标）

根据鼠标光标的滑动位置来进行破碎，如图 3-135 所示。

（1）Iterations（破碎块数）：后面的数值为碎块随机数量。

（2）Chaos（混乱值）：定义了随机切割角度。

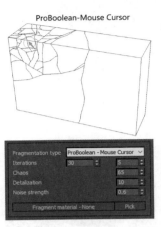

图 3-135

（3）Detalization（细节程度）：细节，定义生成的碎片表面分段数。

（4）Noise strengh（噪波强度值）。

（5）Fragment material-None（碎片材质）：可以通过单击 Fragment material（碎片材质）按钮自定义一个碎片材质，或者单击 Pick（拾取）按钮拾取一个碎片材质。

5）ProBoolean-Pivot point（轴心点）

相对于对象的轴心点产生碎片，如图 3-136 所示。

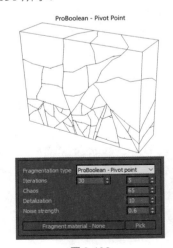

图 3-136

（1）Iterations（破碎块数）：后面的数值为碎块随机数量。

（2）Chaos（混乱值）：定义了随机切割角度。

（3）Detalization（细节程度）：细节，定义生成的碎片表面分段数。

（4）Noise strengh（噪波强度值）。

（5）Fragment material-None（碎片材质）：可以通过单击 Fragment material（碎片材质）按钮自定义一个碎片材质，或者单击 Pick（拾取）按钮拾取一个碎片材质。

6）ProCutter-Continuous（连续切割）

片段对象在一个方向通过，如图 3-137 所示。

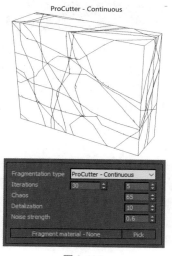

图 3-137

（1）Iterations（破碎块数）：后面的数值为碎块随机数量。

（2）Chaos（混乱值）：定义了随机切割角度。

（3）Detalization（细节程度）：细节，定义生成的碎片表面分段数。

（4）Noise strengh（噪波强度值）。

（5）Fragment material-None（碎片材质）：可以通过单击 Fragment material（碎片材质）按钮自定义一个碎片材质，或者单击 Pick（拾取）按钮拾取一个碎片材质。

7）ProCutter-Wood Splinters（切割木片）

通过该模式创建的碎片长而锋利，像木头的碎片，如图 3-138 所示。

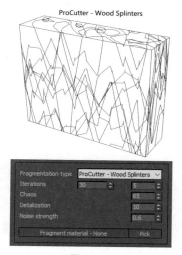

图 3-138

（1）Iterations（破碎块数）：后面的数值为碎块随机数量。

（2）Chaos（混乱值）：定义了随机切割角度。

（3）Detalization（细节程度）：细节，定义生成的碎片表面分段数。

（4）Noise strengh（噪波强度值）。

（5）Fragment material-None（碎片材质）：可以通过单击 Fragment material（碎片材质）按钮自定义一个碎片材质，或者单击 Pick（拾取）按钮拾取一个碎片材质。

观察发现以上所有 ProBoolean/

ProCutter 下的破碎选项都有相同的设置项，这些设置都代表什么呢？

碎片属性中的数值示例说明如下。

Iterations（破碎块数）：定义了对象被切割的次数，后面的项表示随机值，如图 3-139 所示。

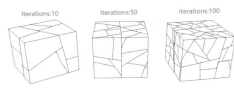

图 3-139

Chaos（混乱值）：定义了随机角度进行破碎的强度，如图 3-140 所示。

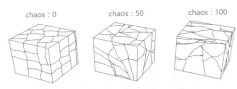

图 3-140

Detailization（细节程度）：定义碎片内表面的布线数量（值越大越精细），如图 3-141 所示。

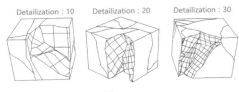

图 3-141

Noise strength（噪波强度值）：定义碎片之间的噪波强度，如图 3-142 所示。

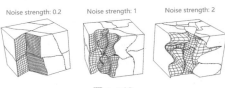

图 3-142

接下来继续看 Voronoi 下的破碎类型。

8）Voronoi-Uniform（规律型破碎）

通过该模式产生的碎片大小近似，如图 3-143 所示。

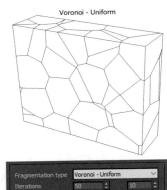

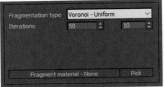

图 3-143

（1）Iterations（破碎块数）：后面的数值为碎块随机数量）。

（2）Fragment material（碎片材质）：可以通过单击 Fragment material（碎片材质）按钮自定义一个碎片材质，或者单击 Pick（拾取）按钮拾取一个碎片材质。

9）Voronoi-Irregular（不规则型）

通过该模式产生的碎片大小变化较大，如图 3-144 所示。

（1）Iterations（破碎块数）。

（2）Offspring（下一代碎片）。

（3）Divergence %（分歧）。

（4）Divergence Units（分歧单位）。

（5）Fragment material（碎片材质）：可以通过单击 Fragment material（碎片材质）按钮自定义一个碎片材质，或者单击 Pick（拾取）按钮拾取一个碎片材质。

Voronoi-Irregular

图 3-144

10）Voronoi-Impact point（碰撞点）

根据碰撞物体之间的点位置产生破碎，如图 3-145 所示。

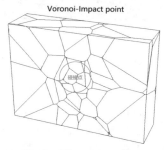

Voronoi-Impact point

图 3-145

注意

解算时将一个模型体（例如球体）放置在待碰撞对象的中心交差位置，单击 Fragment（破碎）按钮即可。

（1）Iterations（破碎块数）。

（2）Offspring（下一代碎片）。

（3）Divergence %（分歧）。

（4）Divergence Units（分歧单位）。

（5）Fragment material（碎片材质）：可以通过单击 Fragment material（碎片材质）按钮自定义一个碎片材质，或者单击 Pick（拾取）按钮拾取一个碎片材质。

11）Voronoi-Sel Particles/Geometry（粒子 / 几何体）

该模式可以根据模型布线或者粒子来进行破碎解算。

下面以根据模型布线破碎为例进行效果演示（如图 3-146 所示）。

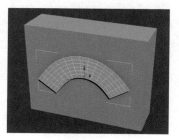

图 3-146

注意

该模式下单击破碎前，需要先将参照模型贴在破碎物体表面，并且保持参照模型在被选中状态。

Voronoi-Sel Particles/Geometry（粒子 / 几何体）参数如图 3-147 所示。

（1）Percents（百分比）：定义百分比，用多少点作为破碎参考。

（2）Offspring（下一代碎片）。

（3）Divergence%（分歧）。

（4）Divergence Units（分歧单位）。

（5）Fragment material（碎片材质）：可以通过单击 Fragment material（碎片材质）按钮自定义一个碎片材质，或者单击 Pick（拾取）按钮拾取一个碎片材质。

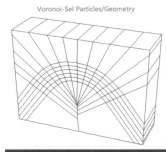
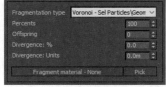

图 3-147

12）Voronoi-Radial（半径）

该碰撞类型的碎片呈现放射状，如图 3-148 所示。

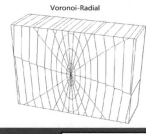

图 3-148

（1）Ring/Rays（环数 / 圈数）。

（2）Radius%（半径）。

（3）Radial bias（半径偏差值）。

（4）Divergence%（发散）。

（5）Fragment material（碎片材质）：可以通过单击 Fragment material（碎片材

质）按钮自定义一个碎片材质，或者单击 Pick（拾取）按钮拾取一个碎片材质。

13）Voronoi-Thickness（厚度）

根据厚度产生碎片，使用对象的拓扑定义薄弱区域，如图 3-149 所示。

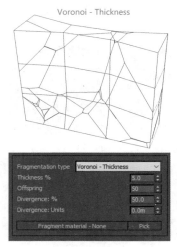

图 3-149

⏰ 注意

被破碎物体本身厚度不相同才可以使用此破碎选项，正方体 / 长方体等没有厚度变化的模型使用此破碎命令无效。

（1）Thickness%（厚度值）。

（2）Offspring（下一代碎片）。

（3）Divergence%（分歧）。

（4）Divergence Units（分歧单位）。

（5）Fragment material（碎片材质）：可以通过单击 Fragment material（碎片材质）按钮自定义一个碎片材质，或者单击 Pick（拾取）按钮拾取一个碎片材质。

14）Voronoi-Wood Splinters（木材碎片）

该模式可以用来模拟木材破碎效果，如图 3-150 所示。

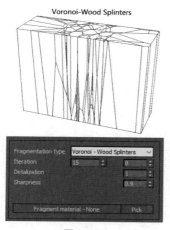

图 3-150

（1）Iteration（碎片块数）。

（2）Detalization（细节）。

（3）Sharpness（锐度）。

（4）Fragment material（碎片材质）：可以通过单击 Fragment material（碎片材质）按钮自定义一个碎片材质，或者单击 Pick（拾取）按钮拾取一个碎片材质。

15）Slice-Bricks（砖块形破碎）

该模式可以将模型破碎成砖块垒叠形状，如图 3-151 所示。

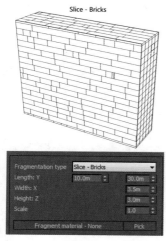

图 3-151

（1）Length Y / Width X / Height Z

（长 / 宽 / 高）：设置砖块的大小。

（2）Scale（缩放）：全局缩放属性控制。

（3）Fragment material（碎片材质）：可以通过单击 Fragment material（碎片材质）按钮自定义一个碎片材质，或者单击 Pick（拾取）按钮拾取一个碎片材质。

⏰ **注意**

以上所有破碎类型都需要先将模型体闭合后再进行破碎解算，如果网格体没有闭合，在破碎运算时可能会发生报错，甚至导致 3ds Max 崩溃。

以下为闭合 / 非闭合的两种情况示例，如图 3-152 所示。

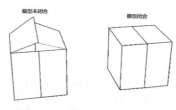

图 3-152

⏰ **注意**

可以通过焊接顶点来闭合多边形边 / 面。

Cluster properties（集群属性）如图 3-153 所示。

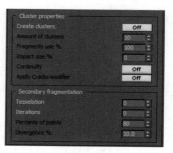

图 3-153

（1）Create clusters（创建集群）：创建集群的开关。

（2）Amount of clusters（集群的数量）。

（3）Fragments use %（碎片使用率）：定义了碎片的数量可被附加到集群的比例。

（4）Contnuity（关联）：关联开关。

（5）Apply Cracks modifier（允许裂痕调节）。

（6）Secondary fragmentation（二次破碎）。

（7）Tesselation（曲面细分）。

（8）Iterations（迭代次数）：产生碎块的次数。

（9）Percents of point（点的百分比）。

（10）Divergence %（发散）。

（11）Fragmentation by Shapes（碎片形状），如图 3-154 所示。

图 3-154

① Add（添加）：添加形状缓存。

② Clear（清楚）：清除缓存文件。

③ Menu（菜单）：选择菜单。

④ Fragment（破碎）：创建破碎。

⑤ Draw Fragment（绘制碎片模块），如图 3-155 所示。

图 3-155

- Draw Fragment（绘制碎片）：单击后开始在操作视图绘制碎片。
- Step size（破碎步长）。
- Segments（分段）。
- Noise（扰乱值）。
- Auto smooth threshold（自动圆滑角度）：定义在碎片区域自动圆滑的角度。

Advanced Fragmentation Options（高级碎片选项），如图 3-156 所示。

图 3-156

（1）Fragmentation engine（碎片引擎模式）：RayFire 默认提供了两种破碎引擎模式，分别为 ProBoolean 和 ProCutter。ProCutter 稳定但不精确，一般使用默认 ProBoolean 模式即可。

（2）Fragmentation seed（碎片随机种子）：每次分裂对象可以用碎片种子使用相同的模式。设置种子到 0 的片段对象每次都会有不同的方式。

（3）Face threshold（面阈值）：定义了碎片最低面数。低于最低面数将会删除。

（4）Material ID（材质 ID）：为碎片定义材质 ID 号，默认设置为 0 表示自动设置材质 ID。

（5）Nosie scale（0-Auto）：噪波缩放，设置为 0 时表示自动设置。

（6）Rift width（裂缝宽度）：定义了碎片与碎片之间的裂痕距离。

（7）Fill rifts（填充裂痕）：创建物体填充裂痕，只适用于 ProBoolean 碎片类型。

（8）Bake animation（烘焙动画）：烘焙动画开关，开启后碎片将逐帧记录关键帧。

（9）Create selection set（创建选择设定项）：破碎后的选择设定项开关。

（10）Animate Impact\fragment visibility（碰撞动画 \ 碎片的可见性）：在特定条件下使用，用于玻璃、宝石等透明或半透明对象，开启后将自动修改模型的能见度。一般不需要调整该选项，保持默认即可。

（11）Do not store original objects（不需要储存原始物体）：默认情况下 RayFire 隐藏原始支离破碎的对象，所以以后可以恢复它。打开此复选框，如果不想存储原始物体。

（12）Remove middle edge vertices（删除中间边顶点）：在分裂后删除两边的顶点。

（13）Remove angle threshold（删除角度的阈值）：定义两个边的最大角度共有中间边顶点。

（14）Change Wire Color（改变网格颜色）：改变边的颜色与原始对象一致。

（15）Convert To Mesh（转换为可编辑网格）：将碎片对象的边转换为可编辑网格。

4. Layers（层级）面板

该面板的主要作用是全局性地控制 RayFire 所产生的一切计算结果，同时还可以把用户设置参数保存为预设以便将来快速地访问这些设置。通常情况下，经过 RayFire 模拟计算出的大部分结果都将会在 Layers 面板中得到体现。Layers 面板由两个卷展组成：Interactive Layer Manager（交互式层管理）卷展栏，以及 Presets（预设）卷展栏。它们的控制参数都非常简单，在每次计算之后可以通过简单的尝试就能轻松掌握。

Interactive Layer Manager（交互式层管理）面板如图 3-157 所示。

图 3-157

左边窗口用于显示所有存在于场景的模拟层，右边窗口用于显示左边窗口选中层的影响。

在这个卷展栏中可以选择、删除、隐藏 / 显示、冻结 / 解冻层碎片或互动拆除通行证。

Presets（预设）用于保存和加载预设内容，如图 3-158 所示。

图 3-158

（1）Save（保存）：打开预设的名字漂浮框，可以编辑一个合适的名字，并保存。

（2）Load（加载）：在预设目录下加载选中的预设。

（3）Delete（删除）：从预设列表中删除选中的预设。

3.2.4.3 游戏中破碎效果的实现方法

一般在游戏中有三种破碎效果的实现方法。

01 第一种（模拟破碎）：使用粒子系统模拟破碎效果。

因为手游等移动端平台对资源量／性能损耗／模型面数要求较高，所以大多数情况下都是通过粒子系统模拟的破碎效果（如飞溅的石块／冰块等），这也是游戏中最常使用的一种方式。

02 第二种（实时解算破碎）：破碎的过程在 Unity 中，并且由 Unity 实时解算，在次时代级别游戏中很常见（如射击游戏中开枪射穿石柱，打烂西瓜。由于破碎位置和破碎时间都不固定，所以不能在其他软件中事先将破碎动画解算好）。

⏰ **注意**

有时在一些手机游戏中也会用到实时解算破碎，例如"水果忍者"等。

03 第三种（预解算破碎）：破碎动画已经事先解算好，由 Unity 负责播放。

导入一个含有破碎动画的模型体，然后在适当的时间点触发播放（破碎解算的过程在 3ds Max 等软件中）。

⏰ **注意**

当游戏细节要求较高又不需要实时解算时，就可以使用这种方法了。例如，游戏剧情需要打碎一个副本大门入口，为了避免在 Unity 中实时解算造成的性能损耗，也为了避免出错，则可以在 3ds Max 中使用 RayFire 事先解算好破碎过程（并生成关键帧动画），之后只需要在 Unity 中播放就可以了。

3.2.4.4 RayFire 影响对象类型说明

RayFire 中所有影响对象都在 Objects（物体模块）下的 Dynamic/Impact Objects（影响物体）、Static & Kinematic Object（静态物体）、Sleeping Object（睡眠物体）三个卷展栏中（如图 3-159 所示）。每个卷展栏分别代表不同的破碎物体类型，本节进行具体的示例讲解。

图 3-159

01 Dynamic/Impact Object（影响物体），如图 3-160 所示。

Dynamic / Impact Objects

图 3-160

⏰ **注意**

（1）"影响物体"栏中的模型体默认为刚体并会受到物理系统的影响。

（2）在对某个模型进行破碎前，需要先将其加入到 Dynamic/Impact Object（影响物体）再单击 Fragment（破碎）进行破碎。

下面以一个模型体的破碎为例。

在 3ds Max 中创建一个 Box001 长方体，将其加入到 Dynamic/Impact Object（影响物体）栏，在 Fragmentation（破碎）模块中设置物体破碎类型后单击 Fragment（破碎）按钮进行破碎，如图 3-161 所示。

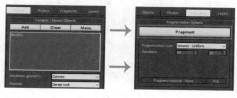

图 3-161

以下为破碎效果示例，如图 3-162 所示。

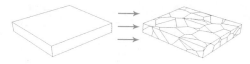

图 3-162

02　Static & Kinematic Object（静态物体），如图 3-163 所示。

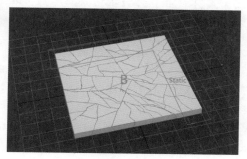

图 3-163

⏰ **注意**

（1）该栏中的所有破碎对象参与碰撞但不发生移动。

（2）例如，在巨石砸向墙体正中心效果中，为了使破碎结果看起来更加真实自然，则可以先将墙体下部分碎片加入到 Static & Kinematic Object（静态物体）栏，这样墙体下半部分碎片就不会到处乱飞了。

以"茶壶体 A"下落砸碎"长方体 B"为例，那么如何才能让 B 中的部分碎片不到处乱飞呢？

Step 01 首先将"长方体 B"破碎后，全部碎片放置在 Sleeping Objects（睡眠物体）栏中。

Step 02 将茶壶体添加到在 Dynamic/Impact Objects（影响物体）栏，放置在长方体正上方。

Step 03 再选择"长方体 B"中的部分碎片加入到 Static & Kinematic Object（静态物体）栏中，如图 3-164 所示。

图 3-164

Step 04 单击 Preview（预演）或 Bake（烘焙解算），解算后效果如图 3-165 所示。

图 3-165

这时发现碎片已经不会七零八落了，静态物体栏中的对象会参与碰撞但是不会发生运动。可以设定任意碎片为 Static & Kinematic Object（静态对象）。

03　Sleeping Object（睡眠物体），如图 3-166 所示。

图 3-166

⏰ **注意**

（1）物体未发生碰撞前为静止状态，和人一样，睡眠时很安静，碰到时才会被唤醒。

（2）例如，用石头打向玻璃，石头与玻璃未碰撞前，玻璃为静止状态，碰撞后才受影响破碎。

下面以一个球体撞向墙面的效果为例进行演示。

Step 01 首先创建一个长方体（作为墙面），然后创建一个球体。制作一个球体穿过长方体的动画，将长方体破碎并将所有碎片移动到 Sleeping Objects（睡眠物体）栏，选择墙体下半部分碎片加入到 Static & Kinematic Object（静态物体）栏中。选择球体加入到 Dynamic/Impact Object（影响物体）栏，开启 Deactivate Animated Dynamic objects（影响物体动画）选项。操作如图 3-167 所示。

图 3-167

Step 02 单击 Bake（烘焙解算）按钮，结果如图 3-168 所示。

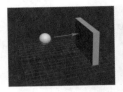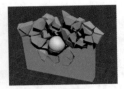

图 3-168

⏰ **注意**

Dynamic/Impact Object（影响物体）列表中的碎片对象可以通过菜单 Menu → Send to sleeping list（菜单→发送到睡眠物体列表）快速发送到睡眠物体列表。

3.2.4.5　RayFire 制作破碎的七种情况

本节中以"茶壶体 A""长方体 B""圆环体 C"三个物体之间的碰撞破碎为例进行演示，如图 3-169 所示。

图 3-169

物体间破碎大致可以分为以下七种情况。

（1）A 下落打到 B，B 破碎；

（2）A 下落打到 B，A 破碎；

（3）A 下落打到 B，A、B 都破碎；

（4）A 下落过程中打到 C，C 破碎并掉落；

（5）A 下落过程中打到 C，A、C 都破碎并掉落；

（6）A 根据自身动画撞碎 B（A 不受物理系统的影响）；

（7）A 按照自身动画撞碎 B 后，A 受到物理影响掉落到地上。

接下来按照排序依次讲解分析。

1. A 下落打到 B，B 破碎

Step 01 创建一个茶壶体 A，一个长方体 B，将茶壶放置在长方体上方，位置如图 3-170 所示。

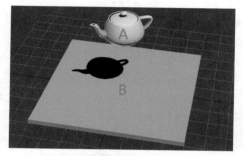

图 3-170

Step 02 将长方体 B 加入到 Dynamic/Impact Object（影响物体）栏中，设置破碎类型及破碎属性后，单击 Fragment（破碎）按钮。

操作顺序如图 3-171 所示。

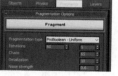

图 3-171

破碎后的长方体如图 3-172 所示。

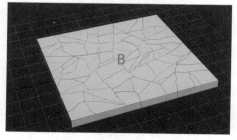

图 3-172

⏰ 注意

如果使用破碎选项中 Voronoi 下的破碎类型，默认生成的碎片材质会自动生成颜色区分。

Step 03 接下来把长方体的全部碎片加入到 Sleeping Objects（睡眠对象）栏列表中。

Step 04 将茶壶体放置在 Dynamic/Impact Objects（影响物体）列表中，开启 Home grid as ground（网格作为地面），单击 Preview（预览）或者 Bake（烘焙）按钮，最终结果如图 3-173 所示。

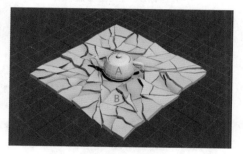

图 3-173

⏰ 注意

通过本节示例可以帮助读者进一步了解 Dynamic（影响物体）、Static（静态物体）、Sleeping（睡眠物体）三个碎片类别间的差别。

2. A 下落打到 B，A 破碎

Step 01 首先创建一个茶壶体 A，一个长方体 B，将茶壶放置在长方体上方（与上一案列位置相同）。

Step 02 把茶壶体添加到 Dynamic/Impact Objects（影响物体）栏。

Step 03 将长方体放置在 Static & Kinematic Object（静态物体）栏。

Step 04 开启 Home grid as ground（网格作为地面），开启 Demolish geometry（二次破碎）（设置如图 3-174 所示）。

图 3-174

Step 05 修改完成后，单击 Bake（烘焙）按钮进行解算，如图 3-175 所示。

图 3-175

观察发现，这次茶壶体下落到长方体后，自动破碎开了。

⏰ 注意

（1）本次效果解算时需要单击 Bake（烘焙）按钮而不能单击 Preview（预览）按钮，因为开启 Demolish geometry（二次破碎）选项后，需要单击 Bake（烘焙）按钮才能使（二次破碎）解算生效。

（2）如果茶壶体没有破碎则可以事先在 Dynamic/Impact Object（影响物体）栏中将茶壶体材质类型修改为 Glass（玻璃）等易碎材质类型。

3. A 下落打到 B，A、B 都破碎

Step 01 首先创建一个茶壶体 A，一个长方体 B，将茶壶放置在长方体上方（与之前案列位置相同）。

Step 02 把长方体 B 添加到 Dynamic/Impact Objects（影响物体）栏，设置破碎类型进行破碎，然后将全部长方体碎片加入到 Sleeping Objects（睡眠物体）栏中。

Step 03 再将茶壶体放置在 Dynamic/Impact Objects（影响物体）栏，开启 Home grid as ground（网格作为地面），再开启 Demolish geometry（二次破碎）。

Step 04 单击 Bake（烘焙）按钮进行破碎解算，效果如图 3-176 所示。

图 3-176

⏰ 注意

（1）为了增加茶壶的破碎概率，可以在 Dynamic/Impact Object（影响物体）栏中把茶壶的材质改为 Glass（玻璃）等易碎材质。

（2）示例效果中使用的破碎类型为 Voronoi-Uniform，所以生成的碎片会自动生成颜色区分。

4. A 下落过程中打到 C，C 破碎并掉落

Step 01 首先创建一个茶壶体 A，一个长方体 B，一个圆环体 C。

Step 02 将茶壶放置在长方体上方，

将圆环体放置在茶壶与长方体之间。

Step 03 将圆环体放置在 Dynamic/Impact Objects（影响物体）栏，设置破碎类型进行破碎操作，破碎完成后将所有圆环碎片移动到 Sleeping Objects（睡眠物体）中，位置如图 3-177 所示。

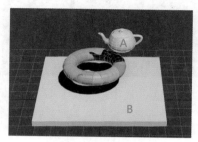

图 3-177

Step 04 再将茶壶体 A 放置在 Dynamic/Impact Objects（影响物体）栏，把长方体 B 放置在 Static & Kinematic Object（静态物体）栏，开启 Home grid as ground（网格作为地面）。

Step 05 单击 Bake（烘焙）按钮或者 Preview（预演）按钮，解算效果如图 3-178 所示。

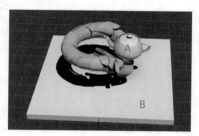

图 3-178

⏰ **注意**

也可以将 C 中的部分碎片加入到 Static（静态物体）栏中，可以实现部分碎片受到撞击后不下落（如图 3-178 所示）。

5. A 下落过程中打到 C，A、C 都破碎并掉落

Step 01 创建茶壶体 A，创建圆环体 C，将 C 放置在 A 的下方，位置如图 3-179 所示。

图 3-179

Step 02 将圆环体放置在 Dynamic/Impact Objects（影响物体）栏，设置破碎类型进行破碎操作，破碎完成后将所有圆环碎片移动到 Sleeping Object（睡眠物体）列表中。

Step 03 接着将茶壶体 A 添加到 Dynamic/Impact Objects（影响物体）栏中，然后开启 Home grid as ground（网格作为地面）和 Demolish geometry（二次破碎）。

Step 04 单击 Bake（烘焙）按钮，解算后效果如图 3-180 所示。

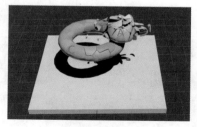

图 3-180

⏰ **注意**

为了增加物体碎开机率，可以将茶壶体和圆环体的材质设置为 Glass（玻璃）等易碎材质类型。

6. A 根据自身动画撞碎 B（A 不受物理系统的影响）

Step 01 创建一个茶壶体 A，一个长方体 B，制作 A 向 B 移动的动画，如图 3-181 所示。

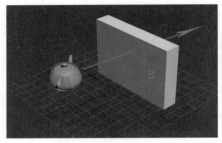

图 3-181

Step 02 将长方体 B 加入到 Dynamic/Impact Objects（影响物体）栏，设置破碎类型进行破碎后将全部碎片加入到 Sleeping Object（睡眠物体）栏中。

Step 03 然后选择长方体 B 的下半部分碎片加入到 Static & Kinematic Object（静态物体）栏中。

Step 04 将茶壶体 A 加入到 Dynamic/Impact Objects（影响物体）栏，开启 Deactivate Animated Dynamic object（关闭动画动态对象）和 Home grid as ground（网格作为地面），如图 3-182 所示。

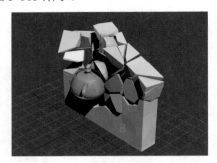

图 3-182

Step 05 单击 Preview（预演）或者 Bake（烘焙）按钮后破碎，效果如图 3-183 所示。

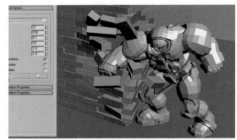

图 3-183

该情况同样适用于各类动画（包含骨骼动画）的对象，如人物挥拳把墙体砸碎、汽车把木板墙撞碎等，示例如图 3-184 所示。

图 3-184

7. A 按照自身动画撞碎 B 后，A 受到物理影响掉落到地上

这次如果希望让"茶壶体 A"撞到"长方体 B"后，自身也受到物理影响掉到地上，那应该如何做呢？

其实非常简单（与上个案例操作

步骤基本相同），只要取消 Deactivate Animated Dynamic object（关闭动画动态对象）选项，然后在 Physics Options（物理选择）选项中把 Start frame（初始帧）设置为动画撞击前一帧即可。

案例中"茶壶体 A"撞击到"长方体 B"的前一帧为第 33 帧，所以需要把 Start frame（起始帧）设置为 33，如图 3-185 所示。

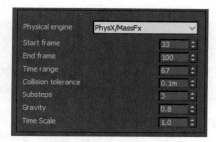

图 3-185

单击 Preview（预演）或 Bake（烘焙）按钮，解算后效果如图 3-186 所示。

图 3-186

该情况适用于，初始状态下遵守自身动画运动轨迹，碰撞后受到重力影响掉落（如飞机撞倒大楼后掉落）效果。

⏰ 注意

（1）通过 3ds Max 工具创建的模型（如方盒 / 圆锥体），需要先将模型转换为可编辑多边形，然后再执行破碎操作。

（2）如果碰撞模型在"模型组"中，则需要使用"多边形附加工具"将其内部的模型合并为同一模型。

（3）RayFire 中的 Demolish geometry（激活互动拆除几何体选项）决定了是否开启二次破碎。如果不勾选则在碰撞时不会有新的碎片产生，也就需要先将破碎体进行破碎。

（4）在实际项目中制作游戏特效时，要尽量注意减少碎块数量及细分面数，避免资源量过大。

（5）破碎动画的导出方法跟导出关键帧动画的方法相同，需要在 3ds Max 导出窗口中勾选"动画"后再进行导出。

（6）示例为效果演示，在实际项目中需要根据需求将示例模型替换为美术资源。

3.2.5　特效自发光实现方法

游戏特效制作中经常需要让物体发光（产生辉光效果），在 Unity 中有三种常见的辉光效果制作方法如下。

01 通过插件 Glow 11 实现辉光效果。

Glow 11 是一款非常知名的光晕制造插件，不但功能强大，并且操作简单。通过它可以轻易地实现发光效果，是特效制作中的常见光效插件。

02 通过插件 SE Natural Bloom& Dirty Lens 实现辉光效果。

SE Natural Bloom&Dirty Lens 是一款功能十分强大的辉光插件，不但可以实现"物体 / 粒子表面"的发光效果，并且可以制作"镜头蒙版光晕"形成很朦胧梦幻的效果。

03 通过 Unity 内置光效脚本 Bloom 实现辉光效果。

Bloom 是 Standard Assets（标准资源包）中的一个光效增强脚本，它直接作用于摄像机，通过修改几个参数就能轻松调节场景中的光晕效果。

3.2.5.1 Glow 11 使用方法

打开 Unity 3D 单击菜单 Window →
Asset Store（资源商店），搜索"Glow
11"并下载，插件载入后开始示例效果
的制作。

Step 01 首先在场景中创建一个模
型，以 Plane（平面）为例，为其添加材质，
如图 3-187 所示。

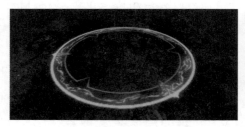

图 3-187

⏰ 注意

如图 3-187 所示的 Shader（着色器）
类型为 Transparent/Diffuse（漫反射透明
着色器），贴图含有透明通道。

观察发现此时并无发光效果。

Step 02 选择 Main Camera（主摄像
机）添加 Glow 11 脚本组件。可以选择
脚本直接拖曳到摄像机上，或者也可以
通过单击检测视图中的 Add Component
（添加组件）→ Glow 11 添加脚本。

Glow 11 脚本路径如图 3-188 所示。

为摄像机添加 Glow 11 脚本组件，
操作如图 3-189 所示。

添加完成后，Main Camera（主摄像
机）的组件信息如图 3-190 所示。

脚本中的主要参数：

01 Downsample Steps（采样间距）；

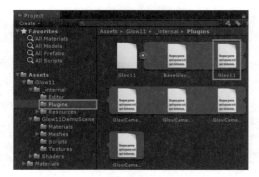

图 3-188

图 3-189

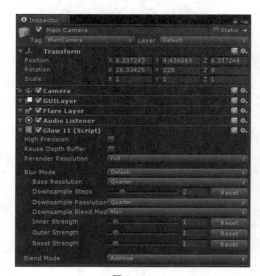

图 3-190

02 Inner Strength（内部发光强度）；

03 Outer Strength（外部发光强度）；

04 Boost Strength（提升整体发光
强度）；

05 Reset（复位）：将数值重设为
"1"。

Step 03 接下来将平面对象的 Shader（着色器）类型切换为 Glow 11/Unity/Unlit/Transparent（模型自发光材质），设置如图 3-191 所示。

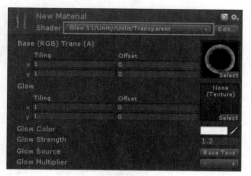

图 3-191

01 Base（RGB）Trans（A）：基础颜色贴图（支持图片 Alpha 透明通道）；

02 Glow（发光贴图）：控制发光范围，发光强度及衰减值，一般不需要修改；

03 Glow Color（发光颜色）；

04 Glow Strength（发光强度）；

05 Glow Source（发光来源切换）；

06 Glow Multiplier（发光乘级关系）。

Step 04 完成上面的几步操作就可以在 Game（游戏视图）中看到物体发光效果了，如图 3-192 所示。

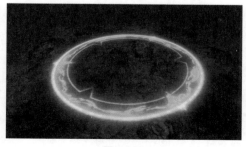

图 3-192

Step 05 通过修改摄像机 Glow（发光贴图）中的渲染参数、Inner Strength（内部发光强度）、Outer Strength（外部发光强度）、Boost Strength（提升整体发光强度））以及材质球属性中 Glow Color（辉光颜色）、Glow Strength（辉光强度）等数值来共同调节最终渲染效果。Glow 11 辉光插件不仅适用于模型体，同样也适用于粒子系统。

⏰ **注意**

（1）特效制作中的两种常用 Glow 11 Shader（着色器）类型如下。

① Glow 11/Unity/Unlit/Transparent：模型自发光材质（支持透明通道）。

② Glow 11/Unity/Particles/Alpha Blend：粒子系统自发光材质（支持透明通道）。

两者的区别在于 Glow 11/Unity/Particles/Alpha Blend（粒子系统自发光材质）可以支持粒子系统中的 Start Color（粒子颜色）、Color Over Lifetime（生命周期颜色）、Color by Speed（颜色速度控制）等内置修改器。

（2）Glow 11 插件版本需要与 Unity 版本相符，否则辉光效果将无法作用于指定物体，同时还会造成全局泛光、数值不可控等问题。

（3）Glow 11 的辉光效果作用于 Game（游戏视图），并不会对场景视图中的渲染效果造成影响。

该插件同样支持粒子系统（方法相同），以下为同一粒子系统使用不同 Shader（着色器）效果对比，如图 3-193 所示。

图 3-193 左侧 Game 视图中粒子材

质为 Particles → Additive（粒子→附加），右侧 Game 视图中粒子材质为 Glow 11/Unity/Particles/Alpha Blend（粒子系统自发光材质）。

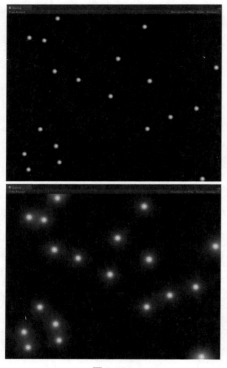

图 3-193

⏰ 注意

（1）需要先将摄像机赋予 Glow 11（辉光插件）脚本后，Glow 11（辉光插件）的相关 Shader（着色器）才能生效。

（2）制作粒子系统自发光效果建议将 Shader（着色器）类型切换为 Glow 11/Unity/Particles/（模型自发光材质）下材质，否则粒子系统中的 Start Color（粒子颜色）、Color over Lifetime（生命周期颜色）、Color by Speed（颜色速度控制）等内置修改器将失效。

3.2.5.2 SE Natural Bloom&Dirty Lens 使用方法

打开 Unity，单击菜单 Window → Asset Store（资源商店），搜索"SE Natural Bloom & Dirty Lens"并下载，插件载入后开始示例效果的制作。

以下为 Asset Store（资源商店）插件预览页面，如图 3-194 所示。

图 3-194

Step 01 首先在场景中创建一个模型，以 Sphere（球体）为例，为其添加材质，如图 3-195 所示。

图 3-195

⏰ 注意

以上 Shader（着色器）类型为 Particles → Additive（粒子→附加）。

观察发现，此时并无发光效果。

Step 02 选择 Main Camera（主摄像机）添加 SE Natural Bloom and Dirty Lens 脚本组件。可以选择脚本直接拖曳到摄像机上，或者也可以通过单击检测视图中的 Add Component（添加组件），调节数值如图 3-196 所示。

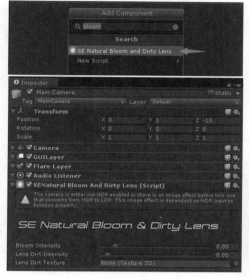

图 3-196

01 Bloom Intensity（自发光光晕强度）；

02 Lens Dirt Intensity（镜头蒙版纹理强度）；

03 Lens Dirt Texture（镜头蒙版纹理）。

Step 03 开启摄像机组件中的"HDR"选项，如图 3-197 所示。

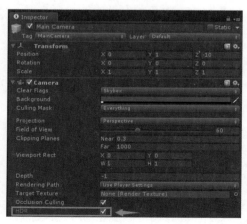

图 3-197

注意

摄像机选项中一定要开启 HDR 选项，否则将不会产生辉光效果。

Step 04 接下来将 Sphere（球体）的 Shader（着色器）类型切换为 Sonic Ether /Emissive/Texture（模型自发光材质），设置如图 3-198 所示。

图 3-198

01 Emission Color（自发光颜色）。

02 Diffuse Color（漫反射颜色）。

03 Diffuse Texture（漫反射纹理贴图）：物体本身的固有色（不赋予贴图则默认表示白色）。

04 Emission Texture（自发光纹理贴图）：按照纹理排布决定发光范围及发光强度（不赋予贴图则默认表示沿模型边缘发光）。

05 Emission Gain（自发光增益值）：发光强度控制。

Step 05 完成上面的几步操作就可以在 Game（游戏视图）中看到物体发光效果了，如图 3-199 所示。

图 3-199

277

Step 06 通过修改摄像机脚本中的 Bloom Intensity（自发光光晕强度）以及材质球属性中的 Emission Color（自发光颜色）、Emission Gain（自发光增益）等数值来共同调整最终渲染结果，该插件不仅适用于模型体，同样也可用于粒子系统。

那么它的特殊功能"镜头蒙版特效"要如何使用呢？

再次选择摄像机，在 SE Natural Bloom and Dirty Lens 脚本组件中单击 Lens Dirt Texture（镜头蒙版纹理）后的小圆点图案（如图 3-200 所示小箭头位置）。

图 3-200

拾取一张镜头蒙版贴图（如图 3-200 中的 lenDirt12），该插件内置了 16 张镜头辉光蒙版贴图（路径如图 3-201 所示）。

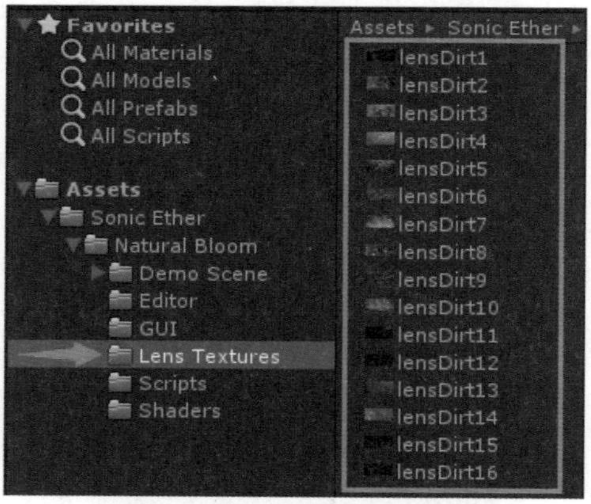

图 3-201

适当调节该脚本中 Lens Dirt Intensity（镜头蒙版纹理强度），效果如图 3-202 所示。

图 3-202

可以通过更换 Lens Dirt Texture（镜头蒙版纹理贴图）来切换不同的镜头效果，这也是该插件的一个特殊功能。

⏰ 注意

（1）在特效制作中有两种常用的 Shader（着色器）类型如下。

① Sonic Ether/Emissive/Texture：模型自发光材质（适用于模型体）。

② Sonic Ether/Particles/Additive：粒子系统"亮度叠加"自发光材质（适用于粒子系统及模型体）。

两者的区别在于，Sonic Ether / Particles / Additive（粒子系统"亮度叠加"自发光材质）可以支持粒子系统中的 Start Color（粒子颜色）、Color Over Lifetime（生命周期颜色）、Color by Speed（颜色速度控制）等内置修改器。

（2）SE Natural Bloom & Dirty Lens 的插件版本需要与 Unity 版本相符，否则辉光效果将无法作用于指定物体，同时还会造成全局泛光、数值不可控等问题。

（3）最终辉光效果只作用于 Game（游戏视图），并不会对场景视图中的渲染效果造成影响。

该插件同样支持粒子系统（方法相同），以下为同一粒子系统使用不同

Shader（着色器）效果对比，如图 3-203
所示。

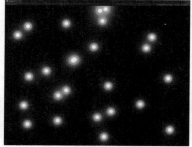

图 3-203

图 3-203 左侧 Game（游戏）视图中
粒子材质为 Particles/Additive（粒子 / 附
加），右侧 Game（游戏）视图中粒子材
质为 Sonic Ether/Particles/Additive（粒子
系统"亮度叠加"自发光材质）。

⏰ **注意**

（1）需要先将摄像机赋予 SE Natural
Bloom and Dirty Lens 脚本后，Sonic Ether
下的 Shader（着色器）才能生效。

（2）制作粒子系统自发光建议先
将 Shader（着色器）类型切换为 Sonic
Ether/Particles（粒子系统自发光材质）
下的材质，否则粒子系统 Start Color（粒
子颜色）、Color over Lifetime（生命周期
颜色）、Color by Speed（颜色速度控制）
等内置修改器将失效。

3.2.5.3 Unity 内置光效脚本 Bloom 的使用方法

Step 01 首先安装 Standard Assets
（标准资源包）。

⏰ **注意**

安装方法见 1.2.22"Unity 3D 使用技巧
集合"。

Step 02 打开一个示例场景，如
图 3-204 所示。

图 3-204

Step 03 然后单击菜单 Assets →
Import Package → Effects（资源→导入资源
包→文件）导入特效预设，如图 3-205 所示。

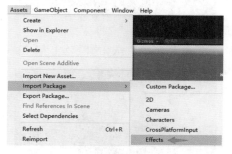

图 3-205

导入后工程路径如图 3-206 所示。

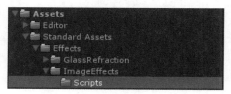

图 3-206

Step 04 在 Standard Assets → Effects → Image Effects → Scripts 路径中找到 Bloom(图像晕光)脚本,如图 3-207 所示。

图 3-207

Bloom(图像晕光):用于表现图像中白色高光部分反射过强引起的刺目闪光（如电视屏幕），除此之外还可以增强特效中高光部分的泛光强度。

Step 05 将 Bloom(图像晕光)脚本拖曳到场景中 Main Camera(主摄像机)上，并修改脚本参数如图 3-208 所示。

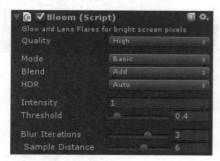

图 3-208

设置后效果显示如图 3-209 所示。

图 3-209

（1）Quality（质量）；

（2）Mode（模式）；

（3）Blend（混合）；

（4）HDR（高动态范围）；

（5）Intensity（强度）；

（6）Threshold（阈值）；

（7）Blur Iterations（模糊迭代次数）；

（8）Sample Distance（采样间距）。

Step 06 观察发现，原场景中的屏幕部分都被点亮了。

⏰ 注意

除此之外，使用标准资源包中的 Bloom And Flares（图像晕光和镜头眩光）脚本也可以达到相同的效果。

该脚本同样适用于特效。

以下为摄像机添加 Bloom（图像晕光）脚本后，粒子特效的前后效果对比，如图 3-210 所示。

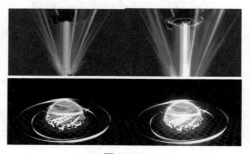

图 3-210

通过修改脚本参数中的 Intensity（强度）、Threshold（阈值）等数值来调整最终的渲染效果。

⏰ 注意

Image Effects（图像效果）下的其他脚本如 Blur（模糊）、Fisheye（鱼眼镜头效果）都需要拖曳到 Main Camera（主摄像机）上使用（脚本直接作用于摄像机）。

3.2.6 Unity 3D 镜头特效

安装 Standard Assets（标准资源包）

后打开 Unity，单击菜单 Assets → Import Package → Effects（资源→导入资源包→文件）导入特效预设。

⏰ **注意**

安装方法见 1.2.22 节"Unity 3D 使用技巧集合"。

在工程路径 Standard Assets → Effects → Image Effects → Scripts（标准资源包→文件→图像效果→脚本）中有一些内置的镜头特效脚本，如 Antialiasing（抗锯齿）、Bloom（图像晕光）、Bloom And Flares（图像晕光和镜头眩光）、Blur（模糊）、Camera Motion Blur（镜头运动模糊）、Contrast Enhance（对比度增强）、Depth Of Field（景深模糊）、Depth Of Field Deprecated（旧版景深模糊）、Edge Detection（边缘检测）、Fish eye（鱼眼镜头效果）、Global Fog（全局雾）、Motion Blur（运动模糊）、Noise And Grain（噪波和颗粒）、Screen Overlay（屏幕叠加）、Tilt Shift（移轴特效）、Tonemapping（色调映射）、Twirl（屏幕扭曲）、Vignette And Chromatic Aberration（渐变光影校正与色差）等。

下面以 Depth Of Field（景深模糊）的使用方法为例。

Step 01 首先打开示例场景，如图 3-211 所示。

Step 02 赋予 Main Camera（主摄像机）一个 Depth Of Field 脚本（直接将脚本拖曳到主摄像机上），选项如图 3-212 所示。

图 3-211

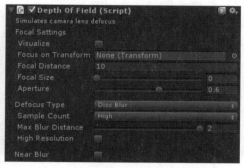

图 3-212

01 Focal Distance（焦距）；

02 Focal Size（焦点尺寸）；

03 Aperture（光圈）；

04 Max Bur Distance（最大模糊尺寸）。

Step 03 设置完成后，Game（游戏视图）中渲染结果如图 3-213 所示。

Step 04 观察发现，远处的场景已经被模糊处理（近处的桥依然清晰），可以通过修改脚本参数中的 Focal Distance（焦距）、Focal Size（焦点尺寸）、Aperture（光圈）、Max Blur Distance（最大模糊尺寸）来调整最终的渲染效果。

图 3-213

⏰ **注意**

其他镜头特效的使用方法与之相同，只需要将对应脚本拖曳到 Main Camera（主摄像机）上，然后调节数值即可。

● 3.3 录屏工具

录屏工具可以同步录制计算机屏幕与麦克风声音，不但可以记录特效，还可以用于视频教学、游戏解说。目前市面上有一些非常流行并且专业的录屏工具供大家选择，其中包括 Bandicam、Fraps、Dxtory 等。在本节中将以 Bandicam 的使用方法为例进行演示。

3.3.1 Bandicam 录屏软件的介绍

Bandicam 是一款高清视频录制工具，被称作世界三大视频录制神器之一。它的优势在于对硬件配置要求低，可以非常流畅地运行在低配置的计算机中，在录制视频时也不会出现不同步现象。

Bandicam 与其他录制软件相比，更具优秀的性能。它录制的视频文件不仅体积小，而且画质相当清晰，以较高的压缩率可录制超过最高分辨率2560×1600 画质视频（1080p 全高清视频），视频录制的同时还可以添加一些

个性化 logo 元素等，支持 BMP、PNG、JPG 等高清格式截图。

Bandicam 主要功能特点：

01 DirectX/OpenGL 程序录制，计算机屏幕录制、截图；

02 支持 H.264、MPEG-1、Xvid、MJPEG、MP2、PCM 编码程式；

03 FPS（每秒传输帧数）显示及管理工程；

04 被录制的视频容量很小；

05 能够录制 24 小时以上视频。

3.3.2 Bandicam 菜单栏介绍

Bandicam 最上方有六个主要功能图标，前两个图标是 Bandicam 的两种录制模式。第一个是适用于游戏录制的录制模式（该模式会自动抓取游戏窗口进行录制而不需要设置窗口大小），第二个是矩形录制模式（该模式也是最常用的录制模式，可以自定义录制窗口大小），第三个是打开输出文件夹的快捷图标（一键打开输出文件的目录位置），第四个是截图工具快捷图标，第五个是录制和停止录制的快捷图标，最后一个是暂停录制的快捷图标，如图 3-214 所示。

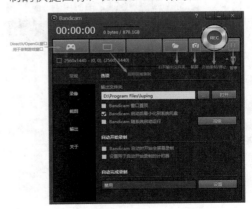

图 3-214

3.3.3　使用方法

以"矩形区域录制"为例进行讲解，首先单击桌面上的 Bandicam 图标，出现 Bandicam 窗口之后单击矩形区域录制（红框位置），则会出现以下窗口，如图 3-215 所示。

图 3-215

通过单击窗口右上角的三角符号可以修改切换它的绘制窗口大小，还可以手动拖曳窗口边缘来制定一个自定义的窗口大小。单击三角符号后设置选项如图 3-216 所示。

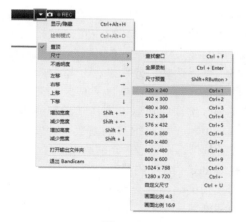

图 3-216

在选项中可以设定需要的录制窗口大小，不过更多时候是直接拖曳一个自定义的尺寸录制。

接下来看界面中的"常规"设置项，如图 3-217 所示。

单击常规设置项（红框位置）可选择一个录像文件的输出路径。

图 3-217

勾选"Bandicam 窗口置顶"设置录制窗口始终显示在最上层。

勾选"Bandicam 启动后最小化到系统托盘"可以避免录制到工具窗口。

勾选"Bandicam 随系统启动运行"可设置 Bandicam 开机时自动启动。

01　自动开始录制

勾选"Bandicam 启动时开启全屏幕录制"可以在启动软件时自动开始全屏录制。

勾选"设置用于自动开始录制的计时器"可开启定时录制功能。

02　自动完成录制

该项中可以自定义录制文件的最大时长或最大文件大小，还可以设置录制完成后自动退出软件 / 关机 / 录制新视频等。

然后是 Bandicam 中的"录像"主界面，如图 3-218 所示。

图 3-218

在录像窗口中可以设置录像开始 / 停止 / 暂停录制的快捷键，这些快捷键可以帮助用户非常高效地完成录制工作。同样也可以单击录制之中的"设置"选项来修改一些音频及摄像头的信息，具体设置窗口如图 3-219 所示。

图 3-219

⏰ **注意**

（1）在"录制设置"窗口中可以自定义许多重要功能，其中包括录制音频、切换音频设备、更改录制音频源、在视频中显示摄像机画面，甚至还能任意修改鼠标单击颜色。

（2）如果希望将麦克风声音同步录制在视频中，则需要将音频设备切换为麦克风。

单击"格式"之中的设置选项来修改输出视频格式的相关信息，具体设置窗口如图 3-220 所示。

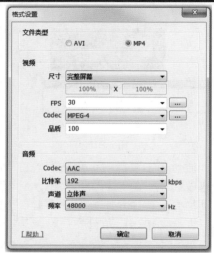

图 3-220

在格式设置窗口之中可以选择录像输出的视频格式，在 Bandicam 中有两种格式可以选择，分别是 AVI 与 MP4。这两种格式都可以高清地完成录制工作。在 FPS 选项中可以设定视频录制的帧数率，30 帧已经是很高的帧数了（该帧数设置越低，则每秒录制的画面数越少）。在 Codec（编解码器）选项中切换不同的视频编码模式会影响到最后输出视频的清晰度和体积。通过"品质"修改最后输出视频的质量，设定数值为 0 ~ 100，当设定为 100 时质量保持最好，但是输出体积较大。

除此之外，也可以修改音频输出的相关选项，如编码格式、比特率、声道、频率。视频录屏完成之后，可以使用后期剪辑软件来再次编辑，推荐使用

Premiere 或者 Sony Vegas 等专业的剪辑软件来编辑视频,制作 Demo(效果演示)。

除了录屏功能之外,Bandicam 同样支持屏幕截图功能,可以自定义一个截图的快捷键,在录像过程中按快捷键进行快速截图。怎么样?很方便吧。

单击"截图"设置面板,如图 3-221 所示。

图 3-221

在截图设置面板中可以设置热键(快捷键)以及是否显示鼠标指针以及开启截图快门声。

在"格式"中可以设置截图的格式,有四种图片格式设置,分别为 BMP、PNG、JPG、JPG 高质量,可以根据需求来进行设置。

到此,Bandicam 的主要功能及参数都已经介绍完了。

⏰ **注意**

需要在 Bandicam 主窗口中的"关于"界面中单击"注册"后购买无水印版,否则视频录制完成后,会在输出视频正上方带有"www.bandicam.com"水印,位置如图 3-222 所示。

⏰ **注意**

除了 Bandicam 外 Camtasia Studio 也是一款不错的录制工具,Camtasia Studio 除

了带有视频录制功能外,还内置了强大的视频编辑功能,支持对视频进行剪辑、修改、解码转换、添加特殊效果等操作。

图 3-222

3.3.4　将录制的视频转换为 GIF 高清动态图

网络上的那些 GIF 动态图都是如何制作的呢?为什么自己制作的动态图不高清?通过录屏工具录制的视频要如何才能转换为高清 GIF 图呢?别急,在本节中将学习高清 GIF 动图的制作方法。

制作动态图所需要使用的工具也很常用,就是大家在工作中使用频率非常高的 Photoshop。很多朋友只知道 Photoshop 支持图片格式,其实新版 Photoshop(例如 Photoshop CS6)已经开始支持视频的简单编辑了。不过需要事先安装好对应版本的 Quicktime 软件才行。

⏰ **注意**

在 Photoshop 正式版中才有视频编辑功能,一些"简化版"或者"绿化版"都可能会取消这部分功能。

Step 01 例如当前导入一段 MP4 格式的视频文件到 Photoshop 中(导入方法很简单,直接拖曳视频文件到视窗即可),如图 3-223 所示。

图 3-223

Step 02 导入之后窗口下方会显示
一个时间轴，可以通过单击时间轴来修
改时间点（在窗口左下角可以查看当前
视频的时间帧及播放速率），其中的一些
编辑工具说明如图 3-224 所示。

Step 03 将视频内容编辑完成后，
单击 PS 菜单栏"文件"→"存储为 Web
所用格式"（或者也可以使用快捷键 Alt+
Shift+Ctrl+S）进行导出，输出设置界面
如图 3-225 所示。

图 3-224

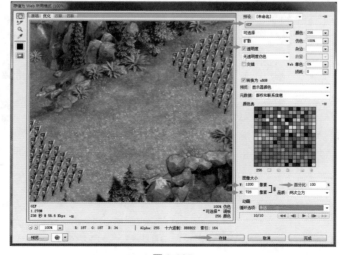

图 3-225

将导出格式修改为 GIF，如果视频需要透明通道也可以启用"透明度"选项（不需要则不勾选），然后修改导出图像的 W（宽）、H（高）像素尺寸（或者也可以直接修改图像"百分比"来调整图像大小），记得一定要把下方的"循环选项"类型切换为"永远"（否则图像只播放一遍就会停止）。

Step 04 最后单击"存储"按钮，选择存储路径保存即可。

⏰ 注意

很多网站、论坛都有 GIF 图大小限制，如果希望将动态图上传到网站，那么建议事先改小图片尺寸或者缩短时间帧数后再上传。

第

4

章

综合实例

经过前 3 章的学习，相信读者已经基本了解 Unity 相关操作知识以及制作技巧，那么从这一章节开始将学习案例制作部分。

实例部分将从最基础的案例练习开始，然后逐渐提升难度，其中涉及很多之前所学过的知识点，可以帮助大家巩固记忆。

需要注意的是，本章节的主要目的在于掌握制作方法和设计思路，切忌死记硬背数值参数，要学会融会贯通、活学活用、举一反三。

4.1 游戏类型

大家在谈论某款游戏时，经常会提到 "RPG 游戏" "FPS 游戏" 等，那么这些英文缩写分别代表什么呢？

以下为常见游戏类型缩写、全称及意义。

01 RPG：Role Playing Game，角色扮演游戏。

02 ARPG：Action RPG，动作角色扮演游戏。

03 MMORPG：Massive Muti-Player Online RPG，大型多人在线角色扮演游戏。

04 SRPG：Simulation RPG，战略角色扮演游戏。

05 SLG：Simulation Game，模拟 / 战略游戏。

06 ACT：Action，动作游戏。

07 AVG：Adventure Game，冒险游戏。

08 FPS：First Person Shooting，第一人称射击游戏。

09 FTG：Fighting Game，格斗游戏。

10 RAC：Racing，赛车游戏。

11 SPG：Sports Game，体育类游戏。

12 RTS：Real Time Strategy，即时战略游戏。

13 STG：Shooting Game，射击游戏。

14 MUG：Music Game，音乐游戏。

15 PUZ：Puzzle，益智游戏。

16 TAB：Table，桌面类游戏。

17 OPG：Office Perfect Game，办公室经典游戏。

4.2 特效类别

特效策划案中常常会看到标注 "Buff（增益状态特效）" "Debuff（减益状态特效）" "Dot（持续伤害）" 等符号，那么这些符号分别都代表着什么意思呢？

特效中的几种常见类别如下。

01 Skill（技能特效）：一般游戏中都有很多技能，每个技能都有对应的编号，例如 Skill001、Skill002、Skill003 等。

02 Scene（场景特效）：由传送门特效、法阵特效、喷泉特效等场景类特效组成。

03 UI（UI 特效）：由各类界面特效组成，如按键扫光、单击特效等。

04 Buff（增益状态特效）：如加血、加攻、加防等。

05 Debuff（减益状态特效）：如减血、减攻、破甲等。

06 AOE（范围伤害 / 群体伤害）：即在一定的范围内有效，可作用于多个目标。

07 Hot（持续治疗 / 持续恢复）：不经常使用。

08 Dot（持续伤害）：持续性掉血等。

09 Bullet（飞行道具）：由程序控制的子弹系统。

10 Hit（受击特效）：单体伤害。

11 Boom（爆炸特效）：有一定范围的伤害特效。

4.3 基本要求

特效制作完成后，需要将所有的特效 Prefab（预设体）打包提交，那么在提交导出前有哪些注意事项呢？

提交特效资源前的注意事项如下。

01 特效 Prefab（预设体）坐标归零，如图 4-1 所示。

为了方便查找、后期管理、程序调用，一般会将特效预设体的坐标归零。

图 4-1

以 RPG（角色扮演游戏）为例，程序控制"受击特效"在角色的"受击点"位置释放，特效 Prefab 坐标没有归零，首先不利于后期查看修改，并且有释放位置错误的风险。

🔔提示

有关绑定点的知识会在 1.6 节"绑定点的相关概念"中讲解。

02 明确资源路径。

按照分类将特效模型、动画、贴图以及 Prefab（预设体）等分别存放于美术资源相关路径中。

很多新人把资源存放得乱七八糟，甚至还会把部分资源存储到程序端、UI 等路径中，这样不但不利于自己后期查找修改，更会对其他人的工作造成影响。

🔔提示

在 1.2.17 特效资源在工程之中的路径分类中有具体的特效资源分类说明。

03 特效相关资源命名。

一律使用英文字母、数字或者下画线，不允许使用中文和特殊符号。

⏰ 注意

Unity 中调用特效 Prefab（预设体）时，默认情况下程序是不区分大小写的，所以每个特效都需要唯一的名称（切忌命名冲突）。例如，两个不同的爆炸效果可以命名为"Effect_Bomb_001""Effect_Bomb_002"，大小写的主要目的是为了使名称更规律，方便观察。

04 不要提交额外的资源及脚本。

导出之前在"导出窗口"中仔细检查是否存在多余资源。

一些新人在制作特效时会在项目中加入一大堆插件或者脚本，提交资源时往往会不小心关联上这些文件，这样不但增加了许多垃圾资源，甚至可能会导致项目报错无法运行。

05 飞行道具类特效，在制作时可以拖动或者利用位移动画以便于预览效果，但是最终需要将特效预制体放置在坐标原点。

例如，法师丢出的法球、飞出的子弹等都属于飞行道具类，该类型特效的运动轨迹及速度由程序控制。

06 持续性特效如 Buff（增益状态特效）、Debuff（减益状态特效）等可以开启粒子系统中的 Loop（循环选项）进行制作。

很多游戏中，会根据角色的不同等级释放不同时长的特效，具体时间一般是由策划配表决定。比较推荐的方式是，特效播放到指定结束时间后（策划通过配表决定这个具体时间点），程序自动取消粒子系统中的 Loop（循环选项），从而结束特效（不至于硬切删除）。所以，注意不要将 Duration（持续发射时间）设置过长（建议 1 秒以内），否则结束过程会比较缓慢。

⏰ 注意

如策划案中已标注有具体时间（不需要循环），则制作成一次性特效即可，具体以实际要求为准。

07　技能特效单独保存，不与角色动作一起提交。

很多新人在制作动作类游戏时会把角色的模型动作也放置在特效 Prefab（预设体）文件中提交，这是不正确的。

游戏中的"角色模型"与"特效"由程序分别控制，不能合并在同一 Prefab（预设体）中。

⏰ 注意

制作一些"武器特效/场景物件特效"时，如果效果固定（不需要更换绑定特效），则特效预制体可以包含模型文件一起提交（需要先与相关程序策划人员沟通确认）。

08　施法特效、飞行道具、受击特效等分为单独的 Prefab（预设体）文件提交。

一个完整的技能中包含"施法特效""受击特效"等，其中每一项都是一个单独的个体，它们的释放方式及释放位置都是不同的，所以不能放置在同一Prefab（预设体）中。

09　根据绑定点位置制作的特效，为了方便区分一般会在特效后缀加上绑定点名称。

例如，特效"Effect_Wangling_Lhand"通过名称就可以直观地看出该特效需要放置在角色左手位置施放（绑定点的相

关知识在之前的教学中详细介绍）。

10　贴图格式及尺寸要求。

图片格式：PNG/TGA。

图片尺寸（像素单位）：边长为 2 的 n 次方（32×64、128×128、512×512）。根据项目需求可能略有不同。

11　效果查看标准。

如果特效在编辑状态下与运行状态中效果不同，那么最终结果以运行状态下的效果为准。

12　优化资源。

提交前尽量优化资源，包括检查资源路径、减少粒子数、减少纹理材质数、去除阴影信息等（详见第 1 章 1.9 资源优化）。

● 4.4　实例操作

本节将通过 14 个实例，来进一步系统了解 Unity 3D 的实际应用。

4.4.1　场景特效的制作

本节将制作一个游戏中的门的发光特效及火焰效果，案例最终效果如图 4-2 所示。

图 4-2

案例大致制作步骤如下：

01　在 Unity 3D 中导入模型体；

02 使用 Particle System 添加火焰效果，为其赋予火焰贴图；

03 使用 Particle System 制作火星效果；

04 使用 Particle System 制作门的黑洞发光效果；

05 使用 Particle System 制作另一扇门的光线溢出效果；

06 结合 3ds Max 制作一个沿门边的面片模型，并将其导入 Unity 3D 中制作沿门边框发射的光线效果。

更详细的操作步骤，可参见随书附带教学视频的"4.4.1 场景特效"视频文件。

4.4.2 Buff 特效的制作

本节通过一个加防御效果的案例来讲解 Unity 3D 特效中的 Buff（增益状态特效）的制作方法，案例最终效果如图 4-3 所示。

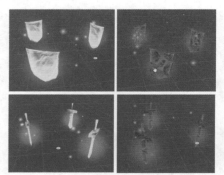

图 4-3

案例大致制作步骤如下：

01 在 3ds Max 中创建盾牌模型；

02 导入 Unity 中，复制旋转出另外两个盾牌模型；

03 为盾牌赋予材质；

04 为盾牌添加旋转动画；

05 使用 Particle System（粒子系统）为盾牌添加辉光效果；

06 使用 Particle System（粒子系统）为盾牌添加星光闪烁效果；

07 在 3ds Max 中使用 RayFire（爆炸破碎插件）制作破碎盾牌效果；

08 在 Unity 中使用同样的方法制作特效。

更详细的操作步骤，可参见随书附带教学视频的"4.4.2 Buff 特效"视频文件。

4.4.3 武器特效的制作

本节将通过叉子、电锯、锤子三种武器特效案例来了解在 Unity 中武器特效的制作方法，案例最终效果如图 4-4 所示。

案例大致制作步骤如下：

01 使用 Particle System（粒子系统）制作叉子手柄的辉光效果；

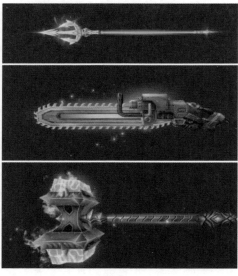

图 4-4

02 为 Particle System（粒子系统）系统赋予星光材质贴图，制作叉子枪头光点闪烁效果；

03 添加 Particle System（粒子系统）系统为手柄添加星点发散效果；

04 添加 Particle System（粒子系统）为电锯添加火花和闪光效果；

05 在 3ds Max 中使用变形路径制作锯齿轮廓；

06 在 Photoshop 中制作锯齿贴图；

07 在 Unity 3D 中制作贴图动画；

08 使用 Particle System（粒子系统）为锤子添加手柄辉光及锤子头部的火焰效果。

更详细的操作步骤，可参见随书附带教学视频的"4.4.3 武器特效"视频文件。

4.4.4 消除游戏中连线效果的制作

本节将讲解消除游戏中的连线效果制作方法，案例最终效果如图 4-5 所示。

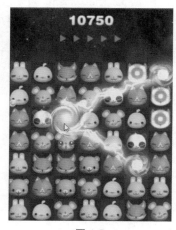

图 4-5

案例大致制作步骤如下：

01 将图像导入 Unity 3D，并将纹理类型设置为 Sprite（2D and UI）（2D 和 UI 精灵粒子），并调节摄像机的透视关系为正交模式；

02 添加 Particle System（粒子系统）为选中的动物制作旋涡效果；

03 添加 Line Renderer（线渲染器）为两个旋涡产品力量添加连线效果。

更详细的操作步骤，可参见随书附带教学视频的"4.4.4 消除游戏中的连线效果"视频文件。

4.4.5 条带拖尾效果的制作

本节将讲解 Unity 3D 条带拖尾效果制作，案例最终效果如图 4-6 所示。

图 4-6

案例大致制作步骤如下：

01 添加 Particle System（粒子系统），赋予贴图制作底部修饰效果；

02 添加 Particle System（粒子系统），赋予十字贴图制作向上发散的加血效果；

03 继续使用粒子系统，赋予贴图，制作向上的发射光线效果；

04 添加 Trail Renderer（拖尾渲染器），制作条带效果；

05 使用 Particle System（粒子系统），为条带添加拖尾效果。

更详细的操作步骤，可参见随书附带教学视频的"4.4.5 条带拖尾效果的制作"视频文件。

4.4.6 UI 特效的制作

本节将通过一个长方形 UI 和圆形

UI 为例，来讲解 Unity 3D 游戏特效中 UI 特效的制作方法，案例最终效果如图 4-7 所示。

图 4-7

案例大致制作步骤如下：

01 将长方形 UI 图像素材导入 Unity 3D 中，并将纹理类型设置为 Sprite（2D and UI）（2D 和 UI 精灵粒子），并调节摄像机的透视关系为正交模式；

02 在 After Effects 中，将长方形 UI 图像的边框素材导入，为其添加 Shine（光亮）特效，对其进行渲染输出；

03 将渲染输出的光效序列，导入 Unity 3D 中，创建一个 Quad（四边形），为其赋予光效贴图，并为其创建一个动画，制作光线闪烁效果；

04 在 3ds Max 中创建一个网格，通过网格体的 UV 流动动画来实现条带流动效果；

05 在 3ds Max 中创建一个面片，在 Photoshop 中绘制一张贴图，来实现卡片表面流光效果；

06 同样的方法制作圆形 UI 的流光效果。

更详细的操作步骤，可参见随书附带教学视频的"4.4.6 UI 特效"视频文件。

4.4.7 偏卡通风格龙卷风效果的制作

本节将讲解一个偏卡通风格的龙卷风效果的制作，案例最终效果如图 4-8 所示。

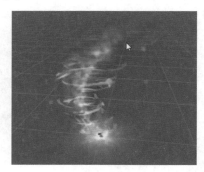

图 4-8

案例大致制作步骤如下：

01 添加 Particle System（粒子系统），赋予贴图，制作底部聚合效果；

02 添加 Particle System（粒子系统），赋予贴图，制作主体与底部连接效果；

03 添加 Particle System（粒子系统），调节 Force over Lifetime（生命周期作用力）模块来控制龙卷风的弧度方向；

04 复制添加的 Particle System（粒子系统），再分别调节出龙卷风外围的几层效果；

05 在 3ds Max 中创建一个面片，导入 Unity 3D 中，为其赋予贴图，添加旋转立体效果；

06 使用同样的方法，继续添加旋转立体效果，为其赋予树叶贴图，制作树叶飞舞效果。

更详细的操作步骤，可参见随书附带教学视频的"4.4.7 偏卡通风格的龙卷风效果"视频文件。

4.4.8 能量性爆炸效果的制作

本节将讲解 Unity 能量效果的制作，案例最终效果如图 4-9 所示。

图 4-9

案例大致制作步骤如下：

01　在 3ds Max 中制作能量球体模型，并导入 Unity 3D 中赋予材质；

02　设置动画，制作能量球变大效果；

03　使用 Rotate（Script）（旋转脚本）制作能量球旋转动画；

04　制作能量球的旋转和缩放动画效果；

05　添加 Particle System（粒子系统），赋予贴图，制作爆炸亮光效果；

06　使用粒子系统添加一些细节，如爆炸时的火焰效果；

07　在 3ds Max 中创建网格，导入 Unity 制作围绕爆炸源的光带效果。

更详细的操作步骤，可参见随书附带教学视频的"4.4.8 能量性爆炸效果的制作"视频文件。

4.4.9　岩浆气泡爆破动画、UV 调节效果、幻影效果的制作

本节将讲解三个知识点，岩浆气泡爆破动画的制作、UV 调节效果的制作和幻影效果的制作，案例效果如图 4-10 所示。

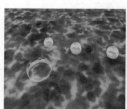

图 4-10

案例大致制作步骤如下：

01　在 3ds Max 中制作气泡模型，并制作贴图，使用 UV 动画制作岩浆气泡爆破效果；

02　在制作 UV 动画，例如流水等特效时，为了其表现力，通常会将它的 UV 点排布进行调整，通常在 3ds Max 中编辑 UVW，对于较复杂的模型，可使用 FFD 变形器对对象进行调整；

03　一般情况下，幻影有两种实现方式，一种是通过移动坐标来实现，另一种是通过错帧来实现。

更详细的操作步骤，可参见随书附带教学视频的"4.4.9 岩浆气泡爆破动画、UV 调节效果、幻影效果"视频文件。

4.4.10　地面爆破延迟效果的制作

本节将讲解一个地面爆炸效果的制作，主要的知识点是延迟效果的实现，案例最终效果如图 4-11 所示。

图 4-11

案例大致制作步骤如下：

01　添加 Particle System（粒子系统），赋予贴图，调节 Color over Lifetime（生命周期颜色），制作地面被灼烧后的效果；

02　添加 Particle System（粒子系统），

赋予贴图，调节 Texture Sheet Animation（纹理篇动画），制作地面上火焰燃烧的效果；

03 添加 Particle System（粒子系统），赋予贴图，制作火焰喷射的效果；

04 同样使用粒子系统，制作爆点效果和火星效果；

05 将制作好的一个爆破效果进行复制，并添加动画，调节错帧，使几个爆破效果依次爆破。

更详细的操作步骤，可参见随书附带教学视频的"4.4.10 地面爆破延迟效果"视频文件。

4.4.11 刀光效果、物品掉落效果的制作

本节将讲解两个效果的制作，刀光效果制作和物品掉落特效制作，案例最终效果如图 4-12 所示。

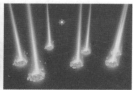

图 4-12

案例大致制作步骤如下。

1. 刀光效果制作

01 导入角色挥刀动画模型；
02 刀光主体部分的制作；
03 受击点的特效制作；
04 停留的光晕及刀痕等效果制作。

2. 金币掉落效果制作

01 导入金币模型；
02 制作金币向上的光柱效果；
03 制作金币堆自身的发光效果；
04 制作金币堆上方漂浮的粒子效果。

更详细的操作步骤，可参见随书附带教学视频的"4.4.11 刀光 & 物品掉落特效"视频文件。

4.4.12 自爆效果的制作

本节将讲解一个自爆效果的制作，案例最终效果如图 4-13 所示。

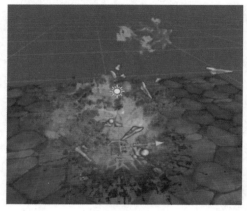

图 4-13

案例大致制作步骤如下：
01 地面裂痕效果制作；
02 血液喷溅效果制作；
03 白骨喷出效果制作；
04 爆点效果制作；
05 地面血液痕迹效果制作；
06 火焰及烟尘效果制作；
07 爆炸时围绕地面旋转光线效果制作。

更详细的操作步骤，可参见随书附带教学视频的"4.4.12 自爆效果"视频文件。

4.4.13 网格体变形动画高级控制

本节将以两个变形动画为例，讲解游戏特效中网格体变形动画的特殊控制技巧，案例最终效果如图 4-14 所示。

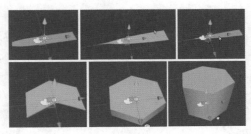

图 4-14

案例大致制作步骤如下：

01 在 3ds Max 中创建面片，并创建骨骼，对其进行蒙皮；

02 对骨骼设置关键帧动画，使面片每个节点依次进行收缩动画；

03 将 3ds Max 中的动画对象导入 Unity 3D，赋予相应的动画文件即可；

04 同样的方法制作另一个柱体变形动画效果。

更详细的操作步骤，可参见随书附带教学视频的"4.4.13 网格体变形动画高级控制"视频文件。

4.4.14　激光受击效果的制作

本节将讲解游戏特效中激光受击效果的制作，案例最终效果如图 4-15 所示。

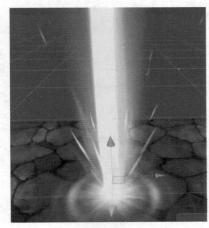

图 4-15

案例大致制作步骤如下：

01 暗色垫底效果制作；

02 能量损耗效果制作；

03 激光发射效果制作；

04 激光闪电效果制作；

05 烟尘效果添加。

更详细的操作步骤，可参见随书附带教学视频的"4.4.14 激光受击效果"视频文件。

UEgood

致力于 UI 设计、VR/AR 虚拟现实与增强现实、动漫艺术的机构